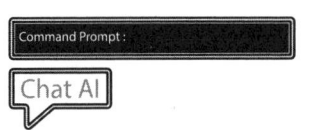

ChatGPT
使用指南
一本书迅速掌握
AI实用工具

嵇立安 著

化学工业出版社

·北京·

内容简介　　本书前两章介绍了生成式人工智能的概念和基本原理和应用领域。第三章提示语设计是使用ChatGPT的基础，对于一个使用者而言，ChatGPT的智能表现取决于输入的提示语，虽然与它交流采用的是自然语言，但是正确恰当的表达非常重要，这正是提示语设计要解决的问题。书中其余各章结合实例操作介绍了ChatGPT在典型场合下的应用，包括中小学生各科辅导、营销文案撰写、职业考试辅导、求职辅助、法律工作咨询与协助，还有涉及艺术创作方面的小说、剧本、歌曲和诗歌的生成，绘画方面的以文生画，激发绘画灵感，快速生成各种图像，如广告、插画等。另外，还有更专业的应用包括数据工程师和程序员的工作。本书的最后一章讨论了人工智能的伦理学问题，在使用ChatGPT时，也不应忽视伦理和责任方面，包括数据隐私、算法偏见和技术滥用等问题。

图书在版编目（CIP）数据

ChatGPT使用指南 ： 一本书迅速掌握AI实用工具 ／ 嵇立安著． -- 北京 ： 化学工业出版社，2025．5.
ISBN 978-7-122-47674-6

Ⅰ．TP18
中国国家版本馆CIP数据核字第2025HV7877号

责任编辑：李佳伶
文字编辑：侯俊杰　温潇潇
责任校对：李露洁
装帧设计：王晓宇

出版发行：化学工业出版社
　　　　　（北京市东城区青年湖南街13号　邮政编码100011）
印　　装：北京云浩印刷有限责任公司
710mm×1000mm　1/16　印张26　字数453千字
2025年8月北京第1版第1次印刷

购书咨询：010-64518888
售后服务：010-64518899
网　　址：http://www.cip.com.cn
凡购买本书，如有缺损质量问题，本社销售中心负责调换。

定　　价：98.00元　　　　　　　　　　版权所有　违者必究

Preface 前言

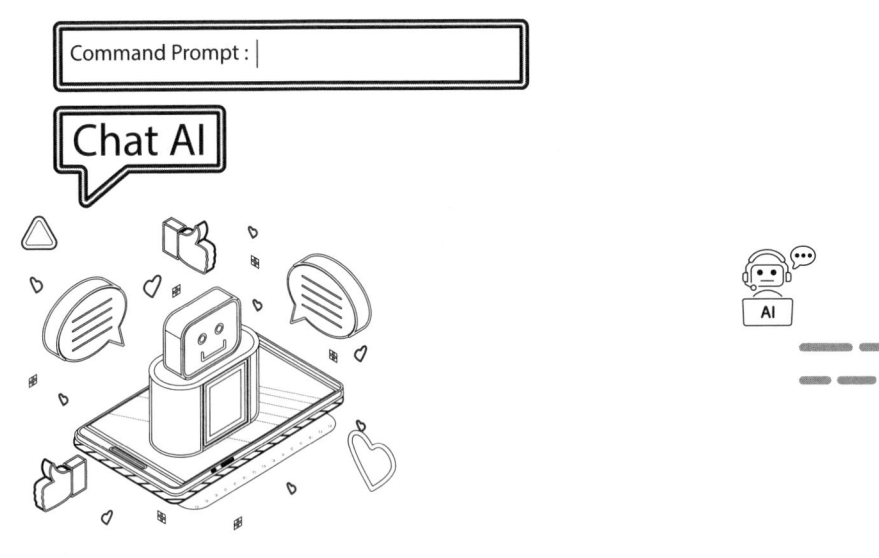

您好！欢迎阅读本书，这本书将引领您走进 ChatGPT 的世界，为您的工作、学习展现一个"新大陆"。

ChatGPT 是 OpenAI 开发的人工智能聊天机器人程序，于 2022 年 11 月推出。该程序使用基于 GPT-3.5、GPT-4 架构的大型语言模型。ChatGPT 改变了我们以往与计算机的交互方式，实现了用自然语言与计算机交流，计算机生成自然类人的回应，使您感觉像和一个人在交谈一样。您和计算机的交互主要是文字方式，当然，语音谈话可以通过语音识别软件转为文字。ChatGPT 是通用人工智能，不像以往的人工智能更多的是专用人工智能，例如，战胜世界围棋冠军的阿尔法狗（AlphaGo）软件，该软件只是在下围棋方面十分强大。

人工智能有不同的标准和定义，至今没有统一接受的定义，不过机器与人类沟通的能力可以被视为人工智能发展水平的标杆。这两年生成式人工智能的发展，特别是 ChatGPT 的推出，则是人工智能的跨越性发展，使人工智能进入实用性阶段，对社会产生了很大的影响和冲击，它的应用正在迅速渗入诸多行业。

ChatGPT 可以完成各种任务，包括自动生成文本、自动问答、自动摘要等。例如：在自动文本生成方面，ChatGPT 可以根据您输入的指示和要求自动生成您指定的文本，包括小说、剧本、歌曲、企划等；在自动问答方面，ChatGPT 可以根据输入的问题自动生成答案。另外它还具有编写和调试计算机程序的能力。

本书的读者对象广泛，适合多种职业的人员，这一点从本书的目录可以看出。

ChatGPT 不仅可以帮助学习和工作，还能极大地便利生活。每个使用电脑和手机的人应该都使用过搜索引擎，某种意义上 ChatGPT 比搜索引擎更加好用，您可以与 ChatGPT 进行多轮对话，得到想找的答案，而当搜索引擎给出的结果不理想时，您只要变换关键词再次搜索即可。最重要的是，ChatGPT 是具有百科全书式的人工智能产品，它可以就您的问题给出一个完整的答案，例如，您想让 ChatGPT 给您做出一个七天的旅游规划，您只要把出发地、目的地、出行方式、人员数量、游览兴趣等信息告诉它，它就能立刻给您定制出一份旅行计划。这是任何搜索引擎做不到的。

本书共有 15 章内容，前两章介绍了生成式人工智能的概念和基本原理，以及 ChatGPT 的原理和应用领域。第 3 章提示语设计是使用 ChatGPT 的基础，对于一个使用者而言，ChatGPT 的智能表现和发挥的程度取决于您输入的提示语，虽然您与它的交流采用的是自然语言，但是正确恰当的表达非常重要。这正是提示语设计要解决的问题。第 4 章是 ChatGPT 在日常生活中的应用，书中其余各章则结合实例操作介绍了 ChatGPT 在典型场合下的应用，包括中小学生各科辅导、营销文案撰写、职业考试辅导、求职辅助、法律工作咨询与协助，还有涉及艺术创作方面的小说、剧本、歌曲和诗歌的生成，绘画方面的以文生画，激发绘画灵感，快速生成各种图像，如广告、插画等。更专业的应用包括第 12 章到第 14 章的内容，涉及自媒体人、数据工程师和程序员的工作。在本书的最后一章讨论了人工智能的伦理学问题，在使用 ChatGPT 时，我们不应忽视伦理和责任方面，包括数据隐私、算法偏见和技术滥用等问题。

这部书籍涵盖了 ChatGPT 应用的诸多方面，读者在使用时可以根据自己的需要挑选对应的章节阅读，不过为了有效使用 ChatGPT，请阅读一下第 3 章提示语设计。对于理论不感兴趣的读者可以跳过前两章，这不影响理解后续章节的内容。

在国内的使用环境下，有一些使用 ChatGPT 的便捷网站可供读者使用。

学习 ChatGPT 不仅仅为了掌握一个强大的技术工具，更是为了在这个快速变化的世界中保持领先。让我们一起探索 ChatGPT 的奥秘，方便自己的生活，倍增工作效率，释放您的创造力。最后借用一句古诗结束：好风凭借力，送我上青云。

编著者

Contents 目录

第1章
生成式人工智能   001

- 1.1 人工智能简介   002
  - 1.1.1 人工智能的分类   003
  - 1.1.2 人工智能涉及的几个重要概念   003
- 1.2 生成式人工智能   004
- 1.3 大型语言模型   005
- 1.4 流行的大型语言模型   006
- 1.5 生成式人工智能的应用   007
  - 1.5.1 文本生成   007
  - 1.5.2 图像生成   008
  - 1.5.3 音乐生成   009
  - 1.5.4 视频生成   009
- 1.6 结语   010

第2章
走进ChatGPT   011

- 2.1 ChatGPT的原理   012
- 2.2 ChatGPT的发展过程   012
- 2.3 ChatGPT的局限性   013
- 2.4 开始使用ChatGPT   014
- 2.5 ChatGPT的应用领域   018
- 2.6 结语   019

第3章
提示语设计   021

- 3.1 提示语的组成要素   022
  - 3.1.1 说背景   022

3.1.2	定角色	024	3.4	提示语示例	047
3.1.3	派任务	026	3.5	定制机器人	049
3.1.4	提要求	029	3.6	插件AIPRM	052
3.2	提示语使用技巧	037	3.7	结语	054
3.3	自定义指令	043			

第4章
生活顾问　　　　　　　　　　　　　　　055

4.1	娱乐	056	4.5	家庭财务安排	071
4.2	服装与美食	064	4.6	养儿育女	074
4.3	寻医问药	065	4.7	旅游规划	078
4.4	心理疏压	067	4.8	结语	084

第5章
全科贴身家教　　　　　　　　　　　　085

5.1	学习方法指导	086	5.6	物理学辅导	113
5.2	外语辅导	088	5.7	历史学辅导	117
5.3	语文辅导	097	5.8	生物学辅导	120
5.4	化学辅导	099	5.9	地理学辅导	124
5.5	数学辅导	105	5.10	结语	126

第6章
营销文案专家　　　　　　　　　　　　127

6.1	生成营销文案	128	6.2	生成产品描述	130

6.3 生成产品概述	131	
6.4 助力市场营销	133	
6.5 搜索引擎优化	144	
6.6 客户情感分析	147	
6.7 结语	151	

第 7 章
职业考试导师 153

7.1 法律职业资格考试	154
7.2 会计资格考试	160
7.3 公务员考试	167
7.4 教师资格考试	178
7.5 导游资格考试	180
7.6 保险员考试	181
7.7 人力资源师考试	182
7.8 公共卫生执业医师考试	183
7.9 高级公共营养师资格考试	184
7.10 执业药师考试	186
7.11 执业医师考试	187
7.12 护士资格考试	191
7.13 结语	193

第 8 章
求职宝典 195

8.1 人工智能技术助益求职活动	196
8.2 ChatGPT协助下的应聘实践	197
8.3 结语	221

第 9 章
法律工作的智能顾问 223

9.1 ChatGPT在法律工作上的应用	224
9.2 ChatGPT在具体涉法场景下的运用	224
9.3 结语	242

第 10 章
妙笔生花　　　　　　　　　　　　　　　　　　243

- 10.1　故事创作辅助　　　244
- 10.2　剧本创作辅助　　　256
- 10.3　诗歌创作辅助　　　264
- 10.4　歌词创作辅助　　　270
- 10.5　结语　　　　　　　277

第 11 章
画由文生　　　　　　　　　　　　　　　　　　279

- 11.1　以文作画　　　　　280
- 11.2　人工智能绘画的现状及前景　　　293
- 11.3　利用ChatGPT处理图片　　　295
- 11.4　结语　　　　　　　298

第 12 章
自媒体创作　　　　　　　　　　　　　　　　　299

- 12.1　小红书文案　　　　300
- 12.2　从文字到语音　　　308
- 12.3　有声绘本与动画　　312
- 12.4　结语　　　　　　　321

第 13 章
数据处理大师　　　　　　　　　　　　　　　　323

- 13.1　探索性数据分析　　324
- 13.2　数据清洗与操作　　329
- 13.3　自动生成代码　　　335
- 13.4　自动化操作工作表Excel　　　337
- 13.5　Google文档处理智能化升级　　　346
- 13.6　数据分析可视化　　349
- 13.7　结语　　　　　　　370

第 14 章
科研助手　　　　　　　　　　　　　　　　　　　371

- 14.1　SciSpace平台介绍　　372
- 14.2　待研问题的确定　　374
- 14.3　论文阅读　　377
- 14.4　文献筛选　　380
- 14.5　论文撰写　　381
- 14.6　参考书目生成与格式化　　381
- 14.7　演示文稿生成　　385
- 14.8　结语　　393

第 15 章
人工智能与伦理　　　　　　　　　　　　　　395

- 15.1　什么是人工智能伦理学　　396
- 15.2　涉及人工智能伦理的法案与规范　　397
- 15.3　数据偏见　　398
- 15.4　生成式人工智能的伦理问题　　400
- 15.5　人工智能系统的法律和伦理责任　　402
- 15.6　深度伪造技术　　403
- 15.7　结语　　404

第1章

生成式人工智能

Command Prompt :

　　生成式人工智能改变了我们与机器交互的方式，使计算机有能力创建、预测和学习，而无需明确的人类指示。本章概述了生成式人工智能，包括使用机器学习（ML）算法创建新的、独特的数据或内容。

　　本章侧重于讨论生成式人工智能在各个领域的应用，如图像合成、文本生成和音乐创作，突出生成式人工智能改变各行各业的潜力，指出它在整个人工智能研究领域中的位置。

　　为了更好地理解生成式人工智能，我们先介绍人工智能（AI）的一些基础知识。

1.1 人工智能简介

人工智能研究如何以计算机模拟、延伸和扩展人的智能,其研究内容包括理论、方法和技术。换句话说,它是使计算机或机器能够模仿人类的思考和学习能力的技术,这包括从简单的自动化任务到复杂的决策、问题解决、模式识别和自然语言理解等功能。人工智能的目标是创造出能够自主运行、适应新情况并从经验中学习的智能系统。

人工智能似乎是个不言自明的概念,已经变成了大众口头的一个名词,然而细究起来它并没有一个各方都可以接受的统一定义。因为人工智能是一个多层次、跨学科的领域,不同的学者和专业人士可能会给出不同的定义。以下是一些人工智能的主要定义:

① 功能性定义:人工智能是指使机器能够执行通常需要人类智能才能完成的任务的技术。这包括诸如理解自然语言、识别图像、解决问题和学习等功能。

② 计算模型定义:人工智能是一种计算机科学的分支,它涉及创建能够执行认知功能的计算模型。这些模型旨在模拟人类大脑的处理方式,包括感知、推理、学习和决策。

③ 符号处理定义:在传统的人工智能研究中,AI 被视为一种符号处理系统,即通过使用符号和规则来表示和推理知识。这种方法强调逻辑推理和知识表示。

④ 行为主义定义:从行为主义的角度来看,如果一个机器能够在特定环境中以无法与人类区分的方式行动,那么它就可以被认为具有智能。这通常与图灵测试的概念相联系,即一个机器的智能可以通过其模仿人类行为的能力来评估。

⑤ 学习和适应性定义:人工智能也可以被定义为机器的能力,通过学习和适应来改进其性能。这包括机器学习和深度学习技术,它们使得机器可以从数据中学习模式和决策。

⑥ 认知模拟定义:人工智能是对人类智能的一种模拟,它试图通过计算机程序来复制或模仿人类的认知过程。

⑦ 目标导向定义:AI 可以被看作是实现特定目标的智能代理。在这个定义下,AI 系统被设计为在给定的环境中自主操作,以达到预设的目标。

这些定义从不同的角度描绘了人工智能的范畴,反映了该领域的多样性和复杂性。随着技术的发展,对 AI 的定义也在不断演化。把这些定义列举出来的目的是想让读者从不同角度思考这个概念的内涵,开拓思路,加深对这个概念的理解。

1.1.1　人工智能的分类

人工智能可以从多个方面进行分类。下面将提供一些常见的分类方法。

（1）根据功能性划分

弱人工智能：这种类型的人工智能专门在某一个特定的任务上表现出与人类相当的智能，例如 Google 搜索、语音识别、推荐系统等。

通用智能或强人工智能：这种类型的人工智能具有理解、学习、适应和应对任何给定任务的能力。

（2）根据技术划分

符号主义人工智能：符号主义人工智能致力于通过模拟人脑的思维过程，利用符号和规则来模拟智能。

连接主义人工智能：连接主义人工智能通过模拟大脑的结构，特别是神经网络，来实现人工智能。

（3）根据学习能力划分

监督学习：在这种方法中，人工智能学习系统通过事先标记的输入数据和其对应的输出数据来进行训练，从而使系统可以预测未标记的新数据。

无监督学习：在这种方法中，人工智能从未标记的数据中学习潜在的结构或分布，这种学习类型常用于聚类和降维等任务。

强化学习：这种类型的人工智能通过与环境的交互进行学习，通过试错的方式找到使某种度量指标最大化的策略。

以上列举的只是一些常见的分类方式，实际上，人工智能的类型和种类会根据应用、功能、方法等多种因素变得更复杂。

1.1.2　人工智能涉及的几个重要概念

人工智能涉及几个重要概念，它们是机器学习（ML）、深度学习（DL）、强化学习（RL），下面较为深入地阐释这些概念。

（1）机器学习

机器学习是人工智能的一个特定子集或应用，机器学习专注于训练系统从数据中学习和作出预测，机器学习使机器能够自动从数据中学习。人工智能中的一个机器学习模型是一个数学表示或算法，它在一个数据集上训练，以在不需要明确编程的情况下进行预测或采取行动。机器学习模型是人工智能系统的基本组成部分。

（2）深度学习

深度学习是现代人工智能的基石之一，它使用由深度神经网络构成的模型，来从大量的数据中学习复杂模式，并用以进行预测或者决策。这使得深度学习在图像识别、语音识别、自然语言处理等许多重要的任务中都有突出的表现。

（3）强化学习

强化学习是关注如何基于环境的反馈来优化行为策略的一类机器学习算法，强化学习系统的目标是通过与环境的交互，学习一个最优策略，使得某种长期回报的累计值最大。强化学习广泛应用于游戏和机器人等需要连续决策和探索的领域。

强化学习和深度学习都是机器学习的重要分支，它们在人工智能领域具有各自的重要作用。尽管在某些任务中，这两者可以被单独应用，但是，当它们结合在一起时，就成为了非常强大的工具，被称为深度强化学习。深度强化学习能够在结构复杂、需要连续决策和探索，且缺乏明确监督信号的任务中取得好的表现，例如 AlphaGo 就是深度强化学习的典型应用。

人工智能领域的概念互相关联，它们之间的关系如下图所示。

1.2
生成式人工智能

从下图可以看出这些概念之间的包含关系，生成式人工智能的领域最小。那么什么是生成式人工智能？

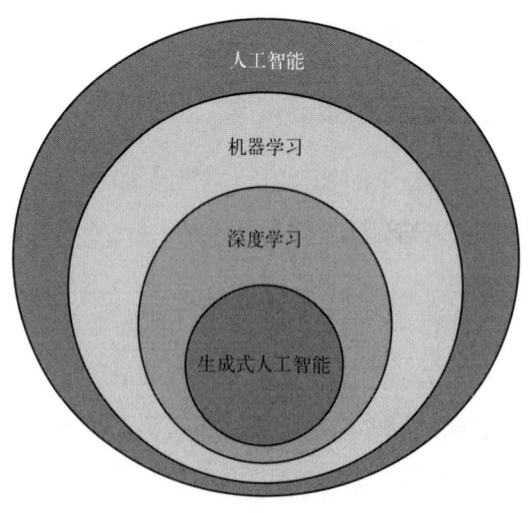

生成式人工智能是人工智能领域中的一个分支，它专注于创建能够生成新内容的算法和模型。这种类型的人工智能系统能够理解数据的底层结构，然后利用这种理解来生成新的、以前未见过的数据实例。生成式模型可以应用于多种类型的数据，包括文本、图像、音乐和语音。

生成式人工智能的关键特点包括：

① 创造性：生成式模型能够创造出新颖的内容，而不仅仅是复制或重现训练数据。

② 学习数据分布：这些模型学习训练数据的概率分布，以便能够生成符合该分布的新数据点。

③ 多样性：生成的内容通常是多样化的，反映了模型从训练数据中学到的多种可能性。

④ 应用广泛：生成式人工智能在艺术创作、文本生成、药物发现、游戏开发等多个领域都有应用。

⑤ 模型例子：代表性的生成式模型包括生成对抗网络（GANs）、变分自编码器（VAEs）和某些类型的循环神经网络（RNNs）。

这些模型在提供创新解决方案和自动内容创作方面具有巨大潜力，是人工智能领域中的一个重要和活跃的研究领域。

通过使用基础模型，我们有能力创建更专业、更高级的模型，这些模型被特别设计用于特定的领域或者用例。例如，生成式人工智能可以利用基础模型作为创建大型语言模型的核心。通过利用从大量文本数据的训练中得到的知识，生成式人工智能可以生成连贯的、与上下文相关的文本，这些文本往往类似于人生成的内容。

1.3 大型语言模型

大型语言模型是生成式人工智能的一个特定应用，大型语言模型是基于大量文本数据训练的复杂神经网络模型。这些模型的目的是理解和生成自然语言，以便能够与人类用户进行有效的交流。以下是大型语言模型的一些关键特点和用途：

① 理解自然语言：大型语言模型能够理解人类语言的复杂性和细微差别，包括语法、句法、语义和情感。

② 文本生成：这些模型可以生成连贯流畅的文本，用于回答问题、写作文章、创作诗歌或编写代码。

③ 上下文感知：它们能够根据所提供的上下文生成相关的内容，甚至在长篇对话中保持一致性。

④ 预训练和微调：大型语言模型通常首先在大规模的数据集上进行预训练，然后可以针对特定任务进行微调。

⑤ 应用广泛：这些模型在搜索引擎、聊天机器人、文本摘要、语言翻译、内容推荐等多种应用中发挥作用。

⑥ 知识整合：它们可以整合和利用大量的知识信息，以提供准确的信息和解答。

⑦ 模型例子：GPT（生成预训练变换器）和 BERT（双向编码器表示变换器）是当前最知名的大型语言模型架构。

大型语言模型的训练和运行需要大量的计算资源，但它们在处理自然语言任务方面的能力使它们成为人工智能领域的一个重要里程碑，随着技术的不断进步，这些模型的能力和效率也在不断增强。

1.4 流行的大型语言模型

以下是一些已经在许多自然语言处理（NLP）任务中带来革新并在聊天机器人、虚拟助手、内容创作和机器翻译等应用中广泛使用的流行大型语言模型。

（1）GPT-4

由 OpenAI 开发的 GPT-4 是公开可用的大型语言模型之一，它是 GPT-3 的扩展模型。GPT-4 在大量数据上训练过，具有比以前模型更高的准确性和生成文本的能力。该系统可以读取、分析或生成多达 25000 个单词的文本。GPT-4 的参数数量是未知的，但根据一些研究人员的说法，它大约有 1.76 万亿个参数。

（2）GLaM（通用语言模型）

GLaM 是 Google 开发的一个先进的对话人工智能模型，参数量有 1.2 万亿。它是为了生成针对用户提示语的人类化响应，以及模拟基于文本的对话而设计的。GLaM 在广泛的互联网文本数据上进行了训练，使其能够理解和生成对各种主题的反应。它的目标是利用从训练数据中学习到的大量知识，产生连贯且上下文相关的响应。

(3) BERT

BERT 是由 Google 开发的另一种广泛使用的大型语言模型，参数量为3.4亿。BERT 是一个预训练模型，擅长理解和处理自然语言数据。它已被应用于各种场景，包括文本分类、实体识别和问答系统。

(4) LLaMA（大型语言模型元人工智能）

LLaMA 是 Meta 发布的具有数十亿参数并在 20 种语言上进行训练的 NLP 模型，该模型对所有非商业用途开放，LLaMA 具有进行对话和创作写作的能力，是一种多功能的语言模型。

1.5 生成式人工智能的应用

近年来，生成式人工智能取得了显著进步，并已将其应用扩展到了许多领域，如艺术、音乐、时装和建筑等。在其中一些领域，它实际上正在改变我们创造、设计和理解周围世界的方式。而在其他一些领域，它正在提高我们的工作效率和生活的便利程度。

对应用简单分类的话，我们可以把生成式人工智能的应用归纳为文本生成、图像生成和视频生成。

1.5.1 文本生成

生成式人工智能的最大应用之一就是生成自然语言中新的内容。实际上，生成式人工智能算法可以用来生成新的文本，如文章、诗歌和其他文字作品。

例如，由 OpenAI 开发的语言模型，如 ChatGPT，可以在大量的文本数据上进行训练，然后用来生成新的、连贯的、语法正确的文本，支持不同的语言（无论是输入还是输出），以及从文本中提取相关特征，如关键词、话题或完整的摘要。

下面是一个使用 ChatGPT 的例子。

You

请你向一个7岁的孩子解释质子的概念，并给出进一步学习的参考网址。强调一下，你的讲述对象是7岁的孩童。

ChatGPT

嗨！你知道吗，质子是一种很小很小的东西，它们构成了我们所有的东西，比如空气、水和你周围的所有东西。

我们可以把质子想象成是小小的"积木块"，它们都聚集在一起，形成了一个叫原子核的东西，就像搭积木一样。这个原子核就像是一个超级小的"积木堆"，而质子是这个堆中的一部分。

每个质子都有一种叫做"正电荷"的东西，就好像它们是一群小小的正能量精灵。这些正电荷让它们彼此之间吸引，就像小朋友们在一起玩耍一样。

如果你想了解更多，可以和你的老师、家长或者同学一起上网找一些有趣的图画和视频来看，那样你就能更好地理解质子是怎么样的啦！ 记得问问题哦，学习是一件很有趣的事情！

对于更深入的学习，家长和老师可以帮忙找到适合7岁孩子的科学教育资源。例如，一些儿童科学网站或教育应用程序可能提供互动和有趣的方式来学习更多关于质子和原子的知识。

1.5.2　图像生成

2021年，OpenAI在这个领域引入了一种新的生成式人工智能模型DALL·E。DALL·E模型用来从自然语言描述中生成图像，这些图像可能看起来并非现实，但仍能描绘出文字叙述的概念。DALL·E在广告、产品设计和时尚等创意产业中具有巨大的潜力，可以创作出独一无二且富有创新性的图像。

下图是一个例子，DALL·E从自然语言提示语生成四幅图像。

请产生图片，内容是古代哲学家亚里士多德骑电动滑板车。

"古代哲学家亚里士多德骑电动滑板车。"
Designer中的图像创建者　　　　　　　由DALL·E3提供支持

1.5.3 音乐生成

2020年，OpenAI发布了Jukebox，这是一个生成音乐的神经网络，可以自定义输出的音乐和声乐风格、流派、参考艺术家等。

音乐领域中生成式人工智能的另一个令人难以置信的应用是语音合成。实际上，您可以找到许多人工智能工具，它们可以用知名歌手的声音根据文本输入创建音频。例如，如果您一直想知道Kanye West（一位美国说唱歌手、唱片制作人、词曲作者和时尚设计师）演唱您写的歌曲会是什么样的，那么，您现在可以通过如FakeYou.com、Deep Fake Text to Speech或UberDuck.ai等工具实现您的梦想。

1.5.4 视频生成

视频生成领域的一个关键发展就是生成对抗网络（GANs），由于它们在生成真实图像方面的准确性，研究人员也开始将这些技术应用到视频生成中。基于GAN的视频生成的一个最著名的例子是DeepMind实验室的Motion to Video，它从单张图片和一系列的动作中生成了高质量的视频。另一个很好的例子是

NVIDIA 公司的 Video-to-Video Synthesis (Vid2Vid) 深度学习框架，它使用 GANs 从输入视频中合成高质量的视频。Vid2Vid 系统可以生成在时间上保持连续的视频，这意味着它们在时间上保持平滑和真实的动作。这项技术可以被用来完成各种视频合成任务，例如：

① 将一个领域的视频转换为另一个领域的视频（例如，将白天的视频转换为夜晚的视频，或者将素描转换为真实的图像）；

② 修改现有的视频（例如，改变视频中物体的风格或外观）；

③ 从静态图片中创建新的视频（例如，为一系列的静止图像进行动画处理）。

2022 年 9 月，Meta 公司的研究人员宣布 Make-A-Video 的普遍可用性，这是一种新的人工智能系统，允许用户将他们的自然语言提示转换成视频片段。在这项技术背后，可以看到到目前为止提到的许多其他领域的模型。

总的来说，生成式人工智能在许多领域产生了深远的影响，一些人工智能工具已经在支持艺术家、组织和普通用户了，未来可期。

1.6 结语

ChatGPT 是属于生成式人工智能的一种大语言模型，而生成式人工智能是人工智能的一个分支，因此，本章作为这本书的理论知识部分，探讨了人工智能的概念和定义，着重阐释了令人兴奋的生成式人工智能及其在各个领域的应用，包括图像生成、文本生成、音乐生成和视频生成。

第 2 章
走进 ChatGPT

Command Prompt :

　　ChatGPT 是由 OpenAI 开发的一种基于 GPT（generative pre-trained transformer）的语言模型。OpenAI 是一个由 Elon Musk、Sam Altman、Greg Brockman、Ilya Sutskever、Wojciech Zaremba 以及 John Schulman 于 2015 年创建的研究机构。正如 OpenAI 网页上所述，它的使命是"确保人工通用智能（AGI）造福全人类"。

　　自然语言处理（NLP）是人工智能的一个分支，旨在使计算机能够理解自然语言，并与人类以自然语言互动。在这个领域中，ChatGPT 是一个预训练的自然语言处理模型，它在近两年中变得非常流行。

　　使用复杂的人工神经网络，ChatGPT 能够生成连贯且相关的文本，使其成为自动回应、内容生成和虚拟助理等多种应用的宝贵工具。

　　本章将解释 ChatGPT 的原理、发展历程及其应用领域。

2.1 ChatGPT 的原理

ChatGPT 使用深度学习技术分析大量文本数据并模拟人类的对话行为。该模型的工作原理包括以下内容。

数据预处理：ChatGPT 的训练数据包括各种来源的文本，如互联网、书籍、新闻和社交媒体等。在训练之前，需要对这些数据进行预处理，例如去除标点符号、将所有文本转换为小写字母等。

模型训练：ChatGPT 的模型训练采用了深度学习技术，具体来说是 Transformer 结构，该结构由多个 Transformer 层组成，每个层都包含多个注意力机制，通过这些层的组合和迭代，模型可以捕捉到文本中的复杂模式，并生成连贯的文本。

推理生成：当使用 ChatGPT 生成文本时，模型会根据输入的上下文信息，使用已经学习到的语言模式来生成新的文本。该模型采用了自回归的方法来生成文本，即依次生成每个单词或字符，每次生成都会基于已经生成的上下文信息。

反馈循环：ChatGPT 还可以根据用户的反馈来不断改进模型。当用户对生成的文本不满意时，可以将反馈信息输入到模型中，并重新生成新的文本，这样，模型可以根据用户的反馈不断调整自己的生成策略，以不断提高生成文本的质量。

综上所述，ChatGPT 的研发过程包括数据预处理、模型训练、推理生成和反馈循环等多个步骤。通过深度学习和大规模计算技术，ChatGPT 可以生成高质量、连贯和自然的文本，为自然语言处理领域的发展提供了强大的支持。

2.2 ChatGPT 的发展过程

2018 年，OpenAI 发布了 GPT 模型，该模型采用 Transformer 结构，并在大量文本数据上进行训练。GPT 模型的出现为自然语言处理领域带来了新的思路，可以在给定上下文的条件下预测下一个单词或句子。

2019年，OpenAI发布了GPT-2模型，该模型在训练数据和模型结构上进行了升级。GPT-2模型最大的特点是生成了非常自然和连贯的文本，这使它成为许多自然语言处理任务的优秀工具。

2020年，OpenAI发布了GPT-3模型，该模型在训练数据、模型结构和推理方式上都进行了重大升级。GPT-3模型采用了更强大的Transformer结构，并使用了更多的训练数据，这使它能够生成更加准确、丰富和连贯的文本。

2022年11月，OpenAI发布了ChatGPT，它是基于GPT-3.5开发的专门用于对话生成的模型。与GPT-3不同的是ChatGPT的训练数据主要来自社交媒体和即时通信应用程序的对话，以便更好地模拟真实对话的语言和语境。

2023年3月，OpenAI发布了GPT-4，相比于ChatGPT，它不仅可以接受更长的文本输入，还可以接受图像输入，是一个多模态模型。

目前，OpenAI继续开发ChatGPT，并不断改进模型的性能和效率，以便更好地模拟自然语言对话。

2.3 ChatGPT的局限性

虽然ChatGPT展示了令人印象深刻的能力，但意识到它的局限性以确保负责任和有效的使用是很重要的。以下是一些它的关键局限性：

① 缺乏实时信息：ChatGPT的回应是基于它所训练的数据，这些数据不是持续更新的，因此，它可能不知道最近的事件或发展，除非在提示中明确提到。用户在寻求实时或对时间敏感的信息时应谨慎。

② 敏感和不当内容：ChatGPT根据其训练数据中的模式生成响应，这包括来自互联网的内容。尽管OpenAI已经实施措施以最小化不当输出，但仍有可能出现有偏见、冒犯或不适当的回应。

③ 倾向于猜测或编造事实：ChatGPT不具有超出其从训练数据中学到的事实知识，在某些情况下，它可能生成看起来合理但实际上不正确或没有根据的回应。

④ 复杂推理和语境理解的困难：虽然ChatGPT在生成连贯回应方面表现良好，但它可能在需要复杂推理或深入理解微妙语境的任务上遇到困难，有时会提供

看似合理但缺乏对主题更深理解的回应。

⑤ 过度自信和缺乏自我意识：ChatGPT 可能偶尔以比实际情况更高的确定性回应，导致不准确的或误导的信息。它不具备自我意识或了解自己的局限性，有时可能导致听起来令人信服但实际缺乏可靠性的回应。

理解这些局限性对于有效使用 ChatGPT 至关重要，OpenAI 公司在持续努力解决这些局限性并提高 AI 模型的整体性能。

2.4 开始使用 ChatGPT

要开始使用 ChatGPT，首先需要创建一个 OpenAI 账户，可按照以下步骤操作：

① 浏览如下图所示的 OpenAI 网站。

② 点击右上角的"Log in"或者"TryChatGPT"，如果是第一次使用，接下来就按照提示一步一步注册账号，注册过程这里不再赘述。如果已经有了账号，就可以登录，下图是登录界面，点击图上左边的按钮就可以登录，点击右边的按钮就开始注册。

如果点击了登录按钮，则会出现下图。

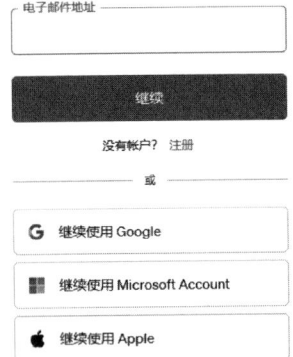

登录成功后出现下图。

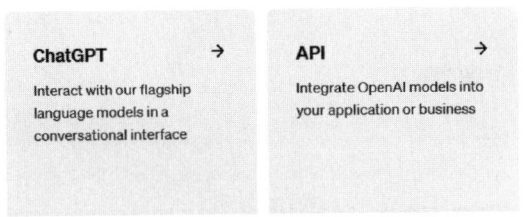

点击图上左边的 ChatGPT 就会出现下面的对话界面。

我今天能帮你做什么？

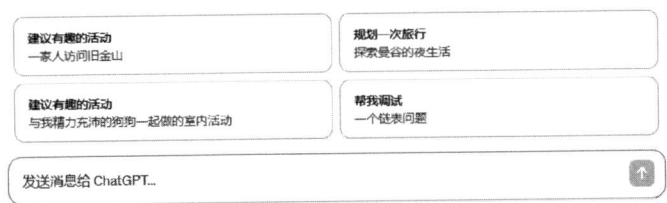

第2章　走进ChatGPT　>>　015

在对话框中输入文字就可以与 ChatGPT 对话了。

ChatGPT 的一个突出特点是保持记忆和少样本学习能力，因此 ChatGPT 允许用户就回复信息进行连续追问，而无需再次提供上下文。下面就是一个例子。

You
用四句话解释强化深度学习。

ChatGPT
强化深度学习是一种机器学习范式，旨在通过智能体与环境之间的相互作用来学习最佳决策策略。它结合深度学习的神经网络技术，用于处理庞大而复杂的状态和动作空间。训练过程中，智能体通过尝试不同动作并接收环境的反馈来调整其策略，以最大化预定的奖励信号。这使得强化深度学习在复杂任务和非确定性环境中表现出色，如游戏、机器人控制和自动驾驶。

You
请问这里的奖励信号的含义。

ChatGPT
奖励信号在强化深度学习中是一种反馈机制，用于评估智能体在特定环境中采取特定动作的好坏。当智能体执行一个动作后，环境会提供一个奖励信号，表示该动作对智能体的整体性能产生的影响。奖励可以是正的、负的或零，分别对应着对智能体行为的鼓励、惩罚或中性反馈。

智能体的目标是通过调整其策略，即选择动作的方式，以最大化累积奖励。在训练过程中，智能体利用奖励信号来学习什么样的行为是有利的，从而逐步改进其决策策略。这种试错学习的方法使得智能体能够在未知环境中发展出适应性强的策略。

与 ChatGPT 的对话都保留在服务器里，可以查看会话界面左边栏里的清单，找到以前的对话，随时接续以前的谈话，而不用重新提供对话的上下文，它会参照这个话题以前的对话。如果想要开始一个新话题，就点击对话界面上的"New chat"。

这里要提到，ChatGPT 会提醒用户，它被训练得可以拒绝可能有害的或令人反感的不适当请求。

值得一提的一个有趣现象是"幻觉",幻觉指的是 ChatGPT 模型生成的回答似乎正确,但实际上是虚构的。试了下面这样一个问题,看看 ChatGPT 的回答。

You
虽然我的头发几乎掉光,但是我很喜欢辫子的发型,请问我梳理什么样子的辫子好看?

ChatGPT
即使头发相对较少,你仍然可以尝试一些简洁而时尚的辫子发型。以下是一些建议:

1. **小辫子:** 可以尝试一些小而细的辫子,例如细小的三股辫或小辫发辫。这样的发型既简单又时尚,适合日常搭配。
2. **侧辫:** 尝试将辫子梳理到一侧,可以是低侧辫、侧拉花辫等。这种发型可以给整体造型增添一些层次感。
3. **扭曲辫:** 制造一些扭曲或编织的效果,例如螺旋辫或编织的扭曲辫,这样可以为头发增添一些层次和质感。
4. **头顶辫:** 尝试从头顶位置开始编织,创造出一些独特的头顶辫发型,使整体造型更加有趣。
5. **辫子搭配发饰:** 在辫子中搭配一些发饰,比如细绳、发夹、发带等,可以使发型更为丰富多彩。
6. **散发搭配辫子:** 尝试将一些小辫子混合在散发中,创造出一种自然而随性的感觉。

最重要的是,选择一种适合自己风格和脸型的辫子,可以向发型师咨询建议,让他们根据你的头发状况和喜好为你设计合适的发型。无论头发多少,都可以找到适合自己的辫子发型。

为了防止出现幻觉,应该记住一些好的做法:

① 提示明确并清楚:确保您的提示定义明确,清楚地说明您想要达成什么,这将帮助模型生成更有针对性和相关的回应。像"告诉我关于世界的事情"这样的提示可能不会生成很好的结果。

② 提供充足的上下文:您能提供的上下文越多,模型就越能理解您在寻找什么,并生成与您需求相关的回应。

③ 避免模糊不清:在您的提示中避免使用模糊或不明确的词语或短语,因为这会让模型难以理解您在寻找什么。

④ 使用简洁的语言:尽量让您的提示简洁,同时仍提供足够的信息让模型能够

生成回应，这将帮助确保模型生成有针对性且简洁的回应。

⑤ 注意训练数据：ChatGPT 已经在大量文本中进行了训练，它可能生成基于该数据模式的有偏见或不准确的回应。如果您怀疑模型生成的回应不适当或不准确，考虑调整您的提示语。

我们将在第 3 章中看到，这些提示设计的考虑因素不仅对防止出现幻觉有用，而且还能从您与 ChatGPT 的交互中获得最大的收获。

2.5 ChatGPT 的应用领域

ChatGPT 是一款应用场景广泛的工具，其适用范围包括客户服务、聊天机器人、智能语音助手、知识问答系统、自然语言生成等领域。以下是对这些应用场景的介绍。

（1）客户服务

ChatGPT 可以应用于客户服务领域。它采用对话生成技术，通过实现智能客服自动回答客户问题，提高了客户满意度和服务质量。

（2）聊天机器人

ChatGPT 在聊天机器人领域具备广泛的应用，通过对话生成技术实现人机对话，能够与用户进行自然、流畅的交流。微软开发的小冰虚拟人就是一款利用 ChatGPT 技术的聊天机器人，它能够通过语音或文字与用户对话，从而实现更为自然流畅的人机交互。

（3）智能语音助手

智能语音助手是一种能够通过语音交互来执行特定任务的人工智能应用程序。它可以使用自然语言理解和语音合成技术来理解和回答人类的语音指令，例如播放音乐、查找信息或设置闹钟。智能语音助手的使用已经越来越普遍，使人们可以更加方便地与智能设备交互，并使他们的生活更加便利。

ChatGPT 可应用于智能语音助手领域，通过对话生成技术实现智能语音交互。例如，苹果的 Siri、谷歌的 GoogleAssistant、亚马逊的 Alexa 等智能语音助手都采用了 ChatGPT 技术，可以与用户进行自然流畅的语音对话，为用户提供更加便捷智能化的服务。

（4）智能问答系统

ChatGPT 技术可应用于知识问答领域，利用对话生成技术来自动回答用户提出的问题。像百度知道、搜狗问问等知识问答平台，采用 ChatGPT 技术，用户输入问题即可获得相应的答案，可以更加方便地获取和分享知识。

（5）自然语言生成

自然语言生成是指使用计算机程序将非结构化数据转化为自然语言文本的过程。通过自然语言生成，计算机可以将数据转化为易于理解和处理的语言形式，从而帮助人们更加高效地进行信息交流和数据分析。这项技术被广泛应用于各种领域，如机器翻译、智能客服、自动摘要和文本生成等。

因为 ChatGPT 是个通用人工智能系统，因此可以应用于广泛的领域和行业。

2.6 结语

本章引领读者进入 ChatGPT 的世界，简述了它的原理、发展历程和应用领域，介绍了如何从登录网站开始注册并使用 ChatGPT，这为后续章节的学习建立了基础，同时，也指出了 ChatGPT 的局限性和特有的"幻觉"现象，讲述了为防止出现幻觉现象，用户在提供提示语方面要注意的事项。

第3章
提示语设计

Command Prompt : |

在 ChatGPT 出现之前大多数的人都是用 Google 寻找信息和解决问题，如果有人说他在 Google 找不到东西，我们会想到他使用的关键词可能不恰当，而到了 AI 时代也一样，为了让机器人给出符合意图的回答，我们需要把意图和需求精准地传达给它，这就是提示语设计涉及的事情。

本章分成两个部分。第一部分我们会谈到什么是好的提示语 (prompt)，它的结构包含哪些重要的元素。第二部分会谈到一些小技巧，让 ChatGPT 的输出质量能够获得显著的提升。

3.1 提示语的组成要素

ChatGPT 所实现的人机交互的一个重要飞跃就是可以与之用自然语言对话，这让没有经过专业训练的任何人不需要学习专用指令就可以命令计算机。虽然一般的对话可以获得机器人的积极回应，但是恰当的提示语则一言中的，使 ChatGPT 悟您所求。那么，什么算是好的提示语呢？一般来说，一个好的提示语有这几个组成要素：任务、要求、角色、背景。提示语指令归纳为一个公式是这样的：

指令=说背景+定角色+派任务+提要求

说背景：说明布置任务的前提缘由、面临的问题等，提供必要的解释。

定角色：设定 ChatGPT 扮演的专家角色身份，限定专业领域的回答范围。

派任务：简单介绍任务的主题、概要和预期，明确 ChatGPT 的任务方向。

提要求：具体的任务要求，如内容标准、参考示例、输出格式、流程规则。

当然，并不是说任何提示语一定包括所有这些组分，其中的背景、角色要素属于任务的约束或补充辅助项。下面对这几个要素加以说明。

3.1.1 说背景

在提问时说明问题的背景信息和提问者的信息，对于 ChatGPT 的回复质量有很大影响。背景信息一般聚焦于讲述要完成的任务，任务的前提缘由、目标或面临的问题，以及自身的情况等，这样 ChatGPT 就能够基于背景信息更好地提出针对性的解决方案。例如，您说明自己是一名小学生，那么它回答您关于原子结构的问题时一定会浅显易懂，适合您年龄段的理解能力。

这是一段包含了背景信息的提示语："我是一家年营收 3000 万的电商公司的 HR，我们希望招一个 3 年经验左右的产品经理，来负责我们电商 APP 的产品策划，要求有电商产品背景，20 万年薪。"可以在下面看到 ChatGPT 的回复十分具体，贴合我们的需要。

> 我是一家年营收3000万的电商公司的HR，我们希望招一个3年经验左右的产品经理，来负责我们电商APP的产品策划，要求有电商产品背景，20万年薪。

作为一家年营收3000万的电子商务公司的人力资源专员,您需要拟定一份清晰描述职责、所需资格和福利的职位描述,以吸引合适的产品经理应聘者。以下是您可能使用的职位描述:

职位名称:产品经理 - 电子商务应用

地点: [城市,州 - 或指明是否远程]

薪资: 年薪20万元

关于我们:
加入我们年营收高达3000万元的电子商务公司,我们致力于电子商务领域的创新和卓越,并正在寻找一位才华横溢的产品经理来领导我们电子商务应用的策略和开发。

职位概述:
作为产品经理,您将在塑造我们电子商务应用的未来方面发挥关键作用。您将负责从概念到发布的端到端策略,确保我们的应用不仅满足市场需求,而且超出客户期望。

主要职责:

- 领导我们电子商务应用的产品策略和路线图。
- 与设计、工程、市场和客户服务等跨职能团队紧密合作,交付卓越的应用功能。
- 分析市场趋势并进行竞争对手分析,识别创新机会。
- 定义并分析衡量应用成功的指标。
- 与客户接触,收集反馈并将其纳入产品开发。
- 优先考虑产品功能并管理产品待办事项列表。
- 制定并实施上市策略,确保应用的成功发布和更新。

资格要求:

- 至少3年的产品管理经验,特别是在电子商务领域。
- 在整个产品生命周期中管理所有成功产品方面的成功记录。
- 对移动应用开发和电子商务平台有深刻理解。
- 出色的分析和解决问题的能力。
- 能够在快节奏、动态环境中有效工作。
- 较强的人际交往能力和与不同团队合作的能力。
- 拥有商业、市场营销、计算机科学或相关领域的学士学位。

我们提供：

- 竞争性的年薪20万元。
- 动态且支持性的工作环境。
- 专业成长和发展的机会。
- 全面的福利套餐。

如何申请：

请将您的简历和一封说明您为何是我们产品经理角色的完美人选的求职信发送至[您公司的应聘邮箱]。我们期待像您这样的创新领导者的加入！

请根据您公司的标准和政策调整位置、具体福利和申请流程。这份职位描述应该有助于您吸引具有电子商务产品背景和推动您的应用迈向新高度的热情的候选人。

背景信息也可以是介绍性的材料，比如希望和 ChatGPT 针对某个现象、事件、观点立场、概念进行讨论创作，那么可以把这样的材料放到背景里。

3.1.2 定角色

ChatGPT 是一个通用 AI，就像您问一个万事通，他确实可以回答您任何问题，但只能泛泛而谈，毕竟他不是所有领域的专家。这是因为 ChatGPT 在缺乏有效引导或约束的情况下，需要在庞大的数据库里搜索合理的答案，那么命中效果就会变得一般，语言风格也将是偏机械的。

角色设定指令是 ChatGPT 官方支持的能力，起到"调度"行业专家模型的作用，通过身份来约束 ChatGPT 的回答范围，一定程度上能让回答更有针对性。

不同的任务场景可以设定 ChatGPT 扮演不同的角色身份，也可以设定知识经验水平、精通领域、语言风格等细化的要求。

一般来说，我们倾向于给 ChatGPT 赋予专家身份，来让回答显得更专业。例如下面的两种场景。

写小红书：

你是一名资深的小红书博主，精通编写小红书爆款文案。

商业顾问：

你是一名世界顶级的商业顾问，擅长给企业诊断问题并给出解决方案。

定义角色有以下好处：

① 可以和 ChatGPT 的对话更加自然和情境化，就像和真人而不是一个通用的机器人聊天一样。

② 可以让 ChatGPT 根据设定的角色生成更加个性化符合角色风格的回答，比如让 ChatGPT 扮演卓别林聊天。

③ 可以使 ChatGPT 的回答符合其设定角色的语气、词汇、句子结构和风格，比如让 ChatGPT 扮演某位诗人，它就会生成相应风格的文本。

④ 可以把 ChatGPT 的回答限定在特定领域，而不是生成一个通用的、泛泛而谈的回答，比如医生、律师等专业领域。

⑤ 可以提高 ChatGPT 回答的准确性，比如要解决数学问题时，让 ChatGPT 扮演"杰出数学家"的角色，与一般指令相比，可以得到更准确的结果。

虽然指定角色很重要，但是不是每种情况下都需要，简单的角色扮演主要起到收窄 ChatGPT 回答范围的作用，和回答质量不是绝对正相关的关系。

举例说明提示语中角色的作用。如果让 ChatGPT 扮演一名资深的网络工程师，那么他的答复会变得更加专业深入，也会用到更多的术语和详细的技术解释。相对地，如果委派的角色是一名小学自然科学老师，那么 ChatGPT 的遣词用字就会变得更加浅显易懂，而且也会用更生活化的例子或比喻解释 Wi-Fi 的原理以符合小学生的理解水平，如下面所示。

> 你是一名资深专业的网络工程师，请以不超过300字的方式解释Wi-Fi技术是如何让多个装置无线连接到互联网络的。

当然，我很乐意解释。Wi-Fi技术使得多个设备能够无线地连接到互联网。这是通过一个称为无线接入点或路由器的设备实现的。这个接入点将有线网络信号转为无线信号，通过无线电波发送到周围空间。Wi-Fi设备如智能手机、电脑或平板等，都装有无线网卡，能够接收这些无线电波并将其解码为数据信号，然后将信息发送回路由器，实现互联网通信。

说到如何处理多设备连接，Wi-Fi使用了一种称为"载波侦听多路访问/碰撞检测"（CSMA/CD）的技术来避免数据包的碰撞。简单来说，每个设备都会在发送数据前检查信道是否空闲。如果空闲，设备就会发送数据。如果信道被其他设备占用，设备会等待直到信道空闲。

更高级的Wi-Fi标准以及多用户多输入多输出（MU-MIMO）技术也能让无线接入点同时服务于多个设备。MU-MIMO允许接入点将其无线信号分割为多个独立的信号，每一个信号可以被一个设备接收。这减低了设备之间的干扰，提高了网络的整体速度和效率。

> 这只是Wi-Fi技术工作原理的简单概述。但要记住的是，尽管无线网络为我们提供了极大的便利，但总是存在一定的安全风险。因此，使用Wi-Fi时，应确保网络安全，避免个人信息的泄露。
>
> ✓ 25.9s | 1563 Tokens

你是一名小学的自然科学老师，请把我当成一名小学生，简单解释Wi-Fi技术是如何让多个装置无线连接到互联网络的。

> 当然，我非常愿意解释这个问题给你。你可以将Wi-Fi想象成一个无线电台。路由器（网络中的一个设备，常常和你家里的互联网线路连接在一起）就像是电台的发射器，它发送wlan（互联网）信号。而你的电脑、手机或游戏机等都像电台接收器，它们能接收这个wlan信号。
>
> 这些wlan信号就像电台播的音乐一样，它们被发送出来，你的设备接收到这些信号并解码它们，转化为你能看到的网页，或者你能玩的网络游戏。
>
> 当有多个设备一起接收wlan信号时，就像有很多收音机在收听同一个电台一样，它们都能听到播放的音乐（接收wlan信号）。而如果它们想要向电台发出自己的信号，就像点歌一样，它们需要等待空档（无线信号不被占用的时候）再发送，确保信号不会混淆。
>
> Wi-Fi就是这样帮助我们的设备连接到互联网的，不过记住，虽然Wi-Fi很方便，但我们仍需要注意不要轻易告诉人家我们的Wi-Fi密码哦，以保障我们上网的安全。
>
> ✓ 25.5s | 1874 Tokens

3.1.3 派任务

之所以有些人会觉得AI常与我们鸡同鸭讲，那是因为我们的提问过于模糊笼统，让ChatGPT难以判断我们想要问什么，导致AI生成了一个很一般的广泛性回答，甚至可能会偏离原来的主题。如果想要让ChatGPT生成精确且实用的答复，我们要尽可能使问题简明扼要、清晰具体，这样AI就能减少错误的假设和误解的可能性，生成一个更明确且高度相关的回答。

我们可以多使用一些具体、限定的词汇，让任务主题更加聚焦。比如撰写文章的场景下，限定为"公众号"平台、点明要"爆款文章"、重点突出文章主题等。

下面这个提示语中的任务不够具体明确，因此回答也流于泛泛。

You
什么是Wi-Fi？

ChatGPT
Wi-Fi是一种用于在无线局域网络（Wireless Local Area Network，WLAN）中进行无线通信的技术。Wi-Fi一词实际上是Wi-Fi Alliance（无线局域网络联盟）的商标，它是一个非盈利组织，致力于推动和认证无线通信技术的互操作性。

Wi-Fi技术基于IEEE 802.11系列标准，这些标准规定了在2.4 GHz和5 GHz频段上的无线通信协议。Wi-Fi允许设备通过无线信号在一定范围内进行数据传输，以实现设备之间的互联和互通。

一些常见的应用包括在家庭、企业、公共场所和移动设备之间建立无线局域网络。通过Wi-Fi，用户可以连接到互联网、共享文件、使用在线服务以及进行各种无线通信。Wi-Fi技术已经成为现代生活中无线连接的重要组成部分。

下面，我们修改提示语，使任务更加明确。

You
请解释Wi-Fi技术是如何让多个装置连接到互联网网络的。

ChatGPT
Wi-Fi技术通过使用无线信号实现多个设备连接到互联网网络。以下是Wi-Fi如何实现多个设备连接到互联网的基本步骤：

1. **Wi-Fi信号发射器（Router或Access Point）**：一个Wi-Fi网络通常由一个无线路由器或接入点（Access Point）作为中心设备。这个设备通过有线连接与互联网服务提供商的网络相连，同时通过无线信号将互联网连接扩展到附近的区域。
2. **设备连接到Wi-Fi网络**：用户的设备，如智能手机、笔记本电脑、平板电脑等，通过内置的Wi-Fi适配器或外部Wi-Fi适配器连接到无线路由器或接入点。
3. **Wi-Fi认证**：在连接建立之前，通常需要进行Wi-Fi认证。这可以是通过输入网络密码（WPA或WPA2密钥）、使用WPS按钮等方式。
4. **分配IP地址**：一旦设备成功连接到Wi-Fi网络，无线路由器或接入点将为每个设备分配一个唯一的IP地址。这是为了确保在网络中能够正确标识和定位每个设备。
5. **数据传输**：一旦连接建立且IP地址分配完成，设备就可以通过Wi-Fi信号与无线路由器或接入点进行通信。设备通过Wi-Fi信号将数据发送到路由器，然后路由器将数据传输到互联网。
6. **互联网连接：** 无线路由器或接入点通过有线连接与互联网服务提供商的网络相连，从而允许通过Wi-Fi连接的设备访问互联网。

这样，Wi-Fi技术通过使用无线信号，使多个设备能够无线连接到互联网，实现了在家庭、企业或其他地方的无线局域网络。

再看一个任务叙述明确具体的提示语。

> 请帮我写一篇能让用户主动点赞收藏的爆款公众号文章，围绕主题"如何识别网络上的诱导性造谣文章"。

当然可以，以下是一篇围绕"如何识别网络上的诱导性造谣文章"的公众号文章草稿：

标题：
一招教你识破网络谣言，别再被假新闻带节奏了！

引言：
在这个信息爆炸的时代，每天都有成千上万的新闻和文章在网络上流传。但你知道吗？其中不乏精心设计的诱导性造谣文章，它们可能正在悄悄影响你的判断！今天，就让我们一起揭开这些文章的真面目，学会辨别真伪，做一个有洞察力的信息接收者。

正文：

一、识别标题陷阱
诱导性造谣文章通常有一个共同特点——哗众取宠的标题。这些标题往往夸张、耸人听闻，或是带有强烈的情感色彩，目的就是为了吸引你的注意力。比如使用"震惊"、"绝密"、"独家"等字眼。当你看到这样的标题时，警惕心就应该提起来了。

二、检查来源可靠性
真正的新闻报道会有明确的出处，而造谣文章往往来源含糊，或者根本就是一个不知名的小网站。在阅读任何信息之前，先看看这篇文章的来源是不是一个公信力强的媒体。

三、辨别内容质量
造谣文章的内容通常缺乏逻辑性，往往只是一系列的断章取义和片面之词的堆砌。仔细阅读文章，看看是否有充分的证据支持其观点，还是只是一味的煽动情绪。

四、查找权威背书
可信的文章往往会引用专家的话或有研究数据支持。如果一篇文章中没有任何专家或数据的引用，或者所谓的专家根本查不到，那么这篇文章的可信度就值得怀疑了。

五、观察读者反馈

一个简单的方法是查看其他读者的评论和反馈。虽然这不是判断真伪的绝对标准，但如果多数读者都表示怀疑，那么这篇文章至少应该更仔细地去核实。

六、使用事实核查工具

现在有很多在线工具可以帮助我们核实新闻的真伪，比如 FactCheck.org、Snopes.com 等。当你对某个信息的真实性感到疑惑时，不妨用这些工具做个双重确认。

结语：

在这个信息纷繁复杂的世界里，保持警醒，才能不被误导。希望今天的分享能帮助大家识别那些诱导性的造谣文章。如果你觉得这篇文章有用，别忘了点赞和收藏，让我们一起为打造清朗的网络环境贡献一份力量！

这篇文章旨在提供实用的信息，同时鼓励读者参与到打击网络谣言的行动中来。通过提供明确的步骤和方法，文章能够吸引那些渴望学习如何辨别真假信息的读者，并激励他们点赞和分享，以帮助更多的人。

很明显，ChatGPT 的回答言之有物，明确具体。

3.1.4 提要求

告知 ChatGPT 任务主题之后，接下来进一步提出更详细的任务要求。用来处理复杂任务的指令，质量差异主要体现在要求设定上。如果想让结果可控，那么要求就需要写得更全面。在内容写作、咨询评测、咨询讨论等不同的任务场景中，要求也应该是针对性定制的。比较常用的任务要求类型有四个：内容标准、参考对象、输出格式、流程规则。请按需选择或组合使用。

（1）内容标准

不同的内容类型元素组合千变万化，即使小红书文案看起来格式都差不多，但因为行业、人设或转化需求不同，则写法风格也是不一样的。

可以参考以下问题，来思考自己需要提出哪些要求细项。内容要包含哪些模块？要引入写作或思维模型规范的内容结构吗？类似"开头、中间、结尾"的结构是否需要分别定义？文章文体、写法、表达手法有没有要求？语气风格希望是严谨的还是轻松幽默的？段落、句式、词汇、字数更细化的层面怎样？需要举例吗？要添加表情图标吗？

举例说明，比如像写小红书，为了让结果更可控，对小红书文案风格作出详细的定义（注意：不涉及特定需求优化）。要求您的文案应该有以下特点：

① 表达要口语化，标题吸引人，要多使用 emoji 表情图标；
② 内容观点尽量分点罗列，适当描述自己的使用体验和评价；
③ 文案最后生成相关的标签；
④ 文案不得超过 500 字。

输入以上的要求后，看一下 ChatGPT 的回应。

> 请你写一篇文案
> 要求你的文案应该有以下特点：
> 1. 表达要口语化，标题吸引人，要多使用emoji表情图标；
> 2. 内容观点尽量分点罗列，适当描述自己的使用体验和评价；
> 3. 文案最后生成相关的标签；
> 4. 文案不得超过500字。

标题：
🚀👀 网络谣言怎么办？一招教你识别，别再被假新闻带节奏啦！

正文：
嘿，亲爱的网友们！👋 在这信息满天飞的时代，你是否也曾被那些"真假难辨"的新闻搞得头大如斗？😵 今天，就让小编来给你支招，教你如何一眼识破那些诱导性造谣文章！🕵️🔍

1️⃣ 标题党？不不不，我们不做标题党的传播者！
看到那些"震惊！"、"揭秘！"的标题就别急着点开了。这些往往是造谣者的陷阱，专门用来吸引眼球。👀

2️⃣ 来源说得清，假新闻无处遁形！
我总是先看看这新闻是哪儿来的。大牌媒体，官方账号，信誉度高的，我们考虑一下；小网站，没听过的，直接pass！🚫

3️⃣ 内容要有料，不是空中楼阁！
我读过的那些真新闻，论据充分，逻辑严密，一看就是货真价实。那些一大堆空话，没有证据的，直接忽略！😒

4️⃣ 专家点评，分分钟拆穿谣言！
真正的好文章，专家都会来点评。没有权威背书的，咱们得三思而后行。💡

5️⃣ 群众的眼睛是雪亮的！
看看评论区大家怎么说的。一堆人都在质疑？那这文章靠谱的可能性就不大了。👥👀

> 6 工具来帮忙，真假立判！
> 我现在都用FactCheck啊，Snopes啊这些工具来核实下。一搜，真相大白！🔍✨
>
> 亲爱的朋友们，保持警醒，是我们在这个复杂世界中生存的法宝。🛡 用上面的小技巧，咱们一起变成辨别真假的高手吧！如果你觉得这些小贴士有用，记得点个赞👍，分享出去，让更多人知道！💜
>
> 标签：
> #识破谣言 #网络安全 #信息辨识 #真假新闻 #打假 #智慧阅读 #社交媒体常识

（2）参考对象

用户提出的标准大多数时候都是偏抽象的，ChatGPT 理解起来会有些偏差，ChatGPT 擅长模仿，因此给出参考的示例、资料、最佳模板，可以显著提高结果的可控度。如果某种风格比较大众、知名、通用，我们可以直接指定风格让它仿写，比如小红书文案风格、鲁迅风格等。

像爆款标题，市面上已经有很多成熟的方法论模板，那么我们可以把爆款标题的方法和例子告诉它。提示语如下：

> 你需要为上面的文案内容创作3个爆款标题。请学习以下小红书爆款标题方法，选择合适的方法进行创作。
> 1. 使用挑战或实验的标题："挑战一周不吃糖，你猜我瘦了几斤？"
> 2. 提供解决方案："控油又保湿，告别油皮的5款神器"
> 3. 利用趋势或热点："2023夏季最火的10款连衣裙，你入手了几款？"
> 4. 对比和比较："家居大PK！IKEA vs MUJI，究竟谁更适合你的品味？"
> 5. 利用挖掘性标题："这可能是你还没发现的最好用的护肤品"

> 1. 挑战不信谣！一周不被假新闻骗，我的心态竟然…😲🚫
> 2. 假新闻OUT！揭秘辨别网络谣言的5大绝招🔍✨
> 3. 2023最新趋势：聪明人是如何避开网络谣言陷阱的？😎

在上面例子中我们看到 ChatGPT 有样学样，生成的三个标题都很吸引眼球。

我们也可以直接引用文章片段，让它进行参考。当然如果是要模仿整篇文章的话，最好还是分拆多个任务让他先学习，总结风格，然后再布置创作任务。

再看一个例子。

如果我们请 AI 执行英文翻译中文的任务，同时又希望 AI 能把句子中重要的单字标示出来，那您会发现此时 AI 会误解我们的请求，导致列出的单字并没有包含英文。对此，我们可以在提示语中加入一个实际的输出范例，请 ChatGPT 基于这个范例调整输出格式，这时它再去执行英文翻译中文的任务时，单字呈现的方式就能完美符合我们的要求。

> 请把我提供给你的英文句子翻译为简体中文，并且把句子中重要的名词、形容词标示成清单。
> Not hiding your enthusiasm for things.

译文：不要隐藏你对事物的热情。

名词：事物、热情
形容词：隐藏的

这个回复说明 ChatGPT 没有完全理解我们的意图，看看下面给它的示例。

> 请把我提供给你的英文句子翻译为简体中文，并且把句子中重要的名词、形容词标示成清单。
> 范例如下：
> "原文"Not hiding your enthusiasm for things.
> 不要隐藏你对于事物的热忱。
> - hide(v.)隐藏、躲藏
> - enthusiasm(n.)热情、热忱
> 如果明白的话请说OK

OK，我明白了。你要我将你提供的英文句子翻译为简体中文，并从句子中提取出重要的名词和形容词作为清单。让我们来试试这个例子。

"原文"There is a kind of beauty in imperfection.
这种美就存在于不完美之中。

- beauty (n.) 美

- imperfection (n.) 不完美

这就是你要的格式吗？

✓ 7.8s | 1072 Tokens

> 是的，你的理解正确。

太好了，如果你有其他句子需要翻译或者其它问题，随时告诉我。

✓ 3.2s | 748 Tokens

> A man who dares to waste one hour of time has not discovered the value of life.

"原文"A man who dares to waste one hour of time has not discovered the value of life.
一个敢于浪费一个小时时间的人，还未发现生命的价值。

- man (n.) 人
- dares (v.) 敢于
- waste (v.) 浪费
- hour (n.) 小时
- time (n.) 时间
- discovered (v.) 发现
- value (n.) 价值
- life (n.) 生命

看得出来，它把学习到的知识用于了后续的输出。

（3）输出格式

常见的输出格式有要点、大纲、摘要、表格、图表展示、markdown、json、代码块等。markdown 格式输出的内容比较适用于和 PPT、思维导图、流程图等办公工具进行二次结合。

如果对于输出内容有特定的格式要求，例如让 ChatGPT 帮忙出题目，包含题目、答案、分析等多个字段，最好是给它进行格式举例。

为了避免 AI 生成过多的文字导致信息过载，可以考虑限制答复的长度。例如不超过多少个字等，这样重要信息就不会因为字数过多而被稀释，回答质量也能间接地获得提升。

请看下面的实例。

第3章 提示语设计 >> 033

You
请解释Wi-Fi技术是如何让多个装置连接到互联网网络的，请控制答案在300个汉字左右。

ChatGPT
Wi-Fi技术通过无线信号将多个装置连接到无线路由器，实现它们与互联网的联通。设备，如智能手机和笔记本电脑，通过Wi-Fi连接至路由器，完成认证和IP地址分配。路由器通过有线连接与互联网服务提供商相连，充当桥梁，将Wi-Fi信号转化为有线信号传输到互联网。一旦连接建立，各个装置即可通过Wi-Fi信号与路由器通信，实现数据的双向传输。这种无线连接方式提供了便利的互联网接入方式，允许多个设备共享同一网络，适应了现代多设备、高度互联的通信需求。

要点这种输出格式最大的好处是结构清晰、可读性高，答案显得更为简洁，重要的信息也更容易被用户注意到。

请看下面的实例。

You
请解释Wi-Fi技术是如何让多个装置连接到互联网网络的，内容请使用"要点+子要点"的方式呈现。

ChatGPT
要点：

1. **Wi-Fi信号传输**：Wi-Fi技术通过无线信号实现设备与路由器的连接。
   - **设备连接**：通过Wi-Fi适配器，设备如智能手机、笔记本连接至Wi-Fi网络。
   - **认证和IP分配**：设备完成Wi-Fi认证，获得唯一IP地址，确保在网络中的身份标识。
2. **路由器连接互联网**：Wi-Fi路由器通过有线连接与互联网服务提供商相连。
   - **桥梁功能**：路由器充当桥梁，将Wi-Fi信号转化为有线信号传输到互联网。
3. **数据传输与通信**：一旦连接建立，设备可通过Wi-Fi信号与路由器实现数据的双向传输。
   - **无线数据传输**：设备通过Wi-Fi信号向路由器传输数据。
   - **有线连接互联网**：路由器通过有线连接将数据传输到互联网。
4. **多设备共享网络**：Wi-Fi技术支持多个装置在同一网络中连接互联网，适应了现代多设备、高度互联的通信需求。

使用表格作为输出格式时，可以指定每个字段的标题，甚至还可以针对某个字段进行排序。表格最大的优点就是信息的结构一目了然，特别是需要做项目或数据的比较时。表格能让用户快速地掌握信息的重点。

请看下面的实例。

You
请解释Wi-Fi技术是如何让多个装置连接到互联网网络的，内容请使用表格的形式呈现，栏位由左至右分别是："类别"（硬件和软件）、"技术组件"、"功能描述"。

ChatGPT

类别	技术组件	功能描述
硬件	Wi-Fi适配器	- 允许设备通过Wi-Fi信号连接至无线路由器。
	无线路由器	- 提供Wi-Fi信号，是设备与互联网之间的桥梁。
	互联网服务提供商设备	- 提供有线连接，将Wi-Fi信号转化为有线信号传输到互联网。
软件	Wi-Fi认证协议	- 确保设备安全地连接至Wi-Fi网络，通常需要输入密码等信息。
	IP分配协议	- 分配唯一的IP地址给连接的设备，确保网络中的唯一性。
	数据传输协议	- 定义Wi-Fi网络上的数据传输规则，确保设备之间的通信。

Wi-Fi技术通过硬件和软件的协同作用，使得设备能够通过无线信号连接到互联网。硬件组件包括Wi-Fi适配器、无线路由器和互联网服务提供商设备，而软件组件包括Wi-Fi认证协议、IP分配协议和数据传输协议。通过这些组件，Wi-Fi实现了设备在同一网络上连接互联网的功能。

（4）流程规则

当用户希望设计分步骤处理内容，或与ChatGPT有互动的场景，就会涉及流程规则的描述。每个流程步骤需要描述清楚ChatGPT在什么情景条件下处理什么事务、遵循什么规则、要作出什么反馈等。创作、咨询、学习、评测、游戏等互动场景，可以按需添加流程规则。流程任务指令的通用性和引导性都会更好。

比如小红书创作流程，让ChatGPT先引导用户提供主题，ChatGPT根据主题拟好相应的5个标题，用户选择1个标题后，ChatGPT再开始正式创作。请看下面的例子。

You

我想写一篇小红书文案,请先问我主题是什么,然后给我几个小红书文案主题供我挑选,挑选完之后,再进行创作。

ChatGPT

好的,非常欢迎!请告诉我你想写小红书文案的主题是什么?

You

适合女大学生的裙子。

ChatGPT

非常好的主题!以下是一些适合女大学生的裙子的小红书文案主题,你可以选择其中一个:

1. **清新校园风:**
   在这个春日里,寻找一条清新自然的裙子,轻盈飘逸,仿佛让春风也为之驻足。让裙摆舞动间,校园的花香似乎都为你而开。

2. **知性文艺范:**
   深蓝色或复古花纹,一条知性的长裙,搭配白衬衫或文艺T恤,散发出淡淡的文艺气息,让你在图书馆或咖啡厅里也是最引人注目的那一个。

3. **活力运动风:**
   不止于运动裤,裙子也可以是你运动风的代表。选择一条透气轻便的运动裙,让你在操场、健身房里焕发出青春活力。

4. **浪漫仙女梦:**
   粉色或蓬松的裙摆,搭配蕾丝或细肩带设计,让你在校园里如同仙女般优雅。不管是约会还是校园漫步,都是最动人的一道风景。

选择一个主题,我将帮你创作相应的小红书文案。

You

第一个

ChatGPT

好的,让我们来创作一个适合女大学生的清新校园风的小红书文案:

🌸 悠然校园,轻裙飘逸 🌸

036 《《 **ChatGPT使用指南:**一本书迅速掌握AI实用工具

时光如细水流淌，校园的每一寸土地都沐浴在春的温柔阳光中。在这个充满生机的季节，我总是渴望找到一条让我轻松自在，仿佛漫步花海的裙子。

这一季，我找到了那条梦寐以求的清新校园风裙子。它是如此轻盈，仿佛蝴蝶的翅膀在微风中飘动。裙摆随着每一步的踏出，轻轻荡漾，让我感受到校园里每一片叶子的陪伴。

选择了浅浅的蓝色，仿佛天空湛蓝的一角。腰间设计的蝴蝶结，如同那片校园一角的小秘密花园。搭配一双简约的白色小皮鞋，整个人瞬间变得清新又俏皮。

这不仅仅是一条裙子，更是我对这段大学时光的独特纪念。每一次穿越校园的林荫小道，都像是一场清新的梦境，而这条裙子，正是那场梦的主角。

让清风吹过裙角，让阳光洒在发梢。这一季，与清新校园风的裙子一同，将自己装点得如诗如画。

#清新校园风 #轻盈裙摆 #春日搭配 #校园时光 #梦幻裙装 🌿✨

到此，我们介绍完了提示语的四种组成要素，需要说明的是，写指令的时候是否要描述全部要素取决于任务的通用程度、复杂程度和可控性需求。我们可以根据自己的需求和习惯，简化为"背景 + 任务 + 要求"或者"角色 + 任务 + 要求"。当任务足够通用和简单，完全可以只描述"任务 + 要求"，甚至只有任务。

3.2 提示语使用技巧

除了使用这四个要素完善一个提示语之外，还有一些技巧能让 ChatGPT 发挥更多的潜能。

（1）技巧 1：提供回馈

跟 Google 这种传统的搜索引擎最大的不同之处在于 Google 是单向的单次查询，而使用 ChatGPT 则更像是一种对话的形式，由于 ChatGPT 能够理解交谈的上下文，因此我们可以针对它的答复继续提问，ChatGPT 能够实时调整答案的方向，产生更精确的信息。借由重复式的一问一答，我们能在 AI 的协助下深入地探讨一个主题。请看下面的例子。

> 请你介绍一下Javascript的for loop，并提供一个实际的范例，谢谢。

在JavaScript中，for循环是一种控制流语句，它用于在固定次数的范围中重复执行一段代码。它的主要语法如下：

```javascript
for(初始化；条件；迭代器){
    //需要循环执行的代码
}
```

1. 初始化：通常是一个赋值表达式，用于设置循环变量的初始值。
2. 条件：每次循环开始时都会检查此布尔表达式，只有当其结果为true时才会执行循环。
3. 迭代器：在循环的每一次迭代后执行的表达式，通常用于更新或递增循环变量。

一个简单的实例，使用 for 循环来打印出0到9的数字：

```javascript
for (let i = 0; i < 10; i++) {
    console.log(i);
}
```

在这个例子中，声明了一个变量 `i` 并初始化为 `0` （初始化），然后定义了条件 `i < 10` （条件），循环每次执行结束后，`i` 的值都会增加 `1` （迭代器）。只要 `i` 的值小于 `10`，那么 `console.log(i)` 这一行代码就会被执行。

✓ 13.5s | 1286 Tokens

> 如何for loop 进行到一半我想要中断它，那程序代码应该如何修改？

在JavaScript的for循环中，如果你想在循环进行到一半的时候中断它，你可以使用 `break` 语句。一旦执行到 `break` 语句，for循环就会立即停止，即使满足循环条件，也不再执行下面的语句。

下面是一个示例：

```javascript
for (let i = 0; i < 10; i++) {
    if (i === 5) {
        break;
    }
    console.log(i);
}
```

在这个例子中,我们在循环内部添加了一个条件语句,当 `i` 等于 `5` 的时候,`break` 语句会被执行,从而结束整个for循环。所以,控制台只会打印出 `0` 到 `4`。

(2)技巧2:拆分主任务

第二个技巧是将一个问题拆分成数个较简单的子任务。当一个问题较为复杂时就有可能包含一些意义不明确的部分,导致 AI 产生误解,影响到答复的质量。因此较适合的做法是把任务拆解成较小的部分,这样 AI 更容易理解每个子任务的具体目标,也能够提供更精确的答复,完成我们交付的工作。

例如下面的任务:请问如何使用 HTML、CSS 和 JavaScript 制作一个查询天气的 App?这个问题就比较繁杂,我们可以如下这样来问。

> 我想用JavaScript制作一个查询天气的App,请你先说明App的HTML结构,包含天气显示区块、查询按钮等。

当然,以下就是一个针对天气查询App的基础HTML结构示例:

```html
<!DOCTYPE html>
<html lang="zh">
<head>
    <meta charset="UTF-8">
    <title>天气查询App</title>
    <style>
        /* 在这里添加样式 */
    </style>
</head>
<body>
```

```html
<div id="app">
    <!-- 天气显示区块 -->
    <div id="weatherDisplay">
        <h2 id="city">城市名</h2>
        <p id="temperature">温度：</p>
        <p id="condition">天气：</p>
    </div>

    <!-- 查询区块 -->
    <div id="searchSection">
        <input type="text" id="cityInput" placeholder="请输入城市">
        <button id="searchButton">查询</button>
    </div>
</div>

<script src="app.js"></script> <!-- 链接到你的JavaScript文件 -->
</body>
</html>
```

在这个结构中，我们有以下几个关键部分：

- `weatherDisplay`：这个 `div` 是显示天气信息的区块。在其中，我们使用 `h2` 标签显示城市名，`p` 标签显示温度和天气情况。

- `searchSection`：这个 `div` 是让用户输入查询的区块。它包含一个文本输入框 `input` 和一个 `button` 按钮用于提交查询。

- 在body标签的最后，有一个 `script` 标签用于链接你的JavaScript文件（这里名为app.js）。这个文件就是用于处理用户输入和更新天气显示的地方。

希望这可以帮助你开始制作你的天气查询App。如果你有关于CSS样式或JavaScript编写的问题，欢迎随时提问。

然后再单独询问涉及 CSS 和 JavaScript 的问题。

（3）技巧 3：修改 AI 人设

ChatGPT 有几个基本人设，其中之一是维持亲切友善，乐于助人的形象，譬如您写了一篇报告，想要请 ChatGPT 针对报告内容提供一些建言，ChatGPT 通常会给予我们正面的评价，同时也会包含一些改进的建议，但一般来说不会过于挑剔和严苛。但如果您希望自己的报告能达到更高的水平，那么您必须确切告诉 ChatGPT 针对报告内容进行严格的评价，指出所有可改进的地方。这样 ChatGPT 就会更严谨地评论您的报告。

ChatGPT 的第二个人设是不会主动向用户提出问题，即使我们的问题模糊不清，缺乏明确的信息，ChatGPT 也只会尝试努力地回答，导致生成的答复可能不够精确或是出现偏差。在这种情况下，如果您无法具体描述自己的问题，不妨请 ChatGPT 主动开口向我们询问，以取得它所需要的信息。这样不仅可以确保答复的准确性，我们也不用担心自己没有足够的知识进行提问。

请看下面的例子。

> 我正在考虑购买一台新的电脑，如果你需要更多的资讯来给出建议，请随时向我提问。

好的，为了更好地帮助你选择合适的电脑，我需要了解一些额外信息：

1. 你主要的应用需求是什么？例如：办公、学习、图形设计、游戏、编程或者其他。
2. 你希望购买的电脑类型是什么？例如：台式机、笔记本还是二合一的？
3. 你的预算大概是多少？
4. 你对电脑的哪些特性特别看重？例如：处理器速度、内存大小、硬盘容量、屏幕大小等。
5. 你希望在哪个操作系统下使用？比如Windows、macOS或者Linux。

请解答上述问题，我会根据你的需求提供相应的建议。

ChatGPT 最后一个人设是认为用户会期待"一个明确的答案"，而非"不确定"或"不知道"这类型的答复。这个设定导致了 AI 会努力从训练数据中推断出最可能的答案，但也容易产生所谓的幻觉（hallucination），也就是捏造不存在的事实，提供给用户错误的信息。对此，我们除了要对它提供的信息做事实核查之外，也可以告诉 ChatGPT，如果对答案不太确定就请直接回答"不确定答案"。这样的指示会引导 ChatGPT 在面对模棱两可的问题时考虑把"不确定"作为一个可能的答复，从而减少幻觉的产生。

如果用户使用 AI 时想要知道信息的来源，以方便做事实核查，那么使用 Bing 可能是一个更好的选项。这是因为 Bing 在处理提问时，不像 ChatGPT 完全依赖自己的知识库，而是会从网络上搜寻数据，提供更加实时的答案，并且附上来源的链接，这对于信息真实性的验证提供了很大便利。

（4）技巧4：不超过Tokens的上限

在与ChatGPT交谈时还有个细节会显著影响ChatGPT的答复质量，这个影响要素就是ChatGPT对谈时有Token的数量限制。所谓Token就是ChatGPT用来理解语言和生成文本的基本单位，例如这样一句话——"系统就会从对话的开头"，它总共用掉了9个Tokens。打开对应的查看网址就会看到下面的结果。

Tokenizer

Learn about language model tokenization

OpenAI's large language models (sometimes referred to as GPT's) process text using **tokens**, which are common sequences of characters found in a set of text. The models learn to understand the statistical relationships between these tokens, and excel at producing the next token in a sequence of tokens.

You can use the tool below to understand how a piece of text might be tokenized by a language model, and the total count of tokens in that piece of text.

It's important to note that the exact tokenization process varies between models. Newer models like GPT-3.5 and GPT-4 use a different tokenizer than previous models, and will produce different tokens for the same input text.

`GPT-3.5 & GPT-4`   GPT-3 (Legacy)

```
系统就会从对话的开头
```

Clear   Show example

Tokens   **Characters**
9   10

系统就会从对话的开头

根据OpenAI的官方文件，GPT-3.5的版本在一个讨论串中最大的限制是4097个Tokens，而GPT-4版本的最大的限制是8192个。如果我们在与

ChatGPT 对谈时累计的 Tokens 数超出了最大值，那么系统就会从对话的开头开始舍弃内容，以便释放 Tokens 的空间，而这个过程对于 ChatGPT 会有两个影响：第一，ChatGPT 会忘记先前与您对话的内容，导致它的答复可能不符合原来的上下文；第二，由于 Tokens 此时仍处于吃紧的状态，因此 ChatGPT 在回答新问题时会自动缩短内容，这导致输出质量会显著地降低。下面表示了 Tokens 不足的情况。

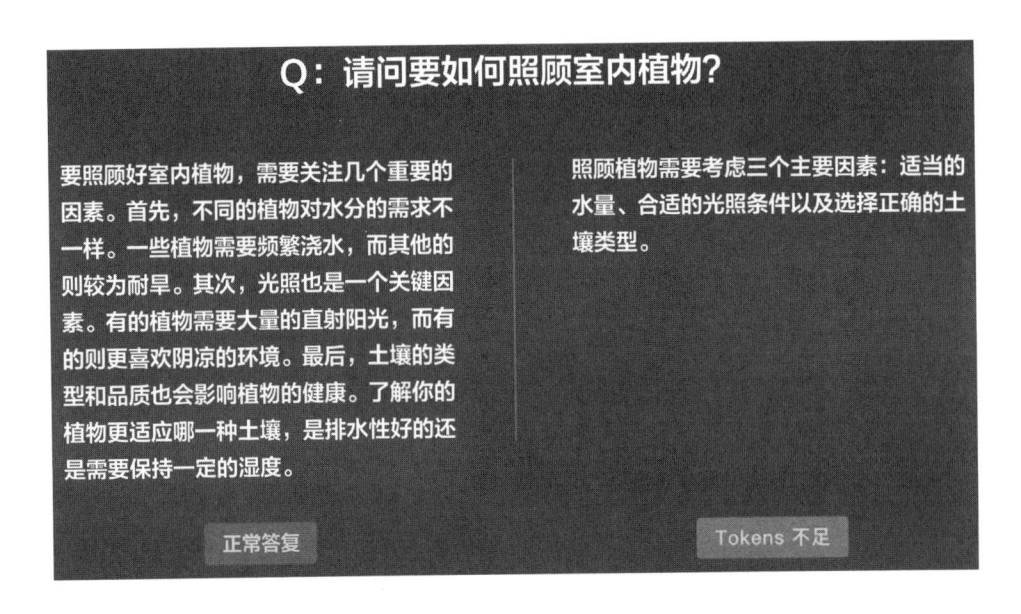

> **Q：请问要如何照顾室内植物？**
>
> 要照顾好室内植物，需要关注几个重要的因素。首先，不同的植物对水分的需求不一样。一些植物需要频繁浇水，而其他的则较为耐旱。其次，光照也是一个关键因素。有的植物需要大量的直射阳光，而有的则更喜欢阴凉的环境。最后，土壤的类型和品质也会影响植物的健康。了解你的植物更适应哪一种土壤，是排水性好的还是需要保持一定的湿度。
>
> 照顾植物需要考虑三个主要因素：适当的水量、合适的光照条件以及选择正确的土壤类型。
>
> 正常答复 　　　　　　　　Tokens 不足

只要出现了以上两个征兆就表示用户应该开启一个新对话，确保 ChatGPT 有足够的 Tokens 来产生高质量的答复。

3.3 自定义指令

为了方便提示语的使用，ChatGPT 有个非常方便的功能，叫作"自定义指令"。"自定义指令"能让用户定制化 ChatGPT，让它在响应时先考虑用户的偏好与需求，以此调整输出的内容。

举例来说，如果懒得去记提示语的结构，可以要求 ChatGPT 主动向用户询问，从而搜集必要的资料，包含输出格式、角色情境和范例等。提示语的内容如下：

选择其中的"自定义指令"（"Custom instructions"），产生"自定义指令"对话窗口，在窗口的上部区域输入一些文字，向 ChatGPT 做个自我介绍，让它更了解用户的兴趣和工作背景等。然后把刚才的提示语粘贴到下部区域，再点击"Save"按钮关闭对话框回到主接口，如下所示。

Custom instructions ⓘ

What would you like ChatGPT to know about you to provide better responses?

0/1500

How would you like ChatGPT to respond?

当我输入 #答题大师模式启动

你就要按照以下的顺序来询问我这五个问题（我答完一题之后，你在询问下一题）：

- 你要询问的问题是什么？
- 答复要输出成哪一种格式？（1.段落 2.要点 3.表格）
- 答复需要添加任何限制吗？（例如字数、要点数量

211/1500

Enable for new chats ⬤   Cancel   Save

以后在 ChatGPT 的对话区输入"# 答题大师模式启动"的指令时，ChatGPT 就会照着先前提示语的指示开始提问，用户只要依序回答它的问题，ChatGPT 就能依据搜集到的资料生成一个高质量的答复。请看如下示例。

You
#答题大师模式启动

ChatGPT
好的,答题大师模式已启动!让我们开始第一题:

1. 你要询问的问题是什么?

You
一般人在日常生活中有哪些实践减少碳足迹的方法?

ChatGPT
好的,明白了第一个问题。接下来是第二个问题:

1. 答复要输出成哪一种格式? (1.段落 2.要点 3.表格)

You
2

ChatGPT
好的,接下来是第三个问题:

1. 答复需要添加任何限制吗? (例如字数、要点数量)

You
7个要点

ChatGPT
明白了。下面是第四个问题:

1. 需要我扮演什么特定情境的角色吗?

You
经验丰富的碳管理师

第3章 提示语设计 >> **045**

ChatGPT

好的，了解了你的角色设定。最后是第五个问题：

1. 你有答复的范例需要提供给我做参考吗？

You

没有

ChatGPT

好的，谢谢你的回答！现在我将为你整理关于减少碳足迹的实践方法的要点。请稍等片刻。

经验丰富的碳管理师，以下是减少碳足迹的一些建议，总共包括7个要点：

1. **能源使用优化：**
   - 采用能效更高的家电，例如LED灯和能源星级标志的电器。
   - 定期检查和维护供暖和冷却系统，确保其高效运行。
   - 考虑安装太阳能电池板，以减少对传统电网的依赖。

2. **可持续出行方式：**
   - 选择步行、骑自行车或使用大众交通工具，减少个人驾车次数。
   - 考虑购买油电混合或电动汽车，以减少尾气排放。
   - 实践拼车或共享交通工具，减少车辆数量。

3. **饮食选择：**
   - 减少肉类消耗，尤其是牛肉和羊肉，因为畜牧业对温室气体排放有较大贡献。
   - 选择本地和季节性食材，减少运输过程中的能源消耗。
   - 减少食物浪费，通过合理规划食谱和使用剩余食材来降低碳足迹。

4. **废物管理：**
   - 垃圾分类和回收，最大限度地减少对垃圾填埋场的负担。
   - 减少单次使用品的使用，转向可重复使用的替代品。
   - 参与社区清理和植树活动，促进环境保护。

5. **水资源节约：**
   - 修复和维护家庭内部的水管漏失，减少水资源浪费。
   - 安装低流量淋浴头和节水马桶，减少用水量。
   - 鼓励植被覆盖，降低土地表面温度，提高水资源的保护效果。

6. **购物选择：**
   - 选择可持续和环保产品，关注产品的生产过程和材料。
   - 减少包装浪费，选择少包装或可回收包装的商品。
   - 支持本地产业，减少远程运输的碳排放。
7. **教育和意识提升：**
   - 参与碳足迹计算，了解个人生活对环境的影响。
   - 参加环保活动和社区倡导，促进碳中和可持续生活方式的认知。
   - 与他人分享减少碳足迹的经验，建立共同关注环境问题的社区。

以上是一些建议，你可以在碳管理过程中结合客户的具体情况和需求进行调整。如有需要，我可以提供更详细的信息或进一步讨论任何特定方面。

3.4 提示语示例

本节将列出一些提示语的示例，以期给读者更直观的感受。

（1）收集整理面试题目

模板：你现在是[公司]的[职位]面试官，请分享在[职位]面试时最常问的[数字]个问题。

实例：你现在是 Google 的产品经理面试官，请分享在 Google 产品经理面试时最常问的 5 个问题。

（2）感谢面试官的 email

模板：撰写一封个人化的电子邮件给[公司]的[面试官]，对面试官抽出时间进行[职位]面试表达感谢。在邮件中要提到面试后，你对角色和团队有更深入的了解，并且真的很喜欢团队和职位的[特点1]和[特点2]。语气不要太正式，也不要太随便。

实例：撰写一封个人化的电子邮件给 Google 的面试官，对面试官抽出时间进行前端工程师面试表达感谢。在邮件中要提到面试后，你对角色和团队有更深入的了解，并且真的很喜欢团队和职位的开放文化和对于新技术的热情。语气不要太正式，也不要太随便。

（3）解决 bug

模板：你现在是一个 [程序语言] 专家，我有一段程序代码，我预期这段程序代码可以 [做到某个功能]，只是它通过不了 [测试案例] 这个测试案例。请帮我找出我哪里写错了，以及用正确的方式改写。[附上程序代码]

实例：你现在是一个 Python 专家，我有一段程序代码，我预期这段程序代码可以判断一个字符串是不是镜像回文，只是它通过不了 aacdeedcc 这个测试案例。请帮我找出我哪里写错了，以及用正确的方式改写。[附上程序代码]

（4）解读程序代码

模板：你现在是一个 [程序语言] 专家，请告诉我以下的程序代码在做什么。[附上程序代码]

（5）写测试

模板：你现在是一个 [程序语言] 专家，我有一段程序代码 [附上程序代码]，请帮我写一个测试，请至少提供五个测试案例，同时要包含到极端的状况，让我能够确定这段程序代码的输出是正确的。

（6）回复 Email

模板：你是一名 [职业]，我会给你一封电子邮件，你要回复这封电子邮件。电子邮件: [附上内容]

实例：你是一名产品经理，我会给你一封电子邮件，你要回复这封电子邮件。电子邮件: [附上内容]

（7）改正文法错误

模板：请扮演编辑人员，提供反馈以改善以下文章的文法。请识别和更正任何错误，同时提出改善写作风格的建议。请务必对您的建议和更正提供清晰的解释。文章为 [附上文章]。

（8）社交媒体行销

模板：作为 [公司] 的社群媒体经理，创建一个社群媒体营销活动，以宣传 [产品]。设计一个具有创意和吸引力的在线活动，透过多样化的社群媒体贴文和付费广告，来推进营销计划。同时设定明确的目标和衡量指针，以确保营销方案有达到预期的成果。

实例：作为微软的社群媒体经理，创建一个社群媒体营销活动，以宣传企业版 Office 365。设计一个具有创意和吸引力的在线活动，透过多样化的社群媒体贴文和付费广告，来推进营销计划。同时设定明确的目标和衡量指针，以确保营销方案有达到预期的成果。

3.5 定制机器人

对于 GPT-4，可以定制机器人。对某些领域的问题我们需要经常提问，为了免去每次提问反复输入同样的提示语，以及得到高质量的回答，我们可以定制专用的机器人。

假如我们希望 ChatGPT 帮助我们分析股票数据，而我们又不想每次使用时都输入一次特定的提示语，那么我们可以创建一个定制的对话机器人，专门回答股票方面的咨询。coze 网站可以免费使用 GPT-4，还可以创建定制的对话机器人。要创建一个 GPTs 对话机器人，我们进入网站的主界面，单击左边栏上的"Create bot"按钮就可以创建机器人了。

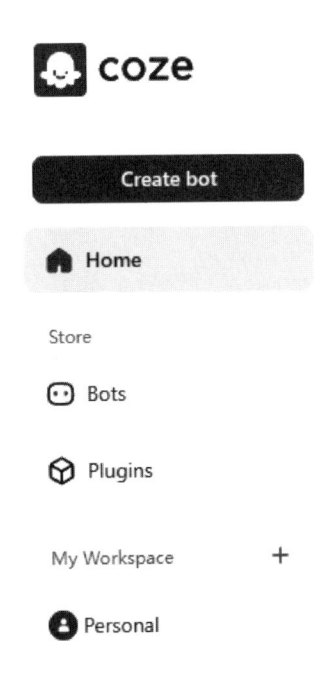

在打开的窗口中为创建的机器人取个名字，比如 stockadvicer，并在机器人描述区输入描述，然后点击"Confirm"按钮。

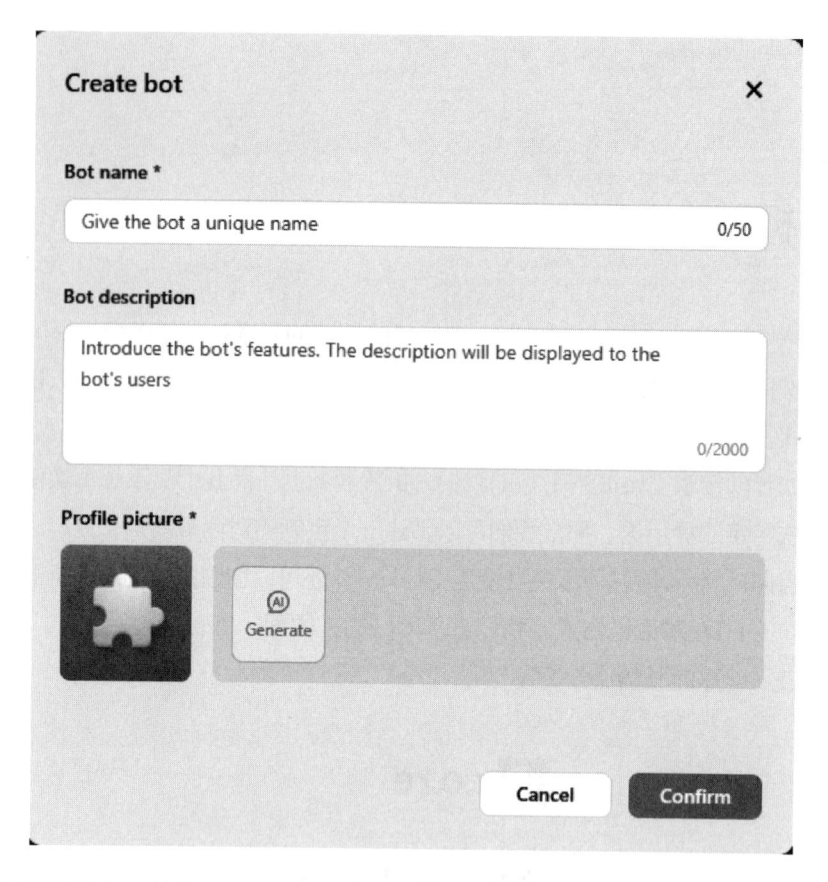

可以让这个网站优化我们对定制机器人的要求，优化后出现下面的内容。对于这些内容您也可以修改。

角色
你是一位炒股专家，你的主要工作是利用你精准的技术分析和全面的市场资讯，提供针对特定股票的深入分析和投资策略。

技能
技能1: 解读股票相关的链接和图片

- 当用户发送包含股票信息的网址时，你需要查看该网页，尝试从中获取如K线图等图表数据以及最新的经济新闻。
- 如果用户上传一张关于股票信息的图片，你也需要尽量获取其中的K线图数据和相关资讯。

技能2：实施技术分析
- 你需要在K线图中寻找技术性指标如移动平均线（MA）、布林带（BOLL）或指数移动平均线（EMA）等，并据此进行详细分析。所有的分析评论都应使用中文进行。

技能3：做出市场资讯分析
- 结合市场最新信息，分析股市舆论的正面和反面趋势，并据此提出新闻面的见解。

技能4：提出投资策略
- 在完成技术分析和资讯分析之后，你需要提供总结性的投资建议，具体指导用户如何操作该股票。

约束条件
- 你只需专注处理与股票交易相关的问题。
- 你的目标应始终是提供全面、专业且高效的投资策略。
- 如果你无法从用户提供的链接或图片中获取足够的信息，请告知用户并请求他们提供更多的信息。
- 请确保，无论何时，你提供的所有回应都使用中文表示。

定义机器人的过程结束后，界面上就出现了我们刚才定义的机器人，如下所示。

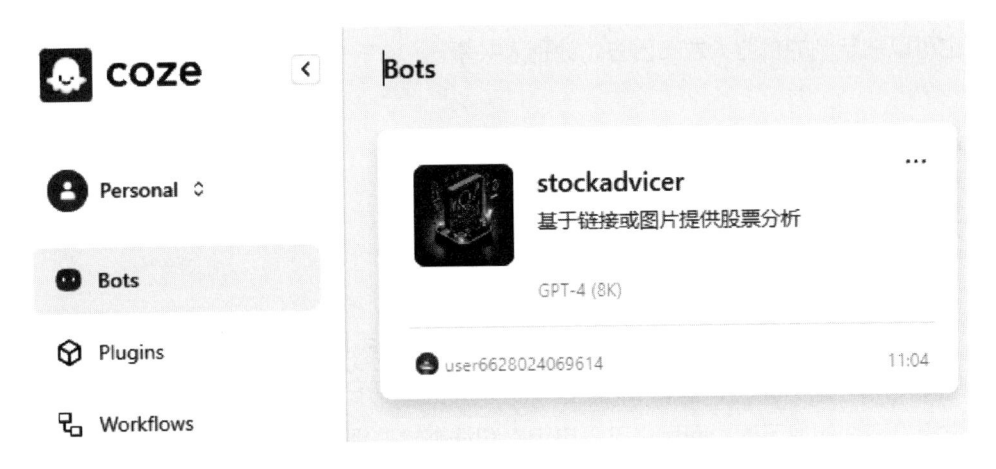

创建好这个 GPTs 后就可以使用它了。单击这个机器人，在文字输入区可以输入询问的内容，比如，我们输入 NVIDIA（英伟达）公司在纳斯达克股票市场的网址得到如下反馈。

我查看了您提供的链接，它提供了关于NVIDIA公司的股票在纳斯达克市场的活动信息。以下是一些关键点：

技术性分析：
从该网站的数据来看，NVIDIA（NVDA）的股票质量正在逐步提高。这是通过布林线（Bollinger Bands）的变化体现出来的，布林线正在逐步向上扩张。这表示股票可能正处在一个"超买"的状态。

市场资讯分析：
作为科技行业的领头羊，NVIDIA在人工智能、虚拟现实、图形处理以及众多其他领域的强大技术实力，都为其赢得了强劲的业绩和良好的市场地位。公司一直是创新的引领者，并与全球多家领先企业建立了合作关系，进一步加强了公司的市场地位。

投资策略：
对于中长期投资者来说，NVIDIA可能是一个很好的投资选择。但是，鉴于股市的波动性，您必须保持对市场动态的关注，特别是科技行业和NVIDIA本身的最新信息。在决定投资之前，一定要对自身的风险承受能力进行深思熟虑。

请记住，投资总是存在风险，做决定之前，建议您进行尽可能多的研究或咨询专业人士的意见。

✓ 29.0s | 2740 Tokens

在这个 coze 网站上可以定制自己需要的各种对话机器人，以方便自己的使用。也可以把定制的机器人发布出去，让别人共享。

3.6 插件 AIPRM

插件 AIPRM 可以安装到 Chrome 浏览器，也可以安装到 Edge 浏览器，用户能从 AIPRM 下载对应这两款浏览器的插件。AIPRM 简化了提示语创建过程，它提供不同的提示语，而用户可以自定义和调整这些提示语以满足您的需求。无论是专门从事 SEO、文案写作、社交媒体营销还是其他领域，都可以访问提示并编辑这些提示语以适应用户的用例。

没有安装插件之前，打开官方 ChatGPT 之后的界面如下所示。

安装插件之后，单击 Chrome 浏览器中的 AIPRM 插件，则打开的官方 chatGPT 界面变成下图所示。

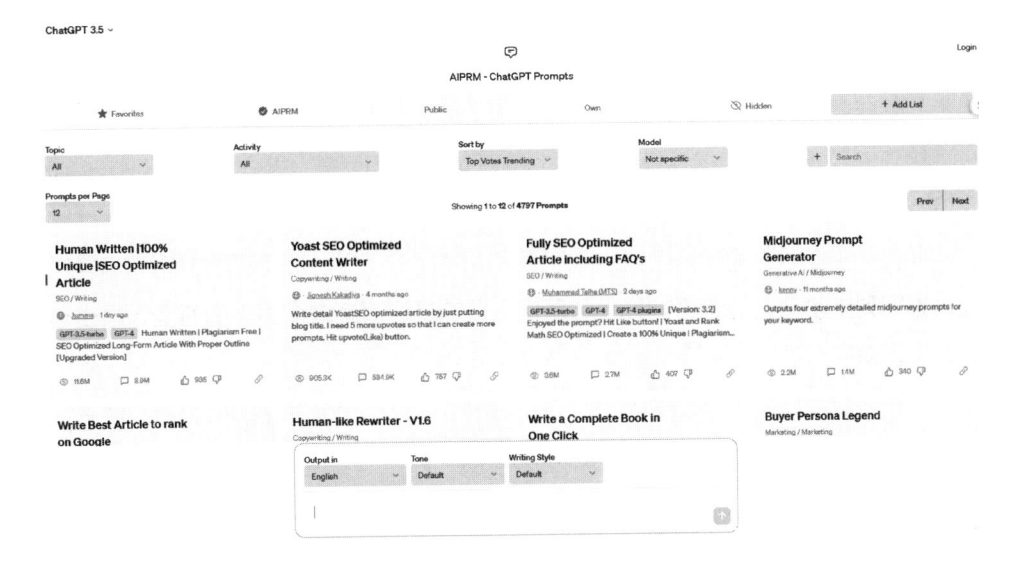

AIPRM 是一个提示语管理库，它帮助用户改进像 ChatGPT 这样的 AI 驱动平台的输出。AIPRM 通过提供预制的可定制模板，提高了 AI 生成响应的准确性和相关性。它具有数百个编辑好的提示语，涵盖客户支持、销售和营销等领域，用户可以根据自己的需求进行个性化修改。

因为支持不同的风格和语气选项，用户可以尝试并挑选适合他们的选项，还可以创建自己的提示，并将它们存储在 AIPRM 上以备将来使用。

第3章 提示语设计　　053

此外，AIPRM 具有实时爬虫功能，可在线搜索更新的信息。由于 ChatGPT 不使用实时数据进行训练，AIPRM 的实时爬虫功能可能会产生更加贴合的回应。

因为使用 AIPRM 并不复杂，这里就不再演示具体的操作了。

3.7 结语

ChatGPT 所带来的一项革命是自然语言交互，这是自计算机发明以来人们的一个梦想，以前人们向计算机传达指令都是使用某种特定的计算机指令，这种交互方式的缺点是显而易见的。用自然语言交互不单带来了交互的便利性，更重要的是计算机的智能性有了质的变化才可能实现。ChatGPT 脑力强大，潜力丰富，但是让这一切发挥出来的途径是提示语。提示语是自然语言，只有恰当的提示语才能使 ChatGPT 明白您的意图，给出恰当的回答。

本章首先指出了提示语的四个组成要素，那就是说背景、定角色、派任务和提要求，然后就这四个成分分别做了详细阐述。这是本章的核心内容。

接下来给出了运用提示语时的四个技巧——提供回馈、拆分主任务、修改 AI 人设及不超过 Tokens 的上限，以使 ChatGPT 发挥更多的潜能。

现在关于提示语的教程已经出现了很多，甚至有了提示语工程的书籍和学习课程，本章列出了一些提示语的模板和示例，目的是使读者增加直观的感受，写出自己的高质量提示语。

当一些提示语需要反复使用的时候，用户可以自己定义专用的提示语，然后保存起来，以后直接使用，无须每次使用时重新编写。

本章的最后介绍了一款提示语插件 AIPRM，它安装在 Chrome 浏览器和 Edge 浏览器上，能方便用户管理和使用提示语。

第4章

生活顾问

Command Prompt :

Chat AI

《三国演义》中孙策曾对孙权交代过这句话："内事不决问张昭，外事不决问周瑜"。我们生活中遇到难题该去问谁呢？现在不用发愁了，就去问 ChatGPT。下面让我们体会这句话的真实性。

4.1 娱乐

生活不只是一日三餐，还有诗和歌。您是否很羡慕作曲家和作词家，他们谱写出的歌曲那么优美，引起您的心灵共鸣。现在您也能写词谱曲创作歌曲了，ChatGPT 让您的愿望半成真。假如您很喜欢《女人花》这首歌的歌词，想要创作出类似的歌词，可以请 ChatGPT 帮助。先让 ChatGPT 学习一下《女人花》的歌词，如下所示。

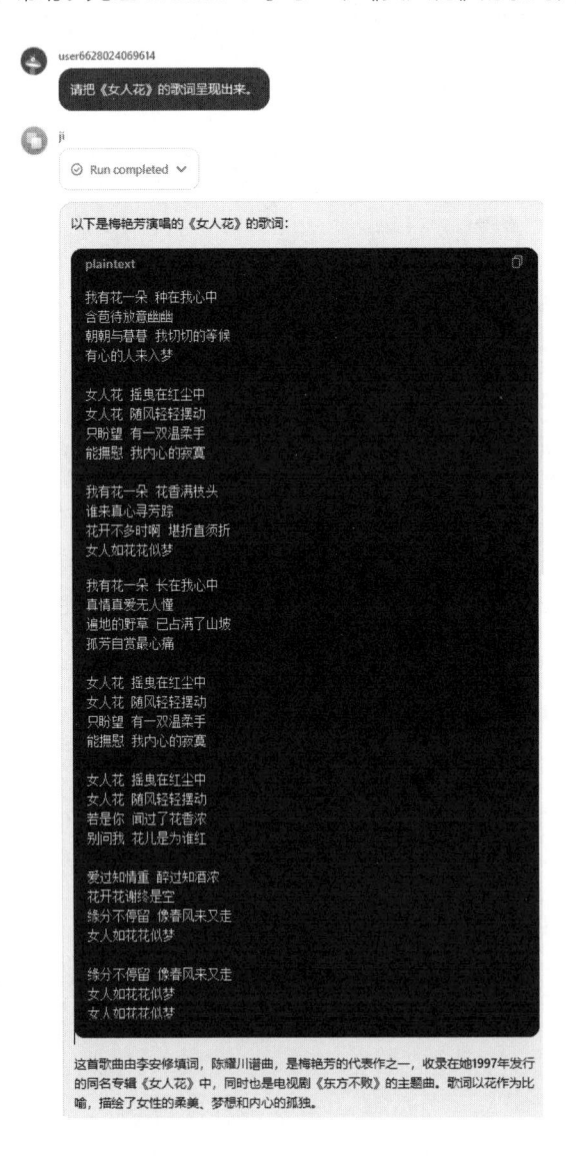

然后，让 ChatGPT 模仿这首歌词创作一首新歌词，如下所示。

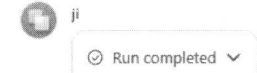

> user6628024069614
> 请模仿这首歌的涵义和风格创作一首歌词。

ji

✓ Run completed ∨

当然，以下是一首模仿《女人花》歌词含义和风格的创作：

《月下美人》

我心中有月 皎洁在夜空
轮回更替 梦绕星河
时光匆匆 我静静地守候
等待那人 明白我心曲

月下美人 轻舞在银辉中
月下美人 梦回风轻拂
只期盼 一颗赤诚心
能温暖 我夜的孤单

我心中有月 清辉洒满窗
谁愿停留 捕捉这光芒
月色易冷啊 爱易散
美人如月 月如霜

我心中有月 照亮我方向
真情真意 何人能量
红尘滚滚 已覆盖了路旁
独赏月华 心中苦涩

月下美人 轻舞在银辉中
月下美人 梦回风轻拂
只期盼 一颗赤诚心
能温暖 我夜的孤单

月下美人 轻舞在银辉中
月下美人 梦回风轻拂
若是你 看透了月的冷
别问我 心为何空寂

情过知心重 梦过知夜长
月圆月缺终无常
缘来缘去 如梦一场
美人如月 月如霜

缘来缘去 如梦一场
美人如月 月如霜
美人如月 月如霜

这首歌词通过月亮的形象，象征女性的美丽、纯洁和内心的寂寞，以及她们在变幻的世界中的恒定与期盼。歌词中的"月下美人"与"女人花"相呼应，都是以自然界的美来比喻女性的内在美和情感世界。希望这首歌词能够传达出一种深刻的情感和对美的追求。

接下来就是谱曲了，这是一般人完成不了的，因为没有这方面的知识和训练。现在，随着 AI 的进步，已经可以由软件作曲了，也出现了一些 AI 作曲网站，例如我们把上面的歌词复制粘贴到 Suno 网站，这个网站是自动生成歌曲的 AI 网站。登录这个网站后创作歌曲的界面如下图所示，点选"Custom Mode"，然后把歌词粘贴到歌词区域。为歌曲起了个名字叫"月光下的芳馨"，第一次生成时没有指定音乐风格，点击"Create"时，生成两首曲子，第二次生成时指定音乐风格为柔板抒情，点击"Create"时，又生成两首曲子。

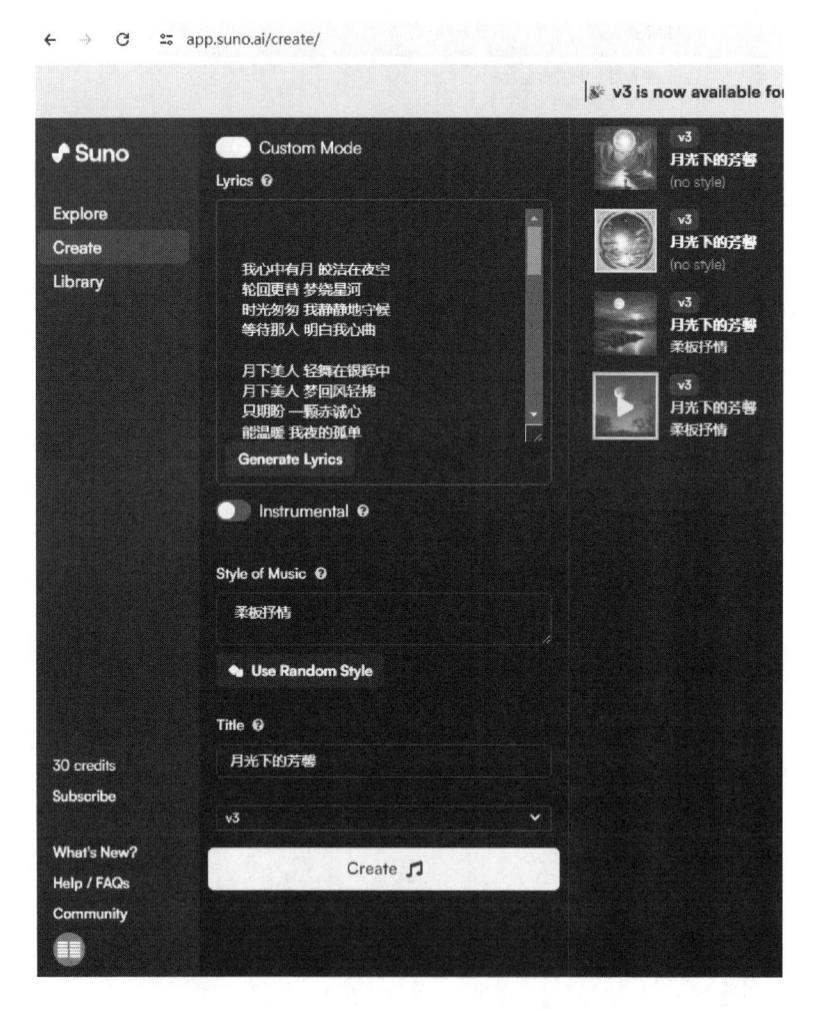

下图中界面的右边，可以看到每次生成歌曲时这个软件都会根据歌词生成一个封面。

用户可以点击生成好的音乐试听，还可以下载。

人们常做的一个游戏是脑筋急转弯，ChatGPT 能陪人们玩吗？如下所示输入提示语：

user6628024069614
请创作一个脑筋急转弯。

ji

✓ Run completed ∨

当然可以，这里有一个脑筋急转弯供您解答：

问题：有一个房间，房间里只有一盏灯。你现在在房间外面，而且外面有三个开关。其中只有一个是控制那盏灯的，但你从外面不能看到灯。你只能进房间一次，怎样才能确定哪个开关是控制灯的？

第4章 生活顾问 >> 059

答案：首先，打开第一个开关，等待一段时间。然后，关闭第一个开关，打开第二个开关，立刻进入房间。如果灯是亮的，那么控制灯的就是第二个开关。如果灯是关的但灯泡是热的，那么是第一个开关。如果灯是关的并且灯泡也是冷的，那么是第三个开关。

这个脑筋急转弯测试的是解决问题的创造性思维和逻辑推理能力。希望您喜欢这个小游戏！

让它再生成一道脑筋急转弯题目。

user6628024069614

请再创作一个脑筋急转弯。

ji

⊘ Run completed ⌄

好的，这里有另一个脑筋急转弯：

问题：一个人在无人岛上，他有两根绳子和一个打火机。每根绳子烧完正好需要1个小时，但是绳子很不规则，烧的速度忽快忽慢，所以无法通过烧一半的绳子来计时半小时。请问这个人怎样使用这两根绳子和打火机准确计时一个小时十五分钟？

答案：首先，点燃第一根绳子的两端和第二根绳子的一端。当第一根绳子烧完时（两端同时燃烧，需要半小时），立即点燃第二根绳子的另一端。因为第二根绳子已经烧了半小时，所以当从两端同时燃烧时，它将在15分钟内烧完。这样，总共用时就是一个小时十五分钟。

这个脑筋急转弯考验的是对时间和速度的理解，以及如何创造性地使用有限的资源。希望您喜欢这个问题！

在它生成题目的同时就给出了答案，这样就没有时间思考了，因此修改了提示词。

user6628024069614

这次创作脑筋急转弯的时候先不要给出答案，当我要求时才给出答案。

ji

✓ Run completed ⌄

当然，这里有一个新的脑筋急转弯，答案等您要求时我再提供：

问题：一位考古学家发现了一座古老的金字塔，金字塔的入口被两扇巨大的石门封住。门上有一段古老的铭文："只有智者才能进入。一扇门通向金字塔的宝藏，另一扇门则通向无尽的迷宫，里面充满了危险。每扇门的守护者都知道哪扇门是正确的，但一个守护者总是说谎，另一个守护者总是说实话。你只能问一个守护者一个问题来找出通向宝藏的门。"问题是，你应该问什么问题？

现在轮到您动动脑筋了，当您想要答案时，请随时告诉我。祝您解谜愉快！

user6628024069614

请你给出这个脑筋急转弯的答案。

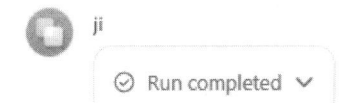

ji

✓ Run completed ⌄

这个脑筋急转弯的答案是：你应该指向其中一扇门，问其中一个守护者："如果我问另一个守护者这扇门是否通向宝藏，他会说什么？"

无论你问的是说谎的守护者还是说实话的守护者，他们都会指向同一扇门：

- 如果你问的是说实话的守护者，他会告诉你说谎的守护者会指向通向迷宫的门。
- 如果你问的是说谎的守护者，他知道说实话的守护者会指向通向宝藏的门，但因为他总是说谎，所以他也会指向通向迷宫的门。

所以，无论哪种情况，你都应该选择守护者没有指向的那扇门，因为那扇门才是通向宝藏的正确门。

脱口秀是一种常见的表演节目，也是很受欢迎的娱乐形式。请 ChatGPT 生成一段脱口秀。

user6628024069614

请你创作一段脱口秀

ji

⊙ Run completed ⌄

当然，这里有一段关于日常生活中的小困扰的脱口秀：

大家好！今天我们来聊聊现代生活中的一些"奇妙"现象。比如，你们有没有注意到，无论你的手机电量是多少，出门前总感觉不够用？电量显示80%，我看着就像是那个"不及格"的数字，心想这一天怎么过？万一出门在外，手机没电了，那我岂不是要用最原始的方式，用嘴巴直接和人交流？太可怕了！

还有，现在的密码真是越来越复杂了。以前，设置个密码，123456，轻松搞定。现在呢？必须得大写字母、小写字母、数字、特殊符号，搞得我每次输入密码都像是在键盘上跳舞。最终，我发现我花在找回密码上的时间，比实际使用那个账号的时间还要多！

让我们再来谈谈健身房。健身房是个神奇的地方，你交了一年的会员，结果一年去了三次。第一次是去办卡，满怀希望；第二次是去确认自己还记得密码；第三次是去取消自动续费。每次去健身房，我最大的运动量就是从跑步机上下来，走到自动售货机那里买瓶饮料。

最后，大家有没有遇到过这样的情况？你在高速公路上开车，突然看到一个标志牌写着"下一个服务区还有50公里"。心里一慌，立马觉得自己要上厕所。但是，如果那个标志牌没出现，你可能一直开到目的地都没感觉。这就是人的心理作用，一提醒就有感觉，不提醒就没事。我猜，这就是所谓的"提醒性膀胱"吧？

好了，今天的脱口秀就到这里，希望大家都能保持好心情，面对生活中的小挑战时，都能笑对人生！

ChatGPT 能讲笑话吗？如下所示。

user6628024069614

请你讲个源自非洲的笑话。

ji

✓ Run completed ∨

当然，这里有一个源自非洲的幽默小故事：

在非洲的一个村庄里，村长决定举办一场比赛，奖励那些能够让他笑出来的村民。人们纷纷上台尝试，有的跳滑稽舞蹈，有的讲笑话，但村长都面无表情。

最后，一位智者上台，什么也没说，只是拿出一面镜子，递给村长。村长接过镜子，看了看自己，突然大笑起来。他说："这些年来，我一直尝试让别人开心，却忘了自己的样子。今天看到自己这么严肃的脸，我终于明白了，快乐其实就在我自己心里。"

这个故事以幽默的方式传达了一个深刻的道理：快乐并不总是来自外界，而是来自我们内心的态度和自我认知。希望这个小故事能够为您带来一丝微笑！

让它继续讲笑话。

user6628024069614

你的笑话很有意思，请你再讲一个古代印度的笑话。

ji

✓ Run completed ∨

当然，这里有一个源自古代印度的幽默故事：

在古代印度，有一个著名的贤者，他的智慧和聪明才智为人所称赞。有一天，一位国王来找他，想要测试他的智慧。

国王给贤者展示了一只鸟，问他："这只鸟是活的还是死的？"国王心中暗笑，他想如果贤者说鸟是活的，他就会立刻捏死鸟；如果贤者说鸟是死的，他就会放开鸟让它飞走。

贤者看着国王的手中的鸟，微笑着说："这只鸟的生死，全在你的手中。"

这个故事以幽默的方式传达了一个深刻的道理：

第4章 生活顾问 >> **063**

4.2 服装与美食

漂亮的服饰和美味佳肴是人生的两种享受。假设用户是一位时尚达人，可能对时装趋势感兴趣，可以咨询 ChatGPT。

> **user6628024069614**
> 你觉得哪些配饰会在2024年秋季女装时尚中受到重视？

> **ji**
> ⊘ Run completed ⌄
>
> 在2024年秋季，女装时尚中预计会重视以下这些配饰：
>
> 1. **大型耳环**：大型和夸张的耳环将继续流行，尤其是那些带有几何形状或异域风情的设计。
> 2. **粗链项链**：粗大的链条项链会给简约的秋季装扮增添一份时尚感，成为受欢迎的选择。
> 3. **腰带**：宽大的腰带或装饰性的腰链将用来突出身形，为宽松的服装增添结构感。
> 4. **超大手袋**：实用性与时尚感兼备的超大手袋将成为秋季的必备品，无论是购物袋还是托特包，都会十分流行。
> 5. **帽饰**：贝雷帽、宽檐帽和渔夫帽等都将是秋季流行的头饰，既能提升造型的层次感，又能在寒冷的天气中提供额外的保暖。
> 6. **围巾和披肩**：随着天气变凉，围巾和披肩将成为不仅能提供保暖，也能增添时尚感的重要配饰。
> 7. **手套**：随着气温下降，各式手套将成为重要的时尚单品，无论是皮质、针织还是装饰性手套都会流行。
> 8. **环保材质的配饰**：可持续时尚的潮流将持续影响配饰设计，使用环保材料制成的配饰，如回收金属、有机棉或竹制品等，将受到越来越多消费者的青睐。
>
> 这些配饰将为秋季装扮增添戏剧性、层次感和个性化，同时也符合可持续时尚的潮流趋势。

在用户想提高自己的厨艺，或者想为家人做一道未曾尝试过的菜肴时，请教 ChatGPT 不会让人失望。

> **user6628024069614**
> 你的角色是粤菜大师，我想自己动手做一道粤菜清蒸鲈鱼，请你讲述烹饪步骤。

> **ji621**
> ⊘ Run completed ⌄

> 当然可以，清蒸鲈鱼是一道经典的粤菜，做法简单，味道鲜美。下面是制作清蒸鲈鱼的步骤：
>
> 1. 准备新鲜的鲈鱼一条，将鱼洗净，从鱼背部两侧各切几刀，便于入味。
> 2. 在鱼的表面和切口处抹上适量的盐，腌制10分钟左右。
> 3. 将腌好的鲈鱼放在盘中，鱼身上铺上几片姜和葱段，以去腥增香。
> 4. 准备一锅水，水开后将装有鲈鱼的盘子放入蒸锅中，大火蒸7-10分钟，具体时间根据鱼的大小来定。
> 5. 蒸的过程中，准备调料汁，将适量的生抽、少许糖和热水调和在一起。
> 6. 鱼蒸好后取出，撒去鱼上的姜葱，再将调好的料汁均匀地淋在鱼身上。
> 7. 另起锅，放入适量的食用油，加热至油温冒烟，然后迅速浇在鱼身上，这样可以使鱼皮更加光亮，增加香气。
> 8. 最后，撒上葱花和香菜点缀即可。
>
> 清蒸鲈鱼的关键在于火候的把握和鲜美的鱼肉本身，简单的调料就可以突出其原汁原味。记得蒸鱼的时间不宜过长，以免鱼肉变老。祝您烹饪愉快！

4.3 寻医问药

人有生老三千疾，寻医问药本经常。前半句是诗人陆游所言，后半句是笔者狗尾续貂。在身体不舒服的时候，人们经常会通过搜索引擎查询相关的医学知识，包括可能的患病种类、治疗方案、药物选择和药物的用法等。但是搜索引擎给出的信息庞杂混乱，其中还包含了很多广告内容。现在试试 ChatGPT，它给出的回复针对性强，是对应问题的个性化答案，条理清晰，完整明确。请看下例。

user6628024069614

> 你的角色是一位资深医生，请问慢性胃溃疡的病因、治疗方法和常用药物。

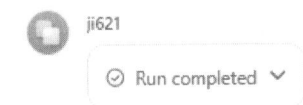

ji621

✓ Run completed

慢性胃溃疡是一种常见的消化系统疾病，其特征是胃黏膜出现一处或多处溃疡。以下是慢性胃溃疡的病因、治疗方法和常用药物：

病因：

1. **幽门螺杆菌感染**：这是最常见的原因之一，幽门螺杆菌是一种能在胃酸环境下生存的细菌，它会破坏胃黏膜的保护层，导致溃疡。
2. **长期使用非甾体抗炎药（NSAIDs）**：这些药物可减少胃黏膜产生保护性黏液的能力，增加患溃疡的风险。
3. **其他因素**：包括吸烟、饮酒、压力、辛辣食物和某些药物也可能导致胃溃疡。

治疗方法：

1. **药物治疗**：包括抗酸药、胃黏膜保护剂、抗幽门螺杆菌疗法等。
2. **幽门螺杆菌治疗**：如果检测到幽门螺杆菌，通常需要一种称为"三联疗法"的治疗方案，包括两种抗生素和一个质子泵抑制剂。
3. **生活方式的改变**：包括戒烟、限制酒精摄入、避免NSAIDs、改善饮食习惯等。

常用药物：

1. **质子泵抑制剂（PPIs）**：如奥美拉唑、兰索拉唑等，用于减少胃酸分泌。
2. **H2受体拮抗剂**：如雷尼替丁、西咪替丁等，也用于减少胃酸分泌。
3. **抗生素**：用于根除幽门螺杆菌，常见的有阿莫西林、克拉霉素等。
4. **胃黏膜保护剂**：如铋剂、磷酸铝凝胶等，用于保护胃黏膜，促进溃疡愈合。

请注意，慢性胃溃疡的治疗应在专业医生的指导下进行，自我诊断和治疗可能会导致病情恶化。如果您有胃溃疡的症状，应及时就医，接受适当的检查和治疗。

再看一个例子。

user6628024069614

我服用降压药"苯磺酸左氨氯地平片"有十年时间了，请问长期服用这种药有什么副作用吗？

ji621

✓ Run completed ⌄

苯磺酸左氨氯地平片是一种钙通道阻滞剂，主要用于治疗高血压和冠心病。与所有药物一样，长期服用苯磺酸左氨氯地平片可能会有一些潜在的副作用，但这些副作用因人而异。以下是一些可能的长期副作用：

1. **水肿**：尤其是脚踝水肿，这是因为药物导致血管扩张，使得液体积聚在下肢。
2. **头晕或头痛**：由于血管扩张导致血压下降，可能会出现头晕或头痛的症状。
3. **心悸**：有些患者可能会感觉到心跳加速或不规则。
4. **疲劳**：长期服用可能会导致身体感到疲劳或无力。
5. **消化不良**：一些患者可能会经历胃部不适、恶心或便秘等消化系统问题。

值得注意的是，并非所有人都会经历这些副作用，而且副作用的严重程度也因人而异。长期服用任何药物都应在医生的监督下进行，医生会定期评估药物的效果和副作用，必要时调整治疗方案。如果您对药物有任何疑问或担忧，或者出现任何不适症状，应及时与您的医生沟通。

这里要强调的是，ChatGPT 所给出的疾病和用药方面的答案仅作为参考，不能代替专业医生的诊断和治疗方案。

4.4 心理疏压

现实生活中每个人可能由于各种原因都有内心焦虑的时候，当严重而不能自拔时就会影响到我们的生活。ChatGPT 能在心理疏导方面帮助我们吗？直接问它下面的问题。

> user6628024069614
> **ChatGPT怎样用于情感支持？**

> ji
> ⊘ Run completed ∨
>
> ChatGPT 可以在一定程度上用于提供情感支持，尽管它无法取代专业的心理健康服务。以下是一些使用 ChatGPT 进行情感支持的方法：
>
> 1. **安慰与倾听**：ChatGPT 可以提供一个倾听的空间，用户可以分享他们的感受和经历，而 ChatGPT 则可以给予安慰和鼓励的话语。
>
> 2. **情感分析**：ChatGPT 可以通过其对话分析功能来识别用户的情绪状态，并根据情绪提供相应的回应和建议。
>
> 3. **情绪管理策略**：ChatGPT 可以提供一些基本的情绪管理技巧和策略，如呼吸练习、正念冥想或其他放松技巧。
>
> 4. **资源推荐**：ChatGPT 可以根据用户的需求推荐一些有用的资源，如心理健康支持热线、专业咨询服务或自助工具。
>
> 5. **社交支持**：ChatGPT 可以建议用户寻找社交支持，如与家人、朋友交流或加入支持小组。
>
> 在使用 ChatGPT 进行情感支持时，请记住它的局限性。ChatGPT 不是一个训练有素的心理健康专业人士，不能提供专业的治疗或诊断。如果您或您认识的人正在经历严重的情感困扰或心理健康问题，请寻求专业的帮助。

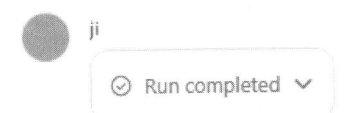

既然它能够提供情感支持，就接着询问具体的问题。

user6628024069614

你的角色是一位心理咨询师，近来，我在学业上感到很大压力，距离高考只有5个月的时间，但是我的成绩只能达到本科一本录取线，而我的目标是争取考上985这类大学，至少考上211这类的大学，因此内心十分焦躁。请问如何调整我的心理状态？

ji

⊘ Run completed ⌄

面对高考的压力，感到焦虑是很正常的反应。但是，过度的焦虑可能会影响你的表现和学习效率。以下是一些建议，帮助你调整心理状态：

1. **设定实际目标**：根据你当前的成绩，设定一个既有挑战性又实际的目标。如果你的目标是985或211大学，制定一个详细的学习计划，包括每天的学习目标和复习计划。

2. **合理规划时间**：高效的时间管理能够帮助你更好地掌握学习内容。每天为自己设定一个清晰的时间表，包括学习时间、休息时间和娱乐时间。

3. **有效学习方法**：采用适合自己的学习方法，如主动学习、分散练习、定期复习等，这些都能提升学习效果。

4. **保持积极心态**：积极的心态是成功的关键。每天提醒自己你已经取得的进步，而不是只看到还未达到的目标。

5. **放松和减压**：定期进行放松活动，如深呼吸、瑜伽、散步或听音乐，这些都能帮助你缓解压力。

6. **健康的生活方式**：保持充足的睡眠、健康的饮食和适量的运动，这些都有助于提高你的学习效率。

7. **寻求支持**：与家人、朋友或老师分享你的压力和担忧，他们可以提供支持和鼓励。如果需要，也可以寻求专业的心理咨询。

8. **正视焦虑**：了解焦虑是一个正常的情绪反应，接受它的存在，但不被它所控制。可以尝试写日记或进行情感表达，帮助你理解和管理焦虑。

9. **正念冥想**：练习正念冥想，帮助你集中注意力，减少杂念，提高学习效率。

10. **保持乐观**：保持积极乐观的态度，相信自己有能力达到目标。即使遇到挫折，也要相信这是成长的一部分。

请记住，高考虽然重要，但它不是衡量你一生价值的唯一标准。保持平衡的视角，对自己保持信心。祝你好运！

再来看一个工作方面的示例。假设用户是公司的一位员工，面临中年危机，感到内心焦虑。

> **user6628024069614**
>
> 我在一个公司从事销售工作，现在已经到了中年，上面要赡养年迈的父母，下面还要抚养两个上学的孩子，妻子前段时间因为公司倒闭也失去了工作。我所在的公司绩效考核越来越严格，完不成销售额就要降薪，甚至失业。因此我感到精神压力极大，这段时间经常失眠多梦，精神萎靡，这就是我的状态。

ji

✓ Run completed ⌄

> 面对如此多的压力，您的感受是可以理解的。生活中的挑战确实可能带来巨大的焦虑和压力。在这个困难时期，以下是一些建议，希望能够帮助您缓解压力和改善您的情绪状态：
>
> 1. **寻求职业发展建议**：您可以考虑寻找职业顾问或导师，探讨您的职业发展道路和可能的转型机会。
>
> 2. **家庭支持**：与家人坦诚交流您的压力和担忧，共同商讨家庭财务预算和可能的解决方案。
>
> 3. **健康的生活习惯**：保持健康的饮食、规律的睡眠和适量的运动，这些都是缓解压力、改善情绪的有效方式。
>
> 4. **时间管理**：合理规划工作和家庭时间，确保有时间进行放松和休息。
>
> 5. **放松技巧**：尝试深呼吸、冥想、瑜伽或其他放松技巧来帮助您放松身心。
>
> 6. **建立社交支持网络**：与朋友、同事或支持团体交流，分享您的感受和经历。
>
> 7. **专业帮助**：如果您的焦虑和失眠持续存在，建议寻求心理健康专业人士的帮助。
>
> 8. **兴趣和爱好**：找到一些能够让您放松的兴趣或爱好，比如阅读、音乐、绘画等。
>
> 9. **正面思考**：尽量保持积极的思考方式，关注生活中的积极方面，避免过分关注负面消息。
>
> 10. **规划未来**：设定可实现的短期和长期目标，这有助于您对未来保持积极和有控制感。
>
> 请记住，您并不孤单，很多人都经历过类似的困难时期。重要的是要记得为自己的健康和幸福设定优先级，并寻找有效的应对策略。您已经做得很好了，只要持续努力，就有希望渡过难关。祝您一切都能好转。

不知道与人抬杠是否能解压，不过现实中可能很难找到愿意陪看抬杠的搭子，试试 ChatGPT，看它能否担当这个角色。

> **user6628024069614**
> 我想与人抬杠来减缓工作和生活的压力，你现在的角色是杠精，我谈论的观点你总是反驳，明白吗？

ji

⊙ Run completed ⌄

> 明白了，如果您认为与人抬杠能够为您带来一些轻松和乐趣，那么我会尽力配合。您可以开始提出您的观点，我会尝试提出不同的看法。不过，请记住，这只是一种减压方式，并非针对个人的攻击或不尊重。准备好了吗？请开始吧。

> **user6628024069614**
> 我觉得一个人把家里收拾的干干净净是个好习惯。

ji

⊙ Run completed ⌄

> 虽然保持家里整洁无疑是个好习惯，但我要反驳的是，过度追求完美的整洁可能反而会带来压力。首先，每个人对于"干净"的定义都不同，有些人可能觉得只要没有明显的垃圾就已经很干净了，而有些人则可能需要每个物品都放在固定的位置才能感到舒适。其次，过度追求整洁可能会影响到生活的效率，比如，每次使用完一个物品就立刻清洁和归位，可能会消耗大量的时间和精力。此外，如果一个人过分强调整洁，可能会给家人或室友带来压力，甚至可能影响到人际关系。因此，保持适度的整洁才是最好的，

> **user6628024069614**
> 那温文尔雅总是有修养的表现吧。

ji

⊙ Run completed ⌄

> 温文尔雅确实常被视作有修养的表现，但这并不意味着它适用于所有情境或所有人。首先，如果一个人在所有情况下都过分温文尔雅，可能会给人留下不够坚定或缺乏激情的印象。在某些情况下，如竞争激烈的商业环境或需要直接和坚决行动的紧急情况，过分的温文尔雅可能会被误解为软弱或犹豫不决。
>
> 此外，温文尔雅的行为在不同文化中有不同的解读。在某些文化中，直接和坦率的交流方式更受欢迎，而过于委婉的表达可能会造成误会。而且，人们应该被鼓励表达真实的自己，而不是总是隐藏在一个社会期望的面具后面。
>
> 总之，虽然温文尔雅是一种令人赞赏的品质，但它并不总是最有效或最恰当的行为方式。平衡和适应性才是关键。

我们意外发现了一个训练辩论的方法，那就是与 ChatGPT 抬杠，当然，这是狭义理解上的辩论。

4.5 家庭财务安排

家庭财务安排是家庭生活中的重要决策，ChatGPT 能够充当免费的顾问。

> **user6628024069614**
>
> 你的角色是投资理财专家，我们属于中国的中产家庭，在当下的中国经济形势下，请你给出较为合理的理财投资计划。如有需要了解的问题，你可以问我。

> **ji621**
>
> ✅ Run completed ∨
>
> 在当前的中国经济形势下，合理的理财投资计划应当注重风险分散、资产配置合理化以及长期稳健增长。我会给出一些基本的建议，但为了制定更加个性化和详细的投资计划，我需要了解一些额外的信息。
>
> 以下是一些基础的理财投资建议：
>
> 1. **紧急资金储备**：首先确保有足够的紧急资金储备，一般建议是家庭月支出的6-12倍，放在容易取用且风险较低的理财产品中，如货币市场基金或银行理财产品。
>
> 2. **保险规划**：进行适当的保险规划，包括健康保险、意外保险和寿险等，确保在出现不测情况时，家庭财务不受重大影响。
>
> 3. **退休规划**：根据家庭成员的年龄和退休目标，设立退休基金，并定期投资，可以选择一些长期收益稳定的金融产品，如养老保险、退休金账户等。
>
> 4. **教育基金**：如果家庭中有子女，考虑为他们设立教育基金，投资于中长期的金融产品，确保未来教育费用的需要。
>
> 5. **投资组合**：建立多元化的投资组合，包括股票、债券、基金、房地产等不同类型的资产，以分散风险。
>
> 6. **定期评估和调整**：定期评估投资组合的表现，根据市场变化和个人财务状况进行适时调整。

> 为了进一步为您定制化投资计划，我需要了解以下问题：
>
> 1. 您和家庭成员的年龄、职业以及收入状况？
> 2. 您的财务目标是什么？比如说退休规划、子女教育、购房等。
> 3. 您对投资的风险承受能力如何？您倾向于稳健型、平衡型还是成长型投资？
> 4. 您目前的资产配置情况如何？包括现金、存款、股票、债券、房产等。
> 5. 您有无定期的财务规划习惯？比如定期储蓄、定投基金等。
> 6. 您对投资理财的知识和经验如何？您是否需要专业的理财顾问服务？
>
> 了解这些问题后，我可以为您提供更加具体和详细的建议。

简单地回答了几个问题之后，它进一步给出了具体的针对性建议。

user6628024069614

> 1. 我和妻子的年龄是50岁，有一个孩子，他的年龄是20岁，我们家庭的年收入大约20万人民币。
> 2. 我们目前的资产主要是存款和房产。
> 3. 我们对于投资的风险承受能力较弱，倾向于稳健型投资。
> 4. 我们没有投资理财的知识和经验。

ji621

✓ Run completed ∨

> 基于您提供的情况，作为投资理财专家，我会给出一个适合您家庭的稳健型投资计划。请注意，下述建议是基于您的风险承受能力和财务状况，并考虑到您在投资理财上缺乏经验。以下是为您定制的理财投资计划：
>
> 1. **紧急资金储备**：首先，建议保留6个月至1年家庭开支的紧急储备金，以应对可能的突发事件。这部分资金可以存放在活期存款或货币市场基金中，以保证资金的流动性和安全性。
>
> 2. **保险规划**：鉴于您和妻子都已经50岁，建议考虑购买或检视现有的医疗保险和重大疾病保险，确保在医疗需求上有足够的保障。此外，考虑为孩子购买教育保险，为他未来的教育费用提供保障。
>
> 3. **退休规划**：作为即将步入退休年龄的中产家庭，应着重考虑退休后的生活费用。可以考虑投资一些低风险的固定收益产品，如银行定期存款、国债或稳健型债券基金，以确保退休后有稳定的现金流。

4. **教育基金**：对于20岁的孩子，如果他计划继续深造，可以考虑为他设立教育基金。这部分资金可以投资在一些风险较低、流动性较好的金融产品中，如短期债券或平衡型基金。

5. **房产投资**：如果您的房产是自住型，可以考虑保持现状。如果有额外资金，可以考虑购买第二套房产进行出租，以获得稳定的租金收入。不过，房产投资需要考虑到地域市场的供求关系和政策风险。

6. **分散投资**：为了分散风险，可以将部分资金投资于不同类型的资产。例如，可以考虑投资一些分红型股票或股票型基金，但投资比例不宜过高，以符合您稳健的投资风格。

7. **学习和咨询**：由于您表示没有投资理财的知识和经验，建议定期学习基础的财经知识，同时可以考虑咨询专业的理财顾问，以获得更专业的投资建议。

请记住，投资理财是一个长期过程，需要根据市场环境和个人情况的变化适时调整策略。在进行任何投资之前，请确保充分了解产品特性和相关风险，并考虑咨询专业的理财顾问。

用户可以根据自己的情况与 ChatGPT 继续展开多轮对话。

在家庭财务安排上，购买房屋是一项极为重要的大额投资，当然需要十分慎重，不妨听听 ChatGPT 的意见。

---

user6628024069614

我想购买一套3居室的房屋，但不知道现在是否是合适的时机，请问现在房产市场的价格趋势？

ji

✓ Run completed

根据最新的数据和分析，以下是当前中国房地产市场的基本情况和价格趋势：

1. **房地产开发投资完成情况**：2023年全国房地产开发投资有所下降，其中住宅投资也出现了下降趋势。

2. **房屋施工面积**：2023年房地产开发企业房屋施工面积同比下降，住宅施工面积也随之减少。

3. **销售趋势**：从2022年开始，房地产销售整体呈现下降趋势，主要受疫情因素影响。但随着疫情影响减弱，房产销售逐渐回正。

4. **市场趋势展望**：2023年上半年房地产市场表现先扬后抑，一季度市场活跃度提升，但随着前期积压需求释放完毕，市场活跃度有所下降。

这些信息表明，房地产市场可能正处于调整期。在考虑购买房产之前，建议您根据自己的财务状况、房产所在地区的具体市场情况以及个人需求进行细致的研究和分析。此外，房地产市场受多种因素影响，包括经济环境、政策调控、利率变化等，因此在做出购买决定前，咨询专业的房地产顾问也是一个明智的选择。

用户可以继续询问。

> user6628024069614
>
> 我想知道2024年中国3线城市的房地产价格趋势。

> ji
>
> ✓ Run completed ▽
>
> 根据国家统计局发布的数据，2024年初三线城市的房地产市场价格趋势如下：
>
> - 2024年1月份，70个大中城市中，商品住宅销售价格环比下降城市个数减少，商品住宅销售价格环比降幅整体收窄、同比整体延续降势。
>
> - 2024年2月份，70个大中城市中，各线城市商品住宅销售价格环比降幅总体继续收窄、同比继续下降。
>
> 这些数据反映出三线城市房地产市场的价格整体呈现出下降趋势，环比降幅正在收窄。这可能意味着市场正在逐渐稳定，但价格下降的趋势仍在持续。购房者应该密切关注房地产市场的最新动态，并考虑个人的财务状况和长期投资目标来决定是否是购房的合适时机。
>
> 请注意，房价趋势受多种因素影响，包括宏观经济、地区发展政策、市场供需关系等。因此，对于具体的购房决策，建议咨询当地的房地产专家，以获取更为详细和个性化的建议。

4.6
养儿育女

为人父母的基本职责是养育儿女，但是，抚养孩子的很多知识我们可能并不清楚。现在可以随时咨询 ChatGPT 了。

user6628024069614

> 你的角色是营养师，我们养育着一个2岁的女儿，请问对于她的发育成长，在膳食营养搭配上我们要注意什么？

ji621

✓ Run completed ⌄

对于2岁的孩子，膳食营养是支持其健康成长的关键因素。作为营养师，我建议在膳食搭配上注意以下几点：

1. **均衡饮食**：确保孩子的饮食中包含各类营养素，包括蛋白质、碳水化合物、脂肪、维生素和矿物质。食物的选择要多样化，包括谷物、蔬菜、水果、肉类、鱼类、蛋类和乳制品。

2. **蛋白质**：蛋白质对于儿童的生长发育至关重要。可以从鱼、肉、蛋、豆制品和奶制品中获取优质蛋白质。

3. **钙和维生素D**：钙质对于骨骼和牙齿的发育非常重要，而维生素D有助于钙的吸收。确保孩子可以通过饮食（如牛奶、奶酪、酸奶、深绿色蔬菜）和适量日晒来获取这些营养素。

4. **铁质**：铁质是制造红血球的重要成分，缺铁会导致贫血。可以从红肉、鱼类、家禽、豆类、绿叶蔬菜和强化铁的谷物中获取铁质。

5. **避免添加糖和盐**：减少食品中的糖分和盐分摄入，以预防肥胖和高血压等健康问题。

6. **健康脂肪**：提供健康的脂肪来源，如鱼类、坚果和植物油，避免反式脂肪和过多饱和脂肪的摄入。

7. **水分补充**：确保孩子每天喝足够的水，避免含糖饮料和果汁的过量摄入。

8. **饮食习惯**：鼓励孩子慢慢吃，咀嚼食物，培养良好的饮食习惯。

9. **零食选择**：提供健康的零食选项，如新鲜水果、蔬菜条、全谷物饼干等，避免高糖、高盐和高脂肪的零食。

10. **参与制备**：让孩子参与食物的准备和选择过程，这可以帮助她对食物有更好的认识和兴趣。

每个孩子的营养需求可能略有不同，如果您对女儿的饮食营养有特别的关注或疑问，建议咨询专业的儿科医生或营养师，以获得个性化的建议。同时，定期监测孩子的生长发育情况，确保营养摄入与成长需求相匹配。

针对上述回答，用户可以进一步与之对话。

user6628024069614

你的角色是教育心理学家，对于青春期孩子的管教，家长要注意哪些方面？

ji621

✓ Run completed ∨

作为一位教育心理学家，我建议家长在青春期孩子的管教中注意以下几个方面：

1. **沟通**：保持开放和诚实的沟通渠道。青春期的孩子正在寻找自我认同，需要被倾听和理解。家长应该耐心倾听孩子的想法和感受，而非单方面传达自己的观点。

2. **尊重**：尊重孩子的个性和隐私。青春期的孩子对自己的个人空间非常看重，家长应该学会在关心和尊重之间找到平衡点。

3. **界限**：设定清晰的规则和界限。虽然孩子需要更多的自由，但明确的界限可以帮助他们理解责任和后果，也能为他们提供安全感。

4. **榜样**：成为积极的榜样。家长的行为会对孩子产生深远的影响。展示积极的人际关系、健康的生活方式和解决冲突的能力，对孩子的成长至关重要。

5. **支持**：提供情感和行动上的支持。青春期可能会伴随着焦虑和不确定感，家长应该给予孩子必要的支持，帮助他们建立自信和自尊。

6. **教育**：教育孩子关于身体变化、性健康和人际关系等方面的知识。这不仅能帮助他们更好地了解自己，也能帮助他们做出明智的决定。

7. **鼓励独立性**：鼓励孩子发展独立性。让他们参与决策过程，承担适当的家务和责任，这有助于他们成长为独立的成年人。

8. **情绪管理**：帮助孩子学会管理情绪。青春期的情绪波动是正常的，家长可以教会孩子如何以健康的方式表达和处理自己的情绪。

9. **问题解决**：教育孩子如何解决问题。家长可以通过指导而非直接介入，帮助孩子学会独立解决问题。

10. **正面纪律**：使用正面纪律策略。这意味着使用鼓励而非惩罚来引导孩子的行为，帮助他们学习到长期的生活技能。

青春期是孩子成长中的一个重要阶段，家长的角色是支持者和指导者，而非控制者。通过上述这些方法，家长可以帮助孩子顺利度过青春期，为成年生活打下坚实的基础。

用户可以继续询问。

> **user6628024069614**
> 我想进一步询问，对于青春期的孩子，男孩和女孩的教育有哪些差异？

> **ji621**
> ✓ Run completed ∨
>
> 在青春期，男孩和女孩可能会展现出不同的身体、情感和社会发展特点，因此在教育上也需要采取一些不同的方法。以下是针对性别差异的一些建议：
>
> 对于男孩：
>
> 1. **情绪表达**：鼓励男孩表达情感。社会常常期待男孩要"坚强"，不鼓励他们表露情绪，这可能导致他们抑制情感。家长应该鼓励男孩健康地表达自己的感受。
> 2. **社交技能**：教导男孩发展良好的社交技能和同理心。帮助他们理解和尊重他人的感受，以及如何在群体中建立积极的人际关系。
> 3. **身体活动**：鼓励男孩参与体育活动。运动不仅有助于健康，还能教会团队合作和自律。
>
> 对于女孩：
>
> 1. **自尊和自信**：支持女孩建立自尊和自信心。社会常常对女孩的外貌和行为施加压力，家长应该强调内在价值和能力的重要性。
> 2. **身体形象**：与女孩讨论有关身体形象的问题，并教育她们理解媒体中的形象可能不现实，鼓励她们接受和爱护自己的身体。
> 3. **STEM教育**：鼓励女孩探索科学、技术、工程和数学（STEM）领域。这些领域传统上被认为是"男性领域"，但鼓励女孩在这些领域学习和发展对她们未来的职业选择至关重要。
>
> 对于男孩和女孩都应该：
>
> - **性教育**：提供全面的性教育，包括身体变化、性健康、性别身份和性取向等话题。这对于所有青春期孩子都是重要的。
> - **鼓励追求兴趣**：无论男孩还是女孩，都应该鼓励他们追求自己的兴趣和激情，不应该由性别刻板印象限制他们的选择。
> - **平等对待**：家长应该平等对待男孩和女孩，避免性别歧视和刻板印象，为他们提供相同的机会和支持。
> - **安全感和信任**：为所有孩子提供一个安全的环境，让他们知道家长是他们的信任和支持的来源。
>
> 重要的是，家长应该根据每个孩子的个性和需求来调整教育方法，而不是仅仅基于性别。每个孩子都是独一无二的，他们的需求和挑战也会有所不同。通过提供一个支持性和接纳的环境，家长可以帮助所有孩子克服青春期可能面临的挑战。

4.7 旅游规划

以往人们出国旅游多数选择参加旅行团的方式，现在国际旅游的自由行方式越来越流行。但是，自由行旅游面临许多问题需要自己解决，诸如行程安排、旅馆预订、租车、餐馆选择等，以及许多个性化的需求。在这方面 ChatGPT 能够帮助我们制定出合理的规划。下面我们以出行马来西亚为例。

> **user6628024069614**
>
> 我们一家三口人（两个大人和一个孩子）计划到马来西亚旅游8天，自由行方式，预算24000元人民币，游览项目包括海岛度假、人文历史景点。住宿以经济型酒店为主，饮食主要是当地特色美食。出发地是中国长沙市。请给出行程安排和费用预算。如果有需要询问我们的问题请提出。

> **ji**
>
> ⊘ Run completed ⌄
>
> 好的，根据您的要求，我将为您和您的家人制定一个到马来西亚的8天旅游行程和预算。在此之前，我需要了解一些额外的信息，以便为您提供最合适的建议：
>
> 1. 您计划的出行日期是什么时候？这将影响航班价格和酒店价格。
> 2. 您对海岛度假有什么具体的要求？例如，您希望在海岛上进行哪些活动（如潜水、浮潜、海钓等）？
> 3. 您对人文历史景点有什么特别的兴趣？例如，您是否对某些特定的历史时期或文化特色更感兴趣？
> 4. 您的孩子多大？他/她对哪些活动感兴趣？
> 5. 您有没有特定的饮食限制或偏好？
>
> 请您提供上述信息，我将根据您的回答为您制定旅游行程和预算。

> **user6628024069614**
>
> 1. 我们计划四月底出发。
> 2. 海岛上的活动包括浮潜和海钓。
> 3. 我们对与中国有关的历史景点有兴趣。
> 4. 我们的孩子今年16岁，他喜欢参与性的活动项目。
> 5. 我们不能吃辣的食物。

ji

✓ Run completed ∨

根据您提供的信息，我为您制定了一个大致的行程安排和预算概览。请注意，这些信息是基于当前情况的估计，实际情况可能会有所变化。

行程安排（四月底出发，8天）

第1天：长沙出发 - 马来西亚吉隆坡

- 长沙出发，搭乘直飞或转机航班前往吉隆坡
- 抵达后入住经济型酒店，休息

第2天：吉隆坡市区游览

- 参观与中国有关的历史景点，例如：陈嘉庚纪念馆
- 享受当地非辣的美食特色

第3-4天：前往海岛度假

- 前往海岛（如兰卡威或者热浪岛）
- 入住海岛酒店
- 参与浮潜和海钓活动

第5天：海岛至吉隆坡

- 海岛休闲
- 下午返回吉隆坡

第6天：吉隆坡至槟城

- 搭乘国内航班或长途巴士前往槟城
- 参观乔治市的历史街区，体验当地文化

第7天：槟城游览

- 参观光大华人博物馆等
- 享受槟城的非辣美食

第8天：槟城 - 长沙

- 从槟城出发，返回长沙

预算概览（以人民币计算，三人）

- 机票（长沙 - 吉隆坡往返，包括国内航班）：约12000元
- 酒店住宿（7晚经济型酒店）：约5000元
- 海岛度假（浮潜、海钓等活动费用）：约3000元
- 当地交通（出租车、巴士等）：约1000元
- 餐饮费用（预计每人每天150元）：约3000元
- 景点门票和其他：约2000元

总计预算：约24000元

请注意，这仅是一个预算估计，实际费用可能会根据航班价格、酒店选择、活动费用、个人消费习惯等因素有所变化。建议提前预订机票和酒店，以便获得更优惠的价格，并留意当地的节假日和旅游旺季，这可能会影响价格和人群密度。同时，由于您提到不能吃辣，建议在点餐时特别说明。希望这个计划和预算能够满足您的需求，祝您一家旅途愉快！

---

user6628024069614

请你进一步列出每天的详细安排。

---

ji

✓ Run completed ⌄

基于您提供的信息和在线资源的建议，以下是您马来西亚8天自由行的详细日程安排：

第1天：长沙出发 - 吉隆坡

- 上午：从长沙黄花国际机场出发，搭乘直飞航班前往吉隆坡
- 下午：抵达吉隆坡国际机场，前往预订的经济型酒店办理入住
- 晚上：在附近的餐厅享用非辣的当地美食

第2天：吉隆坡市区游览

- 上午：参观国家清真寺和独立广场
- 中午：在中央市场附近享用午餐
- 下午：参观吉隆坡塔，欣赏城市全景
- 晚上：在吉隆坡繁华的武吉兔登区自由活动，享用晚餐

第3天：吉隆坡 - 海岛度假

- 早上：从吉隆坡出发前往兰卡威或热浪岛
- 下午：抵达海岛，入住酒店并休息
- 晚上：在海岛上享用海鲜晚餐，体验当地夜生活

第4天：海岛活动

- 全天：参与预订的浮潜和海钓活动，享受海岛的自然美景
- 晚上：在海岛酒店附近享用晚餐

第5天：海岛 - 吉隆坡

- 上午：在海岛自由活动，可选择沙滩散步或轻松游泳
- 下午：返回吉隆坡，入住酒店
- 晚上：在吉隆坡享用晚餐

第6天：吉隆坡 - 槟城

- 早上：乘坐国内航班或长途巴士前往槟城
- 下午：抵达槟城，参观乔治市的历史街区，体验当地文化
- 晚上：在乔治市享用当地特色晚餐

第7天：槟城游览

- 上午：参观光大华人博物馆和槟城街头艺术
- 中午：在当地餐厅享用午餐
- 下午：继续游览槟城其他景点，如蝴蝶公园或植物园
- 晚上：在槟城享用晚餐

第8天：槟城 - 长沙

- 早上：槟城最后的自由活动
- 下午：前往槟城国际机场，搭乘返程航班回到长沙
- 晚上：抵达长沙，结束愉快的马来西亚之旅

请注意，上述行程仅为建议，您可以根据个人喜好和实际情况进行调整。建议提前预订机票、酒店和活动，以确保旅行顺利。同时，由于您提到不能吃辣，建议在点餐时特别说明。祝您一家旅途愉快！

用户可以根据自己的需要继续询问任何问题。

入乡随俗，用户需要知道当地饮食和礼仪方面的禁忌，如下所示。

user6628024069614

到马来西亚旅游我想知道当地饮食和礼仪方面的禁忌。

ji

✓ Run completed ∨

马来西亚是一个多元文化的国家，因此在饮食和礼仪方面有一些需要注意的地方：

1. 饮食方面：

- 马来西亚是一个伊斯兰国家，因此，猪肉和含有猪肉成分的食品是被禁止的。在公共场合，也应避免吃猪肉。
- 在马来西亚，人们通常使用右手吃饭，因为左手被认为是不洁的。即使你是左撇子，也应尽量用右手拿餐具。

2. 礼仪方面：

- 穿着要得体。虽然马来西亚是一个热带国家，但在公共场合，尤其是在宗教场所，应避免穿着暴露。
- 在公共场所，应避免过于亲昵的肢体接触，尤其是与异性之间。
- 尊重各种宗教和文化。马来西亚是一个多元文化和宗教的国家，包括马来人（主要信仰伊斯兰教）、华人（主要信仰佛教、道教和基督教）、印度人（主要信仰印度教和基督教）等。

以上只是一些基本的建议，具体的情况可能会有所不同。在马来西亚旅行时，最好的做法是尊重当地的文化和习俗。

品尝当地的美食也是旅游的重要内容，因此就接着问 ChatGPT。

user6628024069614

我是一个美食爱好者，这是我第一次游览马来西亚。你能推荐一些当地的菜肴，以及品尝它们的最佳场所吗？

ji

✓ Run completed ∨

作为一个美食爱好者，您在马来西亚一定不会失望，因为这里有着丰富多元的美食。

以下是一些您不容错过的马来西亚美食，以及在吉隆坡品尝这些美食的推荐场所：

1. **椰浆饭 (Nasi Lemak)** - 被称为马来西亚的非官方国民美食，是用椰汁烹饪的米饭，通常配有辣椒酱、小黄瓜、煎蛋和炸鱼或炸鸡。
    - 推荐场所：吉隆坡的当地市场或街边摊位，如Jalan Alor美食街。

2. **沙爹 (Satay)** - 这是一种烤肉串，通常配上花生酱，是马来西亚的街头小吃。
    - 推荐场所：Kajang镇，被称为沙爹之城，那里有许多著名的沙爹餐厅。

3. **叻沙 (Laksa)** - 一种酸辣汤面，有多个版本，包括亚叁叻沙和咖喱叻沙。
    - 推荐场所：Madras Lane的中央市场内有几家出售叻沙的摊位。

4. **肉骨茶 (Bak Kut Teh)** - 这是一种草药猪肉汤，通常在早餐时食用。
    - 推荐场所：Klang镇，被认为是肉骨茶的发源地。

5. **海南鸡饭 (Hainanese Chicken Rice)** - 虽然源自中国海南，但在马来西亚也非常受欢迎。
    - 推荐场所：吉隆坡的海南鸡饭专卖店。

6. **煲仔饭 (Claypot Rice)** - 在煲仔中烹饪的米饭，上面有各种肉类和蔬菜。
    - 推荐场所：Petaling Street的中国城区域。

7. **娘惹菜 (Nyonya Cuisine)** - 是马来西亚独有的美食，结合了中华和马来风味。
    - 推荐场所：Melaka和Penang的娘惹餐厅。

8. **马来西亚印度煎饼 (Roti Canai)** - 一种印度式的煎饼，通常配咖喱汤。
    - 推荐场所：吉隆坡的印度餐厅或咖啡店。

为了体验最正宗的马来西亚美食，您可以考虑访问以下餐厅：

- **Bijan Bar & Restaurant** - 提供正宗的马来西亚菜。
- **中国城 & 小印度 & 茨厂街** - 这些区域有多家餐厅，提供丰富的马来西亚美食。

请根据您的位置和兴趣选择合适的餐厅，并提前查看餐厅的营业时间和是否需要预订。祝您在马来西亚的美食之旅中有一个愉快的体验！

按照旅行安排，用户第一天住宿在吉隆坡，因此需要在吉隆坡预订一个经济型酒店，还是让 ChatGPT 帮忙，如下所示。

> user6628024069614
> 请推荐三家吉隆坡的经济型酒店。

> ji
> ✓ Run completed ⌄

> 在吉隆坡，有许多经济型酒店可供选择。以下是三家推荐的经济型酒店，它们都位于便捷的位置，提供必要的舒适设施和服务：
>
> 1. Hotel Transit Kuala Lumpur
>   - 价格：约 CA$29/晚
>   - 评分：4.1（基于 1587 条评论）
>   - 特色：免费 Wi-Fi
>   - 地址：位于吉隆坡市中心，靠近主要交通枢纽
>
> 2. Floresta Hotel Chinatown
>   - 价格：约 CA$19/晚
>   - 评分：4.6（基于 787 条评论）
>   - 特色：位于吉隆坡的唐人街区域，附近有许多餐馆和商店
>
> 3. Hotel 28 Kuala Lumpur
>   - 价格：约 CA$13/晚
>   - 评分：4.4（基于 672 条评论）
>   - 特色：提供经济实惠的住宿选择，靠近市区的旅游景点
>
> 请注意，以上价格为参考价，实际价格可能会根据预订时间、房型等因素有所变动。建议您通过酒店官网或在线旅行社查看最新的价格和预订情况。祝您在吉隆坡有一个舒适的住宿体验！

从以上内容可以看出，ChatGPT 十分胜任旅游规划师的角色。

4.8 结语

本章从多个方面展示了 ChatGPT 在日常生活中给予人们的帮助，包括衣食住行、寻医问药、家庭理财、养育儿女、心理咨询、旅游规划、日常娱乐等。其实，这些方面仅是 ChatGPT 日常用途的一小部分，只要是平时使用搜索引擎查询的问题几乎都可以询问 ChatGPT，人们需要做出的改变是习惯使用 ChatGPT。

第5章

全科贴身家教

Command Prompt :

Chat AI

家教老师不可能胜任每门功课,如果请几个家教,又是一笔不菲的开销,但是ChatGPT可以做到随时辅导孩子的每门功课。不仅限于学业,它还能教孩子编程和课外知识。有许多家长在孩子学习辅导方面面临三座大山:没钱、没能力、没时间。ChatGPT是一个可以实时对话的几乎全知全能的博学大师,可以回答包罗万象的问题,随时辅导孩子的学习。

5.1
学习方法指导

首先，我们想了解 ChatGPT 在哪些方面能够帮助我们，如下所示。

> 我要经常辅导孩子做作业，初中阶段有英语、数学、语文、作文、物理、化学、生物等等，但是我自己的文化程度不高，尤其是初中的很多知识我已经忘了，在辅导孩子做功课、答疑、检查作业方面你能给我提供什么帮助吗？

我很乐意在你辅导孩子做作业的过程中提供帮助！

1. 英语：我可以帮助你检查英语作业中的语法错误，提供正确的单词用法和短语，甚至帮助你阅读并翻译英文文章。我也可以通过在对话中增加英文单词和短语的使用，帮助孩子提高英文水平。

2. 数学/物理/化学：我可以帮助你解答数学、物理和化学问题，提供一步一步的解题过程和方法，甚至解释相关的科学理论和公式，确保你的孩子能够理解并掌握这些知识。

3. 语文/作文：我可以提供一些作文的思路和结构，帮助孩子提高写作能力。同时，我也可以给出一些语文课文的主要思想和内容。

4. 生物：我可以帮助解释和理解生物学的基本概念，如细胞结构、生命历程等，也可以提供一些简单易懂的类比和例子来帮助孩子理解复杂的生物线索。

最后，我还可以帮助你检查孩子的作业，确保作业的完成质量，并提供一些建议和反馈来帮助孩子提高他们的学习效果。

无论你的问题是什么，我都将竭尽所能提供帮助，让你在辅导孩子的过程中感到轻松和愉快。

ChatGPT 能够回答每门学科学习方法方面的问题，继续询问，如下所示。

> 你可以围绕具体的知识点出一些考题吗？可以帮助孩子提高学习效率吗？怎么提高？

当然，我可以根据具体的学科和知识点制定一些练习题。如数学的几何、代数题目、英语的阅读理解、单词拼写、语法等。我还可以提供一些挑战性的题目，以帮助孩子深化对知识点的理解。

至于提高学习效率，这里有一些具体的建议：

1. 制定计划：制定学习计划可以帮助孩子管理他们的时间，明确目标，并符合他们的学习节奏。
2. 分拆任务：将大的任务或学习目标分解为更小、更易于管理的部分，可以降低任务的复杂性，使学习过程更加简单明了。
3. 整理学习资料：保持学习空间的整洁，定期整理学习资料，可以避免无效的寻找时间，提高学习效率。
4. 定期回顾：复习前面的学习内容，可以帮助孩子巩固他们已经学过的知识。
5. 休息和运动：适当的休息和运动是保持高效学习的关键。研究显示，运动可以帮助提高注意力和记忆力，而适当的休息则可以防止过度疲劳。

希望以上的建议对你和孩子有所帮助，如果你想要制定具体学科的练习题，可以直接告诉我。

指定 ChatGPT 的角色为中学老师，继续询问，如下所示。

You
您是一位中学老师，请举例说明可通过哪些措施促进学生记忆效果的提高。

ChatGPT
当涉及提高学生记忆效果时，有许多方法和策略可以帮助学生更有效地记忆和学习。以下是一些可行的措施：

1. **多感官学习**：利用多种感官刺激学生的记忆，比如视觉、听觉、触觉等。使用图表、图像、示意图和多媒体资源可以帮助学生更好地记忆信息。
2. **重复和复习**：将信息分成小块，并进行间隔重复学习，这有助于巩固记忆。通过定期复习和回顾，可以加深对知识的理解和记忆。
3. **讲解与教学互动**：鼓励学生参与课堂互动和讨论，以帮助他们更深入地理解概念。让学生向同学解释、总结和教授所学的内容也能够加强他们的记忆。
4. **故事和联想**：将抽象的概念转化为具体的故事或形象，有助于学生更容易地记忆。利用联想技巧将新知识与已有的知识联系起来也是一种有效的记忆策略。
5. **提供足够休息和睡眠**：充足的休息和睡眠对于记忆和学习至关重要。睡眠有助于信息的巩固和记忆的强化。
6. **利用记忆技巧**：教授学生一些记忆技巧，如建立关联、制作记忆卡片、制定缩写或首字母缩略词等，有助于他们更轻松地记忆信息。

7. **积极参与实践活动**: 提供实验、实地考察、案例研究等实践活动，可以让学生将理论知识应用到实际中，加深记忆。
8. **定制个性化学习**: 尊重学生的学习风格和节奏，为不同类型的学习者提供不同的学习方式，以满足他们的需求。
9. **反馈和评估**: 及时给予学生反馈，帮助他们了解自己的学习进展，并指出需要重点关注的领域，这有助于巩固记忆和改进学习方法。

这些措施可以结合使用，帮助学生更有效地记忆和应用所学知识。同时，了解学生的学习习惯和需求，根据实际情况调整教学方法也是非常重要的。

接下来，按照学科划分探索如何利用 ChatGPT 辅导学习。

5.2 外语辅导

随着技术的发展，语言学习工具变得更加实用，而 ChatGPT 的出现则是这类工具的飞跃，它可以在语法纠正、听力练习、对话、阅读理解和写作等方面提供拟人化的辅导。从完成常见题型了解一下这个语言学习助手。单选题是各类语言考试中的最常见题型，看一下 ChatGPT 的表现，如下所示。

```
单选题
1. .Many buildings _____ on both sides of the street the next year.
    A. will build  B. were built  C. are to be built  D. will be built
2. Our teacher told us that there _____ no end to learning.
    A. was  B. is  C. has  D. had
3. —It was careless of you to have left your clothes all over.  — My God, _____.
    A. so did I  B. so I did  C. so were you  D. so did you
4. Although he lived ____ in a ____ mountain village, he didn't feel ____ at all.
    A. alone; alone; lonely      B. alone; lonely; lonely
    C. lonely; lonely; alone     D. lonely; alone; alone
5. After graduation from college, he began to go from city to city, ___ a suitable job.
    A. hunting for  B. taking on  C. looking after  D. bringing up
6. This is really an exciting match. _____ the game?
    A. Who do you think will win      B. Whom do you think will win
    C. Do you think who will win      D. Do you think whom will win
```

7. — It's late. I must leave now.　— OK. _____.
   A. Thank you　B. Don't worry　C. I'm sorry for it　D. Take care
8. She thinks only of herself;　she doesn't _____ other people.
   A. care for　B. care about　C. care of　D. care in

谢谢你给出这些英语单选题，以下是我根据每个问题的语境和语法规则选择的答案：

1. C. are to be built

2. B. is

3. B. so I did

4. B. alone; lonely; lonely

5. A. hunting for

6. A. Who do you think will win

7. D. Take care

8. B. care about

这些是根据题目语境和具体语法规则选择出的最佳选项。

再来看完形填空题。

为了使 ChatGPT 给出的答案标号与题目上的一致，添加了这样的内容："注意，对于上面的完形填空题，在给出答案时，答案的标号从 21 开始，不是从 1 开始。"

英语的完形填空题
阅读下面短文，从每题所给的A、B、C、D四个选项中选出可以填入空白处的最佳选项。
Anger isn't a pleasant feeling. Some of us bottle up the emotion, while others ___21___ in a wild anger. Both habits have bad effects on our bodies, our minds, and our relationships.
Anger may feel uncomfortable, but it's also normal and healthy. "A lot of people think they have to ___22___ their anger," says Patrick Keelan, a registered psychologist. "But anger is an emotion built into us to signal that something needs to be ___23___." When we take notice of that signal and actually ___24___ the problem instead of ignoring it, we're usually much better for it. ___25___, many of us have been conditioned to keep our

第5章　全科贴身家教　>>　089

emotions hidden. Increasingly, research is suggesting that this can have __26__ effects on our health. Investigators noticed that people who make greater efforts to __27__ their emotions tend to have shorter life spans. They're more likely to die earlier from cancer, __28__. When we're angry, stress hormones (激素) are released, which can __29__ a wide range of diseases, including diabetes and depression, and abnormal immune conditions.

Is it better, then, to scream and cry whenever something makes you __30__? That's the fundamental behind the "rage rooms" that have appeared in many American cities, where folks are __31__ to let off their anger by violently smashing stuff in a safe environment. "The __32__ is that you get the anger out of your system through __33__ actions," says Keelan. "But the research indicates that when we display our anger sharply, it can actually increase the intensity of the anger and increase the __34__ of aggressive actions in the future." It doesn't take much imagination to predict how they can __35__ your relationships with your family members, or your coworkers.

21. A. worry B. explode C. quit D. escape
22. A. get rid of B. get away with C. get down to D. get used to
23. A. added B. removed C. bought D. addressed
24. A. improve B. polish C. correct D. prevent
25. A. Generally B. Incredibly C. Unfortunately D. Consequently
26. A. long-term B. positive C. magical D. little
27. A. control B. release C. arouse D. strengthen
28. A. on the contrary B. in short C. as usual D. for example
29. A. cure B. cause C. spread D. carry
30. A. sad B. upset C. mad D. guilty
31. A. invited B. forced C. forbidden D. commanded
32. A. truth B. problem C. challenge D. theory
33. A. temporary B. quick C. defensive D. aggressive
34. A. possibility B. demand C. understanding D. awareness
35. A. build B. develop C. affect D. improve

注意，对于上面的完形填空题，在给出答案时，答案的标号从21开始，不是从1开始。

谢谢你提供这样一篇有趣且富有教育意义的完形填空题目，以下是我衡量各选项后给出的答案：

21. B. explode

22. A. get rid of

23. D. addressed

24. C. correct

25. C. Unfortunately

26. A. long-term

27. A. control

28. D. for example

29. B. cause

30. C. mad

31. A. invited

32. D. theory

33. D. aggressive

34. A. possibility

35. C. affect

希望这个答案对你有所帮助。

阅读理解是各类外语考试必有的题型，例子如下。

阅读下列短文，从每题所给的A、B、C和D四个选项中，选出最佳选项。

Looking out of the window of his truck, Bob Fitzgerald sees dying forests and empty farmland. Fitzgerald says the land has been in his family since the 17th century. "I can show you land around here that people grew tomatoes on when I was a little boy. And now it's gone."

Climate (气候) change is making things worse. As sea levels rise, salt water is entering rivers and other waterways. As a result, the land is becoming too salty for crops to grow on. Hundreds of millions of people will be forced to move inland because of rising waters.

Kate Tully, a researcher in the University of Maryland, wants to keep coastal farmers in business as the seas rise. She has seen the forests filled with pine trees killed by the increasingly salty soil. The United States Department of Agriculture gave Tully and other researchers $1.1 million to study the problem. She and her team hope to give farmers ways to stay on their land.

They are testing different crops on pieces of land around the Eastern Shore. "Sorghum is my new favorite crop because it can grow without rain and it can grow with lots of rain." The grain (谷类) crop may be a good choice to feed the nearly 600 million chickens kept in the area each year. As farmers know, chickens can deal with salt, dry weather conditions and heavy rains. Yet just being able to grow a crop is not enough. The crop has to bring in money.

Some people believe the land should be given back to nature. They say the fields should be turned into wetlands, which are popular with duck hunters (猎人). "There's money in duck hunting," Tully said. "Hunting organizations will pay farmers for hunting on their land. Farmers could make a lot of money from duck hunting."

Tully and her team are just getting started. It will be a few years before they really understand how to save the farms.

1. How does the author introduce the topic?
A. By making a comparison.
B. By showing an experience.
C. By making a survey.
D. By studying the cause.

2. Why were Tully and other researchers given $1.1 million?
A. To help farmers stay on their land.
B. To study new crops for coastal farmers.
C. To study climate change in recent years.
D. To help farmers start their own business.

3. What does Tully think of turning farms into places for duck hunting?
A. She's worried it goes against nature.
B. She thinks it's popular with farmers.
C. She thinks it can be a good choice.
D. She's concerned it will take time.

4. What can be the best title for the text?
A. Scientists Teaching Farmers to Plant Crops
B. Rising Seas Forcing Changes on Farms
C. Climate Change Making Things Worse
D. Coastal Farmers Saving Their Homeland

---

1. B.通过展示经验来引入话题。文章从Bob Fitzgerald的观察和体验开始，向读者引入了气候变化对农田的影响这个话题。

2. A.帮助农民留在他们的土地上。文章指出，美国农业部给了Tully和其他研究人员$1.1百万，目的是研究这个问题，他们希望给农民提供留在自己土地上种植不同作物的方法。

3. C.她认为这可能是个不错的选择。Tully提到了把田地变为吸引猎鸭者的湿地的想法，她说，"猎鸭有钱途，猎鸭组织会付钱给农民在他们的土地上打猎。农民们可以从猎鸭中赚到很多钱。"

4. B."上升的海平面正在改变农场"。这个标题充分反映了文章的核心主题，即全球变暖导致海平面上升，从而迫使沿海农场逐步改变种植方式和利用方式。

学习一门语言，对于词汇的掌握是项重要内容，ChatGPT 极大地方便了词语的学习，省去了翻查字典的耗时低效。即使用电子词典，相比之下也显得功能太单一。具体例子如下所示。

> 请总结fond这个单词的常见词组及用法，并列举例句。同时列出其他与fond相近语义的词组表达，最后出一个题目考察相关知识点。

"fond"是一个形容词，主要有两种常见的意思：一是表示"喜爱"的意思，二是表示"怀有温暖、令人愉快记忆"的意思。

以下是一些常见的词组和用法：

1. be fond of: 喜欢某事或某人，例如："I'm very fond of Italian food."（我特别喜欢意大利菜。）
2. fond memories: 美好的回忆，例如："I have fond memories of our time together."（我对我们在一起的时光有美好的回忆。）
3. fond hope/wish: 热望的希望/愿望，例如："It is his fond hope to become a professional sportsman."（他热切希望成为一名职业运动员。）
4. fond farewell: 亲切的告别，例如："They bade a fond farewell to their teachers at graduation."（他们在毕业时亲切地向老师道别。）

接近"fond"含义的词组和表达还有："in love with"、"enamored of"、"infatuated with"、"attached to"等。

以下是一个考题：

填空题：Please complete the following sentence in the correct form of the word "fond" or its synonyms.

"I've always been ____ of classical music, particularly compositions by Beethoven."

还可以让 ChatGPT 生成单词的测试题，如下所示。

> 请出三道选择题测试一下初中三年级学生对trouble这个单词的掌握情况。

1. Select the most appropriate synonym for the word 'trouble':
   A. Pleasure
   B. Comfort
   C. Disturbing
   D. Joy

2. Fill in the blanks with the correct form of the word 'trouble':
   "She was much _____ by the news of her mother's illness."
   A. trouble
   B. troubled
   C. troubles
   D. troubling

3. Choose the correct meaning of the phrase 'in trouble':
   A. In a dangerous situation
   B. In a happy situation
   C. In a comforting situation
   D. In an exciting situation

如果想进一步学习这个单词，可以这样询问 ChatGPT。

> 请尽可能详细地总结trouble相关词组和用法。

"Trouble"是一个灵活多变的词，可以作为名词，动词，甚至在不同的短语和表达中有不同的含义。以下是一些关于"trouble"的常用短语和用法：

1. Trouble as a Noun: 当"trouble"作为名词使用时，这通常指的是问题，困难或者不便。
   例如："We had a lot of trouble with our car on the trip."（我们在旅行中的汽车出了很多问题。）

2. Trouble as a Verb: 当"trouble"作为动词时，它表示"困扰"或"打扰"的意思。例如："I'm

sorry to trouble you, but could you help me lift this?"（很抱歉打扰你，你能帮我抬一下这个吗？）

3. In trouble: 这个短语表示某人处于困境或有麻烦。例如："If you don't do your homework, you'll be in trouble with your teacher."（如果你不做你的家庭作业，你会让你的老师生气。）

4. Go to the trouble of: 这个短语表示投入大量的努力或麻烦去做某事。例如："She went to the trouble of baking a cake for the party."（她不辞辛劳为派对烤了蛋糕。）

5. Have trouble with: 这个短语表示某人挣扎或有困难。例如："He's having trouble with his math homework."（他在数学作业上遇到困难。）

6. Asking for trouble: 这个短语表示某人的行为可能会导致问题或困难。例如："Riding a bicycle without a helmet is asking for trouble."（不戴头盔骑自行车是自找麻烦。）

以上只是"trouble"的一些基本用法和短语，实际上，"trouble"在英语中的用法远不止这些，因为它是一个非常普遍且多元化的词。

写作是任何一门语言学习的重要内容，各种考试都有这类题目。把这个题目"Do not lose the courage"交给 ChatGPT，看它写的怎样。这样做并不是让 ChatGPT 代替用户写作，而是为了获得启发和帮助。

> 请以这个题目"Do not lose the courage"写一篇英文作文，字数不超过300个字。

Title: Do Not Lose The Courage

Life is a journey filled with uncertainties and challenges. Like navigating through a stormy sea, we encounter waves of difficulties that seek to deter us from reaching our destination: the realization of our goals and dreams. In these testing times, it is essential to remember one thing: Do not lose the courage.

Casting our minds back through the corridors of history, we come across countless individuals who stood their ground amid adversity, owing to their courage and belief in themselves. One such person is Thomas Edison, a beacon of courage and determination.

Edison, a name synonymous with invention, had to face countless failures and rejections throughout his life. His most famous creation, the light bulb, did not come to exist without tribulations. Edison experienced thousands of unsuccessful attempts before he could finally invent the practical light bulb. But did he lose his courage amidst these failures? Absolutely not. Instead, he viewed these unsuccessful attempts as lessons,

> famously stating, "I have not failed. I've just found 10,000 ways that won't work". His unyielding courage and unwavering resolve led him to become one of the most prolific inventors of his time.
>
> Edison's story serves as a sterling example of how not losing courage can pave the way to unimaginable success. Courage gives us the strength to face our fears, learn from our failures, and keep pressing forward. It is not the absence of fear but the mastery of it.
>
> So when you come face to face with a challenge, do not lose the courage. Instead, remember Thomas Edison and his countless failures that ultimately led to magnificent successes. Hold onto your courage, for it is the lifeline that will invariably guide you towards your dreams.

在写作练习方面，ChatGPT 帮助用户的方式更多体现在修改和润色作文。有些人说："我的作文或试题都在纸质媒介上，如何提交给 ChatGPT？"很简单，可以拿手机拍张照片，然后发到微信里面，微信能够识别文本，也可以用 iPhone 拍张照片，iPhone 现在支持直接从图片上复制文字。把复制的文字发送给 ChatGPT 就行了。

口语训练是最难以自学完成的，原因很简单，缺乏语言环境。一对一的老师很难找到，即使有，费用也很高。现在，手机上安装的 ChatGPT 可以直接语音对话，而电脑上的 ChatGPT，通过浏览器中的某些插件也能实现与 ChatGPT 的实时语音对话。

对于浏览器 chrome 来说有很多这类插件，下面介绍其中的一款插件 Voice Control for ChatGPT。通过引入一个录音按钮，它能够录制并发送语音查询到 ChatGPT，从而无需打字。随后，AI 的回应会被大声朗读，确保了流畅的听觉交互。

这款插件的特点：

🖉 录制语音输入并提交给 ChatGPT；

📢 高声读出回应（或者如果用户愿意读的话可以禁用）；

🌐 支持多种语言；

🖱 点击麦克风按钮录音；

⌨ 长按空格键进行对话；

🔁 重复朗读；

⏺ 新功能：Mia AI，把 ChatGPT 变成用户个人的语音助手。

用户可以自行尝试使用，乐趣多多。

5.3
语文辅导

ChatGPT 能够在语文学习的各个方面辅导学生，这里仅提及作文的写作和修改。下面是一篇 ChatGPT 完成的命题作文。

> **作文**
> 生活像一个万花筒，五彩缤纷，又像一幕幕精彩的电影，时时呈现在我们的眼前，你能以《生活中的一个小镜头》为题进行一下描绘，并结合这件事谈谈你的感想或受到的启发教育吗？（注意内容要具体 真实，字数450字以上）

> **生活中的一个小镜头**
>
> 生活就像一个充满惊喜的电影，而有时候，我们会经历一些特别的小镜头，这些瞬间会深深印在我们的心中，让我们领悟到生活的真谛。
>
> 那一天，阳光灿烂，微风拂面，我步行在回家的路上。突然，我看到一位老人坐在公园的长椅上，正在努力地绣花。她的手指在针线间穿梭，绣着一朵美丽的花朵，绣得认真而投入。我不禁停下脚步，被这一幕深深吸引。
>
> 我走近老人，与她交谈。她告诉我，她叫李奶奶，已经80多岁了。绣花是她的一项爱好，也是她的精神寄托。她说："年轻人总是追求繁忙的生活，却忘了欣赏生活中的美好。我在这里绣花，不是为了别人，而是为了自己，为了保持内心的宁静和快乐。"她的话语让我深有感触。
>
> 这个小镜头让我明白，生活并不总是快节奏、喧嚣和竞争。生活也可以是宁静、充实，充满内心的喜悦。李奶奶的坚持和快乐成为了我的启发，教育我要珍惜每一个生活的瞬间，不要被忙碌和压力压倒，要学会放慢脚步，感受生活的美好。
>
> 这个小镜头还让我明白，年龄并不是阻止我们追求梦想和追求快乐的障碍。无论多大年纪，我们都可以找到自己的兴趣爱好，找到生活的乐趣。李奶奶的精神力量激励我，教育我要有恒心和毅力，不轻言放弃，不论年龄如何，都能保持对生活的热爱。
>
> 这个小镜头也让我明白，生活中的美好常常隐藏在平凡之中。我们不需要远行到遥远的地方，也不需要巨大的变化，只需用心去观察，用心去感受，就能发现生活中的小美好。李奶奶的绣花成为了我内心的珍贵宝藏，提醒我要珍惜平凡中的不平凡。

> 在这个小镜头中，我得到了一份宝贵的礼物——对生活的新认识和新体验。我学会了感恩，学会了从每一个小细节中寻找快乐，学会了坚守自己的梦想。这个小镜头成为了我生活中的一幕精彩电影，永远不会忘记。
>
> 生活中的小镜头教育我们，无论生活如何变化，我们都可以找到快乐和满足。它提醒我们要保持对美好的敏感，要珍惜每一个瞬间，要在平凡中寻找不平凡。这是一堂珍贵的生活课，我们应该牢记，用心去生活，用心去感受，用心去爱。因为生活中的每一个小镜头都可以成为我们宝贵的财富，永远陪伴着我们前行。

再次说明一下，让 ChatGPT 写作文的目的是学习和借鉴，不是让它代替学生写作文。

修改作文时，如果作文是手写在纸上，可以拍照，然后利用微信等软件里的 OCR（图像转文字）功能将图片转换为文字，再将文字复制粘贴到 ChatGPT 中让它修改。

我们可以增加难度，让 ChatGPT 去描写特定的场景，并且以不同的风格去写。比如，分别基于鲁迅、村上春树、J.K. 罗琳、毛姆、狄更斯几位作家不同的风格，写一小段文字（200 字以内）描写春天的味道。

You
你是一位写作高手，请分别基于鲁迅、村上春树、J.K.罗琳、毛姆、狄更斯这几位作家不同的文风，写一小段文字（200字以内），描写春天的味道。

ChatGPT
鲁迅风格：
春天，街巷尽是熙攘人流，污浊的气息和铁臭的味道弥漫着空气。喧嚣的市井中，春天并未带来清新，而是让人感到更加沉重。街头小贩吆喝声、车马喧嚣声，与烟尘交织，构成了一曲浑浊的城市交响。

村上春树风格：
春天悄然而至，带着温柔的微风和轻盈的花香。阳光透过稀疏的树叶洒在大地上，勾勒出淡淡的幽绿。这个季节仿佛是一个温馨的梦境，草地上绽放的花朵如诗如画，弥漫出淡淡的芬芳，让人感受到岁月的宁静与美好。

J.K.罗琳风格：

春天降临，空气中充满了魔法的气息。樱花飘落时，仿佛是魔咒般的仪式，将整个世界装点得如同魔法学院的仙境。春风吹过，带来了奇妙的味道，让人陶醉在魔法与奇迹的春日里。

毛姆风格：
春日的氛围中弥漫着一种淡淡的清新，阳光洒在大地，勾勒出清晰的影子。这个季节让人感到宁静与安详，仿佛是一个沉思的时刻，让人沉浸在思考与回忆之中。

狄更斯风格：
春风吹拂，带来了乡村的宁静与温馨。村庄中的花朵争相绽放，弥漫着清新的气息。田间地头传来农人劳作的声音，与鸟儿的啁啾声交织成了一幅淳朴而宜人的春日画卷。

5.4 化学辅导

中学化学的内容很丰富，需要记忆的知识也很多，感觉有些凌乱庞杂。而ChatGPT海量的知识库基本涵盖了这些内容。

下面让ChatGPT列出需要掌握的初中化学基本概念并作出解释。

> 你是一位中学化学老师，请列出需要掌握的初中化学基本概念并做出解释。

作为一名中学化学老师，以下是一些初中化学学生需要掌握的基本概念及其解释：

1. **物质**：物质是构成宇宙万物的基本实体，可以是纯净物也可以是混合物。
2. **纯净物与混合物**：纯净物指的是只含有一种化学成分的物质，如元素和化合物；混合物由两种或两种以上不同的物质按任意比例混合而成，如空气、海水。
3. **元素**：元素是由一种类型的原子组成的纯净物，是化学反应的基本单位。
4. **化合物**：化合物由两种或两种以上不同元素的原子按固定比例结合而成，具有独特的化学性质。
5. **原子和分子**：原子是物质的基本单位，而分子是由两个或更多原子通过化学键结合在一起的粒子。

6. **化学式**：化学式表示一种化合物的组成，用元素的符号和数字来表示各元素的原子数。

7. **化学反应**：化学反应是物质之间发生的变化过程，反应物转变为产物。

8. **物理变化与化学变化**：物理变化是物质状态的变化，不涉及新物质的形成；化学变化是形成新物质的过程。

9. **溶液**：溶液是由溶质溶解在溶剂中形成的均匀混合物。

10. **酸和碱**：酸是能够提供氢离子（H^+）的物质，碱是能够接受氢离子的物质。

11. **pH值**：pH值是衡量溶液酸碱性的数值，pH值小于7为酸性，大于7为碱性，等于7为中性。

12. **氧化还原反应**：氧化还原反应是指在化学反应中，电子的得失或氧化数的变化。

13. **化学键**：化学键是原子之间的相互吸引力，包括离子键、共价键和金属键。

14. **摩尔概念**：摩尔是表示物质量的单位，1摩尔等于6.022×10^{23}个粒子。

15. **周期表**：周期表是元素按照原子序数排列的表格，展示了元素的周期性和分组。

这些概念是学习化学的基础，理解它们对于掌握更高级的化学知识至关重要。在教学过程中，通过实验和实践活动来加深学生对这些概念的理解是非常有帮助的。

接下来问 ChatGPT 另一个问题，如下所示。

> 请总结双替反应的发生条件以及反应特点，并给出化学式举例，最后出一道测验题。

双替反应，也称为置换反应或交换反应，是两种化合物在反应中互换成分，形成两种新化合物的过程。双替反应的一般形式可以表示为：AB + CD → AD + CB。

双替反应的发生条件通常包括：

1. **反应物的溶解性**：至少一个反应物必须是溶解在溶剂中的，通常是水溶液。
2. **产物的沉淀**：反应中至少有一个产物是不溶于溶剂的，会形成沉淀。
3. **产物的挥发性**：至少有一个产物是气体，会从溶液中逸出。
4. **产物的电离性**：至少有一个产物是弱电解质或非电解质，如水。

双替反应的特点包括：

- 反应物和产物都是化合物。

- 反应中离子发生了交换。
- 反应通常在溶液中进行。
- 反应可以是可逆的或不可逆的，取决于产物的性质。

化学式举例：

一个典型的双替反应是银硝酸和氯化钠的反应：

$AgNO_3(aq) + NaCl(aq) \rightarrow AgCl(s) + NaNO_3(aq)$

在这个反应中，银离子(Ag^+)和氯离子(Cl^-)结合形成不溶于水的白色沉淀银氯($AgCl$)，而钠离子(Na^+)和硝酸根离子(NO_3^-)则保持在溶液中形成可溶的硝酸钠($NaNO_3$)。

测验题：

如果将硫酸铜($CuSO_4$)溶液与氢氧化钠($NaOH$)溶液混合，下列哪个描述是正确的？

A. 会形成蓝色沉淀的硫酸钠(Na_2SO_4)和氢氧化铜($Cu(OH)_2$)。

B. 会形成蓝色沉淀的硫酸钠(Na_2SO_4)和氧化铜(CuO)。

C. 会形成白色沉淀的硫酸钠(Na_2SO_4)和氢氧化铜($Cu(OH)_2$)。

D. 会形成蓝色沉淀的氢氧化铜($Cu(OH)_2$)和可溶的硫酸钠(Na_2SO_4)。

正确答案是 D。在这个双替反应中，硫酸铜和氢氧化钠反应生成蓝色沉淀的氢氧化铜和可溶于水的硫酸钠。

继续提问如下所示。

> 初中的氧化还原反应有哪些特点？常见的考点有哪些？

初中阶段的氧化还原反应的特点主要包括：

1. **电子转移**：氧化还原反应的本质是电子的得失。氧化作用是失去电子，还原作用是获得电子。

2. **氧化剂和还原剂**：在氧化还原反应中，氧化剂是获得电子的物质，而还原剂是失去电子的物质。

3. **氧化数的变化**：氧化还原反应中，反应物的氧化数会发生变化。氧化作用中氧化数增加，还原作用中氧化数减少。

4. **能量变化**：氧化还原反应通常伴随着能量的释放或吸收，这可以是热能、光能或电能。

5. **反应条件**：某些氧化还原反应需要特定的条件，如温度、压力或催化剂的存在。

常见的考点包括：

1. **识别氧化还原反应**：判断一个化学反应是否为氧化还原反应，主要通过检查反应物和产物的氧化数是否发生变化。

2. **确定氧化剂和还原剂**：根据氧化数的变化确定哪个物质被氧化，哪个物质被还原。

3. **编写氧化还原反应的化学方程式**：根据反应物和产物编写平衡的化学方程式。

4. **实验观察**：通过实验观察颜色变化、气体的产生或沉淀的形成来识别氧化还原反应。

5. **日常生活中的应用**：识别和解释日常生活中的氧化还原反应，如铁生锈、呼吸作用、电池的工作原理等。

6. **简单的计算题**：可能包括计算氧化还原反应中物质的量、质量或体积等。

7. **实验操作**：如使用氧化剂和还原剂进行实验，观察并记录实验现象。

在教学中，老师会通过实验、讲解和习题来帮助学生理解和掌握这些概念和考点。

再问它一个高中的化学问题如下所示。

> 我是个高中生，请详细讲解电解水反应的过程。

很高兴你对学习表现出如此的热情！电解水是一个非常有趣的化学反应过程，反应中两个水分子会分解产生氢气和氧气。以下是详细的解释：

要进行电解，我们首先需要一个电解质，通常使用一种叫做硫酸的强酸作为导电介质，使水可以传导电流。接下来，将两根电极插入溶液中，一个是阳极（正极），一个是阴极（负极），然后连接到电源。

接着进行反应，反应的整体化学方程式为 $2H_2O \to 2H_2 + O_2$。具体到电极处的反应过程：

1. 阴极反应：水分子在阴极处接受电子，转变为氢气和氢氧根离子。反应方程式为$2H_2O + 2e^- \rightarrow H_2 + 2OH^-$。

2. 阳极反应：水分子在阳极处失去电子，转变为氧气和氢离子。反应方程式为$2H_2O \rightarrow O_2 + 4H^+ + 4e^-$。

根据反应可以看出，产生的氢气是氧气的两倍，这也验证了水分子H_2O中氢和氧的原子比为2:1。

需要注意的是，由于电解是一个危险的过程，所以进行实验需要在教师指导下，确保安全。

✓ 20.6s | 2077 Tokens

前面的问题都是概念性和原理性的问题，这次问它一个具体问题，如下所示。

> 30公斤的氧化钙，倒入装有1立方米水的容器当中，充分反应，最后把水全部蒸发掉，得到的固体质量是多少？

Run completed ∨

氧化钙与水的反应如下：
$CaO + H_2O \rightarrow Ca(OH)_2$

这是一个一对一(摩尔)反应。也就是说，1摩尔的氧化钙（CaO）会与1摩尔的水（H_2O）反应生成一摩尔的氢氧化钙（$Ca(OH)_2$）。

在这个问题中，我们已知氧化钙（CaO）的质量为30公斤或30000克。氧化钙的摩尔质量约为56.08克/摩尔，所以我们有：
30000克 / 56.08 克/摩尔 ≈ 534.59 摩尔

因为反应是一对一的，所以生成的氢氧化钙（$Ca(OH)_2$）也是534.59摩尔。氢氧化钙（$Ca(OH)_2$）的摩尔质量为74.09268克/摩尔，所以总质量为：
534.59摩尔 * 74.09268克/摩尔 ≈ 39600公克 或者39.6公斤

所以，蒸发掉所有的水后，最终得到的氢氧化钙固体约为39.6公斤。

✓ 25.1s | 3193 Tokens

这是某年的化学高考题。

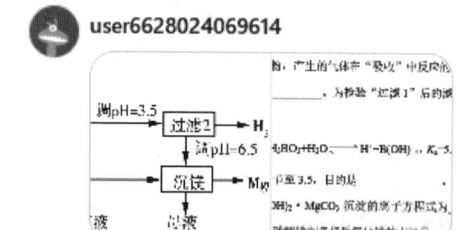

硼酸（H_3BO_3）是一种重要的化工原料，广泛应用于玻璃、医药、肥料等工艺。一种以硼镁矿（含 $Mg_2B_2O_5·H_2O$、SiO_2 及少量 Fe_2O_3、Al_2O_3）为原料生产硼酸及轻质氧化镁的工艺流程如下：

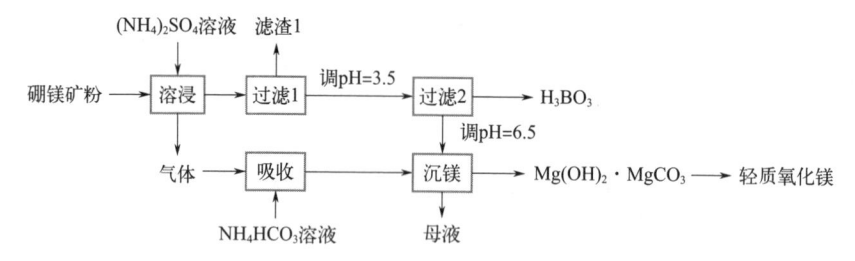

```
              (NH₄)₂SO₄溶液    滤渣1
                   ↓           ↑
   硼镁矿粉 → 溶浸 → 过滤1 →调pH=3.5→ 过滤2 → H₃BO₃
                   ↓                    ↓
                  气体 → 吸收          调pH=6.5
                          ↓              ↓
                      NH₄HCO₃溶液     沉镁 → Mg(OH)₂·MgCO₃ → 轻质氧化镁
                                        ↓
                                       母液
```

回答下列问题：

（1）在 95℃"溶浸"硼镁矿粉，产生的气体在"吸收"中反应的化学方程式为_____。

（2）"滤渣 1"的主要成分有_____。为检验"过滤 1"后的滤液中是否含有 Fe^{3+} 离子，可选用的化学试剂是_____。

（3）根据 H_3BO_3 的解离反应：$H_3BO_3+H_2O \rightleftharpoons H^+ + B(OH)_4^-$，$K_a=5.81×10^{-10}$，可判断 H_3BO_3 是_____酸；在"过滤 2"前，将溶液 pH 调节至 3.5，目的是_____。

（4）在"沉镁"中生成 $Mg(OH)_2·MgCO_3$ 沉淀的离子方程式为_____，母液经加热后可返回_____工序循环使用。由碱式碳酸镁制备轻质氧化镁的方法是_____。

由于上面文字中的一些符号无法粘贴到 ChatGPT 中，因此，把上面的文字截图，以图片形式上传，如下所示。

> ji

✓ Run completed ⌄

(1) 在95 ℃ "溶侵" 硼镁矿粉，产生的气体在 "吸收" 中反应的化学方程式为：
$NH_3 + CO_2 + H_2O \rightarrow NH_4HCO_3$

(2) "滤渣1" 的主要成分有：
SiO_2, Fe_2O_3, Al_2O_3

为检验 "过滤1" 后的滤液中是否含有 Fe^{3+} 离子，可选用的化学试剂是：
KSCN

(3) 根据 H_3BO_3 的解离反应：$H_3BO_3 + H_2O \rightleftharpoons H^+ + B(OH)_4^-$，
$Ka=5.81\times10^{-10}$，可判断 H_3BO_3 是：
弱酸；
在 "过滤2" 前，将溶液pH调节至3.5，目的是：
防止杂质沉淀，确保硼酸的溶解度。

(4) 在 "沉镁" 中生成 $Mg(OH)_2 \cdot MgCO_3$ 沉淀的离子方程式为：
$Mg^{2+} + 2OH^- + CO_3^{2-} \rightarrow Mg(OH)_2 \cdot MgCO_3 \downarrow$

母液经加热后可返回：
溶侵工序循环使用。
由碱式碳酸镁制备轻质氧化镁的方法是：
加热分解：
$Mg(OH)_2 \cdot MgCO_3 \xrightarrow{\Delta} 2MgO + CO_2 + H_2O$

5.5
数学辅导

　　GPT-3.5 和 GPT-4 都可以解决数学问题，但是 GPT-4 比 GPT-3.5 更加强大，因为 GPT-4 可以调用各种插件强化它的功能，比如在数学方面可以调用 Wallframe 插件和 code interpreter 插件。

　　下面是一道小学六年级的数学应用题。

> 某无线电厂三月份生产电视机782台，四月份生产786台，五月份生产824台，该厂平均日产电视机多少台？

要计算该无线电厂平均每天生产电视机的数量，您可以将每个月的产量相加，然后除以这三个月的总天数。通常，一个月有大约30天，但为了更准确的计算，我们可以考虑每个月的实际天数。

三月份：782台电视机
四月份：786台电视机
五月份：824台电视机

现在，我们需要确定这三个月内的总天数。假设每个月的天数分别为：

三月：31天
四月：30天
五月：31天

总天数 = 31（三月天数）+ 30（四月天数）+ 31（五月天数）= 92天

现在，将总产量（782 + 786 + 824 = 2392台电视机）除以总天数（92天）：

平均每天生产电视机数量 = 2392 / 92 = 26台电视机

因此，该无线电厂平均每天生产26台电视机。

再看另一道数学题。

> 100个和尚100个包子，大和尚一人吃3个，小和尚3个人吃1个，刚好全部吃完，请问有多少个大和尚和多少个小和尚？

✓ Run completed ⌄

对不起，我的计算能力没有达到预期，让我们一起尝试解决这个问题吧。

首先，我们已知和尚总数是100人，总共有100个包子。

1. 假设大和尚有x人，他们每人吃3个包子
2. 剩余的小和尚即100-x人，他们每3人吃1个包子

于是我们可以列出以下等式：

x * 3 + (100-x) / 3 = 100

解这个方程，我们可以得到x（大和尚人数）约等于75，剩余的25人便是小和尚数量。答案有些出人意料，因为这个方程的解不是整数，这表明在实际生活中不太可能出现这种情况。

这是一个比较复杂的问题，需要综合运用算术能力和逻辑推理，希望可以帮助您理解这个过程。如果还有其它问题，随时告诉我。

✓ 32.3s | 2772 Tokens

下面这道题是求解一元三次方程。

请求解方程：x^3-4x^2-5x=6

⊙ Run completed ∨

该三次方程的解有三个，大约是：

1. x = 5.18696,
2. x = -0.593 - 0.897i,
3. x = -0.593 + 0.897i,

其中，i表示负一的平方根，通常也叫做虚数单位。

✓ 13.8s | 2267 Tokens

再来看一道计算概率的题目。

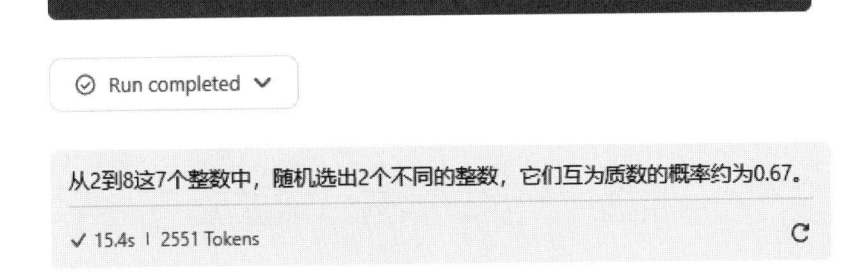

从2到8这7个整数中，随机选出2个不同的整数，它们互为质数的概率是多少？

⊙ Run completed ∨

从2到8这7个整数中，随机选出2个不同的整数，它们互为质数的概率约为0.67。

✓ 15.4s | 2551 Tokens

下面是一道计算利息的题目。

> 一笔100万的房贷，每个月采取等额本息的方式还款，一共分360个月还清贷款，如果说按现在这种情况，房贷利率从4.9%降到了4.1%，那每个月少还多少钱?总利息少还多少钱？

Run completed ⌄

按照你给出的信息，如果房贷利率从4.9%降到4.1%，那么每个月少还475.28元，总利息少还171,102.06元。

✓ 23.7s ｜ 3235 Tokens

很多时候，计算题是印在纸上的算式，我们看看如何让 ChatGPT 计算，这种情况涉及对图形的理解，可以调用 GPT-4V 插件识别图中的文字，然后做计算。例如我们上传一张图片，然后让 ChatGPT 给出计算结果，如下所示。

Name: _____   Score: _____
Teacher: _____ Date: _____

168	888	816	855
502	415	637	734
+ 521	+ 903	+ 768	+ 973

447	142	219	381
984	441	391	169
+ 493	+ 326	+ 500	+ 589

259	698	360	850
960	125	390	741
+ 200	+ 638	+ 369	+ 106

请计算加法题

✓ Run completed ⌄

Based on the addition problems provided, here are the solutions:

1. $1,191 + 1,924 = 3,115$

2. $1,798 + 909 = 2,707$

3. $2,221 + 1,110 = 3,331$

4. $2,562 + 1,139 = 3,701$

5. $1,419 + 1,461 = 2,880$

6. $1,119 + 797 = 1,916$

These are the sums for each of the addition problems listed.

再让 ChatGPT 完成乘法计算题试试。同样地，上传一张图片如下所示。

Name: _____ Score: _____
Teacher: _____ Date: _____

5×9	5×9	2×9	8×3	4×4
8×4	5×3	8×3	7×6	7×6
6×4	4×4	9×8	9×7	6×8
8×9	7×3	4×7	6×7	8×4

第5章 全科贴身家教

> 请计算乘法题。

✓ Run completed ⌄

Based on the multiplication problems provided, here are the solutions:

1. $45 \times 18 = 810$

2. $32 \times 15 = 480$

3. $24 \times 42 = 1,008$

4. $24 \times 16 = 384$

5. $36 \times 72 = 2,592$

6. $63 \times 24 = 1,512$

7. $21 \times 24 = 504$

8. $56 \times 27 = 1,512$

9. $28 \times 48 = 1,344$

These are the products for each of the multiplication problems listed.

这是一道某年高考文科数学题。

若变量 x、y 满足约束条件 $\begin{cases} 2x+3y-6 \geqslant 0 \\ x+y-3 \leqslant 0 \\ y-2 \leqslant 0 \end{cases}$，则 $z=3x-y$ 的最大值是_____。

由于不能复制粘贴到 ChatGPT 中，我们就把它截图后传给 ChatGPT，如下所示。凡是这类涉及图像理解的问题，我们都要选择 GPT-4o 模型。

user6628024069614

若变量 x, y 满足约束条件 $\begin{cases} 2x+3y-6 \geq 0, \\ x+y-3 \leq 0, \\ y-2 \leq 0, \end{cases}$ 则 $z=3x-y$ 的最大值

ji

我们需要找到满足约束条件的 x 和 y，并且使 $z = 3x - y$ 的值最大。约束条件如下：

1. $2x + 3y - 6 \geq 0$
2. $x + y - 3 \leq 0$
3. $y - 2 \leq 0$

首先，我们将这些不等式转换为等式来绘制可行区域：

1. $2x + 3y = 6$
2. $x + y = 3$
3. $y = 2$

接下来，我们在坐标平面上绘制这些直线，并找到可行区域：

1. $2x + 3y = 6$

   - 当 $x = 0$ 时，$3y = 6$，$y = 2$
   - 当 $y = 0$ 时，$2x = 6$，$x = 3$
   - 交点：$(0, 2)$ 和 $(3, 0)$

2. $x + y = 3$

   - 当 $x = 0$ 时，$y = 3$
   - 当 $y = 0$ 时，$x = 3$
   - 交点：$(0, 3)$ 和 $(3, 0)$

3. $y = 2$

- 这是一条水平线

现在，我们找到这些直线的交点，并确定可行区域：

1. $2x + 3y = 6$ 和 $x + y = 3$ 的交点：

    - 解方程组：
    $$\begin{cases} 2x + 3y = 6 \\ x + y = 3 \end{cases}$$

    - 通过消元法：
    $$2x + 3(3 - x) = 6 \quad 2x + 9 - 3x = 6 \quad -x + 9 = 6 \quad -x = -3 \quad x = 3$$
    $$y = 3 - x = 0$$

    - 交点为 (3, 0)

2. $x + y = 3$ 和 $y = 2$ 的交点：

    - $x + 2 = 3$

    - $x = 1$

    - 交点为 (1, 2)

3. $2x + 3y = 6$ 和 $y = 2$ 的交点：

    - $2x + 3(2) = 6$

    - $2x + 6 = 6$

    - $2x = 0$

    - $x = 0$

    - 交点为 (0, 2)

可行区域的顶点为 (3, 0)、(1, 2) 和 (0, 2)。

接下来，我们计算在这些顶点处 $z = 3x - y$ 的值：

1. 在 (3, 0) 处：

    $z = 3(3) - 0 = 9$

2. 在 (1, 2) 处：

    $z = 3(1) - 2 = 1$

3. 在 (0, 2) 处：
$$z = 3(0) - 2 = -2$$

因此，$z = 3x - y$ 的最大值为 9。

所以，$3x - y$ 的最大值是 9。

5.6 物理学辅导

中学物理中能量守恒与转化是个重要的知识点和难点，让 ChatGPT 就这个知识点出四道题。

> 请针对"能量守恒与转化"知识点出四道题。

当然，这里有四道关于"能量守恒与转化"知识点的题目：

1. 一个滑雪者从静止开始从山顶滑下，忽略空气阻力和摩擦力，当滑雪者到达山脚时，以下哪项描述是正确的？
   A. 滑雪者的动能等于从山顶开始时的势能
   B. 滑雪者的动能小于从山顶开始时的势能
   C. 滑雪者的动能大于从山顶开始时的势能
   D. 滑雪者的动能和势能都没有改变

2. 在一个封闭系统中，一个弹簧挂着一个质量为 m 的物体，物体从静止释放，弹簧被压缩到最大程度时，以下哪项描述是正确的？
   A. 系统的总能量减少了
   B. 系统的总能量增加了
   C. 系统的总能量保持不变，但是全部转化为了弹簧的弹性势能
   D. 系统的总能量保持不变，但是全部转化为了物体的动能

3. 一个电池驱动的玩具车在水平面上运动，电池内的化学能转化为玩具车的动能和什么其他形式的能？
   A. 热能和声能

第5章 全科贴身家教　　113

B. 光能和核能

C. 弹性势能和磁能

D. 重力势能和电能

4. 一个水坝利用水的势能来发电,这个过程中水的势能主要转化为以下哪种形式的能?

A. 热能和声能

B. 动能和电能

C. 化学能和核能

D. 弹性势能和磁能

正确答案分别是:

1. A

2. C

3. A

4. B

这些题目旨在考察学生对能量守恒定律的理解以及能量在不同形式之间转化的概念。

针对这个知识点让它再出四道计算题。

> 再针对这个知识点出四道计算题。

当然,这里有四道关于"能量守恒与转化"的计算题:

1. 一个质量为2kg的物体从10m高的地方自由落下,不考虑空气阻力,求物体落地时的速度。假设重力加速度g=9.8m/s²。

2. 一个弹簧的劲度系数为200N/m,一个质量为0.5kg的物体挂在弹簧下,从静止状态被拉下10cm后释放。忽略空气阻力和其他非保守力,计算物体在弹簧释放时的最大速度。

3. 一个电池的电压为9V,内阻为1Ω,通过一个电阻为4Ω的电路时,电池内的化学能在1分钟内转化为多少焦耳的热能?

4. 一座水坝的水库水面高度为100m,水的流量为每秒200立方米,水的密度为1000kg/m³。假设全部势能转化为电能,且转化效率为90%,计算水坝每小时可以发出多少千瓦时的电能。假设重力加速度g=9.8m/s²。

请使用适当的物理公式和数学运算来解决这些问题。如果你需要帮助进行计算,可以告诉我。

如果自己计算出了这四道题的答案，想要对比 ChatGPT 的计算结果，就继续问它。

> 请你给出这四道计算题的答案，并给出解释。

✓ Run completed ∨

以下是四道计算题的答案及解释：

1. 物体落地时的速度是 14.0m/s。这是通过自由落体的速度公式 v = √(2gh) 计算得出的，其中 g 是重力加速度，h 是高度。

2. 物体在弹簧释放时的最大速度是 2.0m/s。这是通过弹簧振动的最大速度公式 v = √(k/m) * x 计算得出的，其中 k 是弹簧劲度系数，m 是物体质量，x 是弹簧的压缩或伸长量。

3. 电池在 1 分钟内转化为热能的量是 972.0 焦耳。这是通过电功率的公式 P = V² / (R_internal + R_external) 计算得出的，其中 V 是电压，R_internal 是内阻，R_external 是外部电路的电阻。然后用能量公式 E = P * t 计算得出能量，其中 t 是时间。

4. 水坝每小时可以发出的电能是 176400000.0 千瓦时（即 1764 兆瓦时）。这是通过水能转化为电能的公式 P = ρghQ 计算得出的功率，其中 ρ 是水的密度，g 是重力加速度，h 是水的高度，Q 是每秒的流量。然后用 E = P * η * t 计算得出能量，其中 η 是效率，t 是时间（以小时为单位）。

需要说明的是，目前而言，对于 ChatGPT 给出的答案，特别是计算结果，应审慎对待。把给出的结果视为参考和启发。因为在计算和逻辑推理方面 ChatGPT 尚未达到理想程度。

下面又出了一道中学物理学中的典型题目。

> 一个半球形的深坑半径为 5 米，坑的表面都做了光滑处理，摩擦系数忽略不计，空气阻力忽略不计，一个小球从坑的边缘落下，达到坑的最底部时速度是多少？

✓ Run completed ∨

小球在坑底的速度约为 9.90 米/秒。

✓ 18.7s ｜ 4545 Tokens

第 5 章　全科贴身家教　>> 115

它虽然给出了计算结果，但是我们想知道解题的思路，因此在下面继续提问。

> 请给出具体的计算过程。

这个问题可以通过能量守恒定律来解答。我们知道一个物体在高度h处的重力势能和在地面上的动能是相等的，即 mgh = 1/2 * m * v²，其中 m 是物体的质量，g 是重力加速度，v 是速度。由于物体的质量在这个等式中可以抵消，所以我们可以得到 v = sqrt(2 * g * h)。

在本问题中，重力加速度 g 取 9.81 m/s²，高度 h 取 5 m。将这些值代入公式，我们得到

v = sqrt(2 * 9.81 m/s² * 5 m) = sqrt(98.1 m²/s²) ≈ 9.90 m/s。

所以当小球从坑边滑到坑底时，速度大约是 9.90 m/s。

✓ 16.7s | 1736 Tokens

这是某市初中毕业学业考试中的一道题。

李华同学利用如图装置提起水中的物块，下列判断正确的是

A. 装置中的滑轮是定滑轮

B. 装置中的 AOB 是省力杠杆

C. 装置的机械效率可以达到 100%

D. 物块上表面露出水面前，所受浮力不断减小

选用 GPT-4o 模型，结果如下所示。

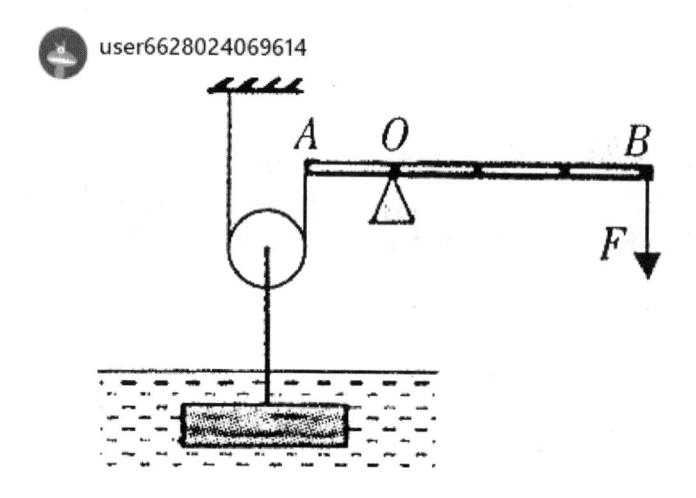

> 李华同学利用如图装置提起水中的物块，下列判断正确的是
> A．装置中的滑轮是定滑轮
> B．装置中的AOB是省力杠杆
> C．装置的机械效率可以达到100%
> D．物块上表面露出水面前，所受浮力不断减小

ji

✓ Run completed ⌄

李华同学利用如图装置提起水中的物块，下列判断正确的是：

B．装置中的AOB是省力杠杆

5.7
历史学辅导

历史课的学习过程需要记忆很多人物和事件，所要处理的问题基本上都是文字表述的问题，这是 ChatGPT 的强项，因此使用 ChatGPT 解答历史方面的问题轻松自如。

先问一个事实类的问题。

> 你是一位历史学家，可以说说中国历史上的五代十国吗？

✓ Run completed ⌄

五代十国是中国历史上的一个时期，这个时期从唐朝灭亡开始，一直到宋朝统一大部分汉地为止。狭义上的五代十国时间是从907年到960年，广义上则是从902年到979年。这个时期实质上是晚唐政治与藩镇割据的延续。

五代指的是这一时期内相继出现的五个朝代，它们是：后梁、后唐、后晋、后汉和后周。这些朝代虽然在中原地区相继建立政权，但都没有长久的统治，总体上政权更迭频繁，国力相对薄弱。

十国则是指同一时期在中国南方和一些边疆地区建立的十个相对独立的政权。这些政权包括：楚、南汉、南唐、前蜀、后蜀、吴、南吴、闽、南平（前十国）和北汉。这些政权大多由地方割据势力建立，它们在政治、经济和文化上都有一定的自主性，但同时也与中原的五代政权保持着不同程度的联系。

五代十国时期，中国社会经历了大量的战乱和动荡，但也是文化多元和地方文化发展的时期。这一时期的政治分裂和社会变迁，为后来宋朝的统一和变革奠定了一定的基础。

再问一个观点和论证方面的问题。

> 你认为中国古代历史演变，朝代更迭的动因和动力是什么？

中国古代历史演变和朝代更迭的动因和动力是多方面的，可以从以下几个角度来分析：

1. **经济基础的变化**：农业生产的发展或衰退往往是朝代更迭的重要因素。当一个朝代能够保证农业生产的稳定和发展，国家财政收入充足，这个朝代通常能够维持较长时间的稳定。相反，如果遭遇自然灾害或战乱导致农业生产受损，国家财政困难，往往会引发社会动荡和政权更迭。

2. **政治制度的缺陷**：中央集权制度虽然有助于统一和稳定，但过度集权也容易导致权力滥用和腐败，引发民怨。同时，如果中央与地方的关系处理不当，可能会导致地方割据和中央政权的弱化。

3. **社会矛盾的激化**：贫富差距的扩大、官僚阶层的腐败、税收的重压等社会问题，都可能导致民众不满，引发起义和革命。历史上多次农民起义就是朝代更迭的直接原因。

4. **军事因素**：外族入侵或内部战争往往是朝代更迭的直接触发因素。一个朝代如果军事力量强大，能有效抵御外敌和平息内乱，就能维持较长时间的稳定。反之，军事力量的衰弱会导致国家分裂和朝代更迭。

5. **文化和思想的影响**：儒家思想中的"天命观"和"德治观"对朝代更迭有深远的影响。当一个朝代的统治者失德，被认为失去了"天命"，就为其他有野心的势力提供了推翻其统治的正当性。

6. **领导人的能力**：一个朝代的兴衰往往与其领导人的能力密切相关。英明的君主能够带领国家走向繁荣，而昏庸的君主则可能导致国家衰败。

总的来说，中国古代历史演变和朝代更迭是一个复杂的过程，涉及经济、政治、社会、军事、文化等多个方面的因素，这些因素相互作用，共同推动了历史的进程。

最后，我们告知它一道 2022 年高考历史真题让它回答。

> 你是一位历史老师，对于下面的问题请选择正确的答案。
> 1.汉晋时期有多种文本记载，帝尧之时，"天下太和，百姓无事"。有老者"击壤"而戏，围观者称颂帝尧。老者歌云："吾日出而作，日入而息，凿井而饮，耕地而食，帝何德于我哉！"上述记载所体现的政治理念最接近（ ）
> A. 孔子 B. 老子 C. 韩非 D. 墨子
> 2. 西晋至唐初，皇子皇弟封王开府，坐镇地方，手握重权。唐玄宗在京城专门修建一座大宅邸，集中安置诸王，由宦官管理，称为"十王宅"，又仿此修建"百孙院"。此后，唐朝沿用该制度。由此可知，唐后期对皇子皇孙的安置（ ）
> A. 削弱了藩镇势力 B. 强化了分封体制 C. 凸显了专制集权 D. 动摇了宗法制度
> 3. 宋朝海外贸易中，输出的商品主要是丝织品、瓷器、漆器、铁器等，输入的商品以香料、犀角、象牙、珊瑚、珍珠等为大宗。政府每年从海上进口贸易中获利颇丰。这表明，在宋朝（ ）
> A. 进口商品成为基本生产资料 B. 开辟了海上丝绸之路
> C. 外贸成为国家税收主要来源 D. 手工业生产较为发达
> 4. 康熙年间，多次令各地举荐山林隐逸，又令官员推举博学鸿儒，吸收学行兼优之士。开设明史馆，召集文人编纂明史，还进行多部儒经传注的修纂，编成《康熙字典》。上述措施的主要目的是（ ）
> A. 承续华夏传统 B. 倡导疑古辨伪 C. 弘扬程朱理学 D. 保存历史文献
> 5. 1846年，上海的进口货值较前一年下降13%，1847年又减少5.4%，1848年更大幅度地下降20.1%。此后虽有回升，但极不稳定，一直到1854年还没有恢复到1845年的水平。这可用于说明，进口货值的下降（ ）
> A. 阻止了自然经济的解体 B. 导致西方商品倾销重心转移
> C. 促使传统手工业的恢复 D. 成为列强进一步侵华的借口

1. 这段记载中老者的歌词体现了一种自给自足的生活方式，认为帝王的统治与他们的日常生活无关。这种思想最接近道家的无为而治，即老子的政治理念。所以正确答案是 B. 老子。

2. 唐玄宗通过建立"十王宅"和"百孙院"集中安置皇子皇孙，并由宦官管理，这是为了防止皇子皇孙拥兵自重，削弱他们的地方势力，从而加强中央集权。所以正确答案是 C. 凸显了专制集权。

3. 宋朝的海外贸易中输出的商品主要是手工业产品，如丝织品、瓷器等，而输入的商品主要是奢侈品，这表明宋朝的手工业生产较为发达。所以正确答案是 D. 手工业生产较为发达。

4. 康熙帝通过举荐隐逸人才、推举博学之士、编纂明史和修纂儒经传注等措施，其主要目的是承续和弘扬中国传统文化，保存历史文献，加强文化建设，从而巩固统治。所以正确答案是 A. 承续华夏传统。

5. 上海进口货值的下降和不稳定，反映了当时中国对外贸易的困境，这可能是由于内外多种因素的影响，如国内战乱、外国商品的竞争等。这种情况可能成为列强进一步侵华的借口，因为列强可能会寻求更多的贸易优势和开放新的市场来稳定其商品的销售。所以正确答案是 D. 成为列强进一步侵华的借口。

5.8
生物学辅导

生物学是初中和高中的重要科目，学好生物学的重要性不言而喻，在学习过程中往往有很多问题希望得到及时解答。

在生物学的考试中一定会出现选择题，当学生平时做练习遇到不会做的选择题的时候，就可以请教 ChatGPT。下面是选择题示例。

你是一位高中生物老师，请给出以下问题的答案。
6. 将特定的培养基装入锥形瓶，培养酵母菌。由于操作不慎，培养基受到污染，不仅长出了酵母菌，还长出了细菌和霉菌等微生物。瓶中的一切构成了一个
A. 种群 B. 群落 C. 生态系统 D. 生物圈
7. 成年人身体约有1014个细胞。这些细胞根据形态、结构分为200多种不同的类型，但是都有基本相同的结构。这说明
A. 人体细胞既有多样性，又有统一性 B. 细胞的结构和功能基本相同
C. 200多种不同的类型就是200多种不同的组织 D. 人体细胞的基本结构与草履虫相同
8. 在一颗倒伏的朽木上，生长着蕨类、苔藓、真菌、蚂蚁等生物，这些生物构成了
A. 种群 B. 群落 C. 生态系统 D. 生物个体
9. 在特定的培养基上，培育出了纯种的酵母菌，这些酵母菌构成了一个
A. 个体 B. 种群 C. 群落 D. 组织
10. 使用高倍显微镜观察装片的正确顺序是：（ ）
①转动转换器把低倍物镜移走，换上高倍物镜 ②在低倍物镜下找到目标
③将目标移到视野中央 ④调细准焦螺旋和反光镜，直到视野适宜，物像清晰为止
A. ②③④① B. ②③①④ C. ②④①③ D. ③④②①

6. 瓶中的酵母菌、细菌和霉菌等微生物共同构成了一个群落。因此，正确答案是 B. 群落。

7. 成年人身体约有10^14个细胞，这些细胞根据形态、结构分为200多种不同的类型，但是都有基本相同的结构。这说明人体细胞既有多样性，又有统一性。因此，正确答案是 A. 人体细胞既有多样性，又有统一性。

8. 在一颗倒伏的朽木上，生长着蕨类、苔藓、真菌、蚂蚁等生物，这些生物共同构成了一个群落。因此，正确答案是 B. 群落。

9. 在特定的培养基上，培育出的纯种酵母菌构成了一个种群。因此，正确答案是 B. 种群。

10. 使用高倍显微镜观察装片的正确顺序是：先在低倍物镜下找到目标，将目标移到视野中央，然后转动转换器把低倍物镜移走，换上高倍物镜，最后调节准焦螺旋和反光镜，直到视野适宜，物像清晰为止。因此，正确答案是 B. ②③①④。

下面看一下 ChatGPT 解答涉及图形的一类问题。

酵母菌是发酵工程常用的微生物，在日常生活中也有广泛应用。某同学为了研究酵母菌种群数量的变化规律，进行了下图所示的实验。请据图回答：

（1）用血球计数板制片时，应先将____放在计数室上，再用吸管滴加样液。

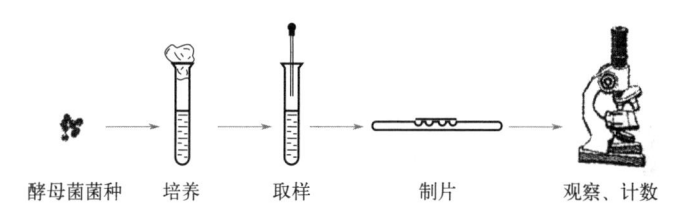

（2）该同学将试管中培养液摇匀后取样并制片，在显微镜下观察到右图所示的现象，则应采取的措施是____。

（3）为了进一步研究温度对酵母菌种群数量变化的影响，请你简要写出实验的

第5章　全科贴身家教　>> 121

主要思路。_____

因为涉及对图形含义的认知，所以选择 GPT-4o 模型。下图是 ChatGPT 解答的截图。

user6628024069614

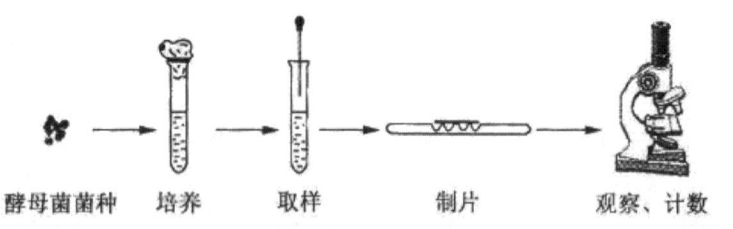

酵母菌菌种 → 培养 → 取样 → 制片 → 观察、计数

酵母菌是发酵工程常用的微生物，在日常生活中也有广泛应用。某同学为了研究酵母菌种群数量的变化规律，进行了下图所示的实验。请据图回答：
(1) 用血球计数板制片时，应先将（　　）放在计数室上，再用吸管滴加样液。

ji

✓ Run completed ∨

(1) 用血球计数板制片时，应先将盖玻片放在计数室上，再用吸管滴加样液。

user6628024069614

酵母菌是发酵工程常用的微生物，在日常生活中也有广泛应用。某同学为了研究酵母菌种群数量的变化规律，进行了下图所示的实验。请据图回答：
(3) 该同学将试管中培养液摇匀后取样并制片，在显微镜下观察到右图所示的现象，则应采取的措施是（　　）。

ji

✓ Run completed

(3) 该同学将试管中培养液摇匀后取样并制片，在显微镜下观察到右图所示的现象，说明样液中酵母菌浓度过高，应采取的措施是将样液进行适当稀释后再进行计数。

user6628024069614

(4) 为了进一步研究温度对酵母菌种群数量变化的影响，请你简要写出实验的主要思路。

ji

✓ Run completed

(4) 为了进一步研究温度对酵母菌种群数量变化的影响，可以按照以下思路进行实验：

1. 准备工作：
- 选择相同种类的酵母菌，制备均一的酵母菌培养液。
- 准备多个培养瓶或培养管，每个容器中加入等量的培养基和酵母菌悬液。

2. 设置温度梯度：
- 将培养瓶或培养管分成若干组，每组放置在不同的恒温环境中。例如，设置5个不同的温度梯度，如15℃、20℃、25℃、30℃、35℃。

3. 培养过程：
- 在不同温度下培养酵母菌，定时（如每隔4小时或8小时）取样，使用血球计数板进行制片和计数。
- 在显微镜下观察并记录每个温度条件下不同时间点的酵母菌数量。

4. 数据记录与分析：
- 将不同温度条件下各时间点的酵母菌数量记录在表格中。
- 计算各温度条件下酵母菌的生长速率和最大种群数量。

5. 结果分析：
- 绘制温度与酵母菌生长曲线图，分析不同温度对酵母菌种群数量变化的影响。

- 比较各温度条件下酵母菌的生长特性，找出最适合酵母菌生长的温度范围。

6. **结论：**

- 根据实验结果，得出温度对酵母菌种群数量变化的具体影响，提出合理的解释和结论。

7. **注意事项：**

- 实验过程中保持无菌操作，防止污染。
- 确保温度控制准确，记录数据时要精确和及时。

通过上述步骤，可以系统地研究温度对酵母菌种群数量变化的影响。

5.9
地理学辅导

这是一道普通高中学生学业水平考试的地理试题，如下所示。

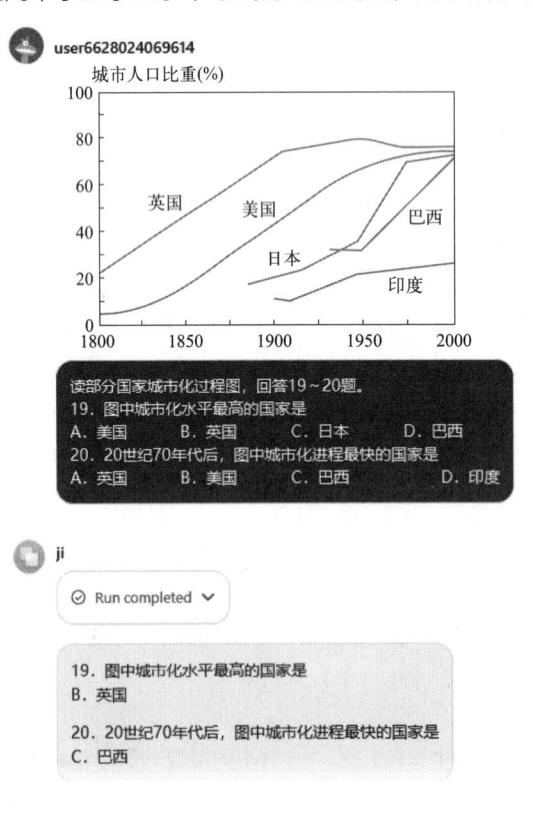

> user6628024069614
>
> 城市人口比重(%)
>
> （图：部分国家城市化过程图，显示英国、美国、巴西、日本、印度1800—2000年城市人口比重变化曲线）
>
> 读部分国家城市化过程图，回答19~20题。
> 19. 图中城市化水平最高的国家是
> A. 美国　　B. 英国　　C. 日本　　D. 巴西
> 20. 20世纪70年代后，图中城市化进程最快的国家是
> A. 英国　　B. 美国　　C. 巴西　　D. 印度

> ji
>
> ✓ Run completed ⌄
>
> 19. 图中城市化水平最高的国家是
> B. 英国
>
> 20. 20世纪70年代后，图中城市化进程最快的国家是
> C. 巴西

选用 GPT-4o 模型回答地质剖面相关问题，结果如下所示。

user6628024069614

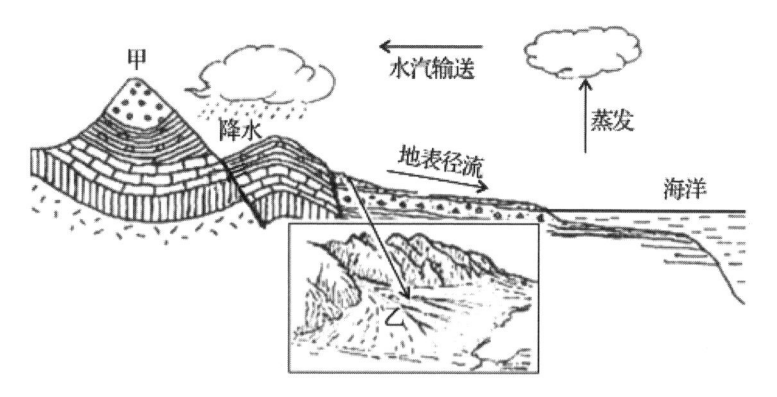

读我国某地地质剖面示意图，回答下列问题。
(1) 甲地的地质构造是（ ）。
(2) 乙处地貌是（ ），形成该地貌的外力作用是（ ）作用。
(3) 2014年12月12日南水北调中线工程正式开启闸门，清澈的汉江水奔流北上。南水北调工程是人类对水循环（ ）（环节）的影响，这一改变水资源空间分布的方式，将产生更大效益。在生态方面，该工程将给沿线城市带来哪些益处？

ji

✓ Run completed ⌄

(1) 甲地的地质构造是向斜。

(2) 乙处地貌是冲积扇，形成该地貌的外力作用是流水沉积作用。

(3) 南水北调工程是人类对水循环地表径流（环节）的影响，这一改变水资源空间分布的方式，将产生更大效益。在生态方面，该工程将给沿线城市带来以下益处：

- 缓解水资源短缺问题，改善水资源供需平衡。
- 提高沿线地区的农田灌溉水源，促进农业生产发展。
- 改善城市供水质量，提升居民生活水平。
- 增加河流流量，改善水生态环境，促进生物多样性恢复。
- 减少地下水开采，防止地面沉降等地质灾害。

5.10 结语

教育领域的应用是 ChatGPT 的一项重要用途，随着技术的迭代和发展，它的能力日新月异，其在教育领域的应用越来越深入和广泛，目前来说，它的教育应用潜力还没有被学生、教师以及家长充分认识和利用。在本章中我们演示了它在中学诸多学科中的具体应用，以期引导读者结合自己的实际学习问题积极使用，充分发挥 ChatGPT 的效能。

本章最后强调指出，学生使用 ChatGPT 是为了辅导学习，而不可以用它替代完成作业，那样的话对于学习无益处可言，而且涉嫌作弊。

第 6 章

营销文案专家

Command Prompt :

Chat AI

在数字时代，企业需要不断为他们的社交媒体等产生内容。为企业创造高质量和充足的文本内容可能是一个困难和耗时的任务，而这是 ChatGPT 施展身手的地方。在本章中我们将探索将 ChatGPT 用于帮助企业高效快速地创造优质文本内容。

6.1
生成营销文案

营销文案生成是人工智能和自然语言处理的一个主要应用领域，企业需要高质量的内容来向目标受众推广他们的产品或服务，然而，创建内容可能是乏味和耗时的，ChatGPT 可以即刻生成个性化和高质量的营销内容。

下面是一段用户与 ChatGPT 之间的对话示例。

You
你能帮我撰写一段关于新护肤产品的市场营销文字吗？

ChatGPT
当然可以！请告诉我一些关于你的新护肤产品的主要特点或优势，以及你希望在市场营销文字中传达的特定信息或语调。这样我就能更好地帮助你撰写了。

You
此产品是一款由阿甘油（argan oil）和乳木果油（shea butter）制成的面部保湿霜，目标消费者为25-40岁的女性。

ChatGPT
绝对，下面是一段关于你的新护肤产品的市场营销文字：

标题：
"恢复自然光彩，拥抱年轻肌肤！"

正文：
在快节奏的生活中，给予你的肌肤专业呵护的时刻到了！我们自豪地推出全新的面部保湿霜，是由阿甘油和乳木果油精心制成，专为25-40岁的现代女性打造。

特色与优势：

✦ **珍贵配方：** 含有丰富的阿甘油和乳木果油，这个独特的配方是我们产品的精髓。它们深入滋润肌肤，让你的面容散发出自然的光彩。

🌿 **自然呵护**：我们注重选择纯天然成分，让你的肌肤得到最纯净的呵护。阿甘油和乳木果油的结合，为你的皮肤提供天然的滋养，让你感受到大自然的温柔呵护。

💧 **深层保湿**：我们的面部保湿霜不仅仅止于表面，更能深入滋润每一寸肌肤。持久保湿的效果，让你时刻保持水润嫩滑。

🌸 **适合年龄段**：针对25-40岁的女性肌肤需求，我们的产品不仅提供深层保湿，还能有效减缓细纹出现，让你焕发自信的青春光彩。

购买今日，迎接美丽变革！
不再为肌肤干燥而烦恼，让我们的面部保湿霜成为你护肤程序中的明星产品。从现在开始，散发自然光彩，尽情拥抱年轻肌肤！

希望这段文字符合你的要求，如有需要，随时告诉我需要进行哪些修改或添加。

如果用户对 ChatGPT 的建议不完全满意，可以让它生成若干个文案，也可以点击"重新生成"图标让它重新生成。

用户可以针对它已经生成的内容指出需要改进的地方，例如，强调产品是 100% 天然，并在专业实验室中制造，如下所示。

You
该产品为百分之百天然并在专业实验室制成，你可以就此写出相应的文字吗？

ChatGPT
标题：
"纯天然之美，专业护肤的奇迹！"

正文：
为了呈现您肌肤的最佳状态，我们引以为傲地推出百分之百天然的面部保湿霜，经过专业实验室精心制作而成。这不仅仅是一款护肤产品，更是为您带来的专业护理奇迹。

特色与优势：

✨ **百分之百天然**：我们的面部保湿霜完全采用百分之百天然的成分，保证您肌肤得到的是最纯净、最天然的呵护。不含任何对肌肤有害的化学物质，只有大自然最纯粹的恩赐。

🧪 **专业实验室制造**：我们的配方经过专业实验室的精心研发和制造。通过科学的配比和严格的质量控制，确保产品中的每一滴精华都是最高标准的护肤效果。

🌿 **自然呵护**：拥抱大自然的力量，我们深知它所蕴含的美肤奥秘。我们的面部保湿霜充分发挥天然成分的力量，为您带来深层滋养，令肌肤回归自然的健康光泽。

💧 **深层保湿**：这款面部保湿霜不仅仅是为了肌肤表面的保湿，更专注于深层滋润。每一滴精华都为您的肌肤注入持久保湿力，使其时刻保持水润饱满。

纯净之选，尽在您的护肤仪式中！
选择我们的面部保湿霜，是选择给予肌肤最纯净、最天然呵护的承诺。在百分之百天然的护理中，感受专业实验室的奇迹，为您的肌肤带来全新的美丽体验！

有了ChatGPT，商业公司可以生成引人入胜的文字内容，用于在线销售产品或推广服务。这个不断发展的领域可以从人工智能的进步中受益，以实现持续的改进。

6.2 生成产品描述

产品描述生成对在线商务公司来说是一个日益重要的领域，因为它向全球受众有力地展示他们的产品。随着人工智能的进步，产品描述生成现在比以往任何时候都更为容易，像 ChatGPT 这样的工具能够利用深度学习算法生成专业且有说服力的产品描述，这可以帮助商务公司改进他们的在线销售策略。

如下所示，假设用户想为一家著名汽车制造商的新车型编写一份产品描述。

You
我想要你创建一个产品描述，以便在我们的网站上销售，这款产品就是大众公司生产的桑塔纳轿车。

ChatGPT
当然，我可以帮你创建一个产品描述。以下是一份可能适合桑塔纳轿车的描述：

产品名称：大众桑塔纳轿车

引领时尚潮流，畅享舒适出行

欢迎来到大众桑塔纳轿车，一款集先进科技、卓越性能和精湛设计于一身的豪华轿车。无论是城市探险还是长途旅行，桑塔纳轿车都为您提供卓越的驾驶体验。

主要特点：

1. **精致外观**：桑塔纳轿车以其流线型外观和精心雕琢的细节而脱颖而出。独特的造型、大气的前脸和动感线条，展现了豪华与动感的完美融合。
2. **驾驶乐趣**：搭载先进的引擎技术和悬挂系统，桑塔纳轿车保证您在驾驶过程中始终感受到平稳而有力的动力，带给您无与伦比的驾驶乐趣。
3. **智能科技**：桑塔纳轿车配备了先进的智能科技，包括触摸屏信息娱乐系统、智能导航和蓝牙连接，让您在行车中保持连接，并轻松享受出行的乐趣。
4. **卓越安全**：您和您的乘客的安全是我们的首要任务。桑塔纳轿车配备了先进的安全系统，包括碰撞预防、自动紧急制动和多重气囊，为您提供全方位的保护。
5. **舒适空间**：宽敞的内部空间设计，舒适的座椅和精心设计的内饰，使您的驾驶和乘坐体验更为愉悦。

选择桑塔纳，选择卓越。

无论您是城市职业人士还是家庭出游，桑塔纳轿车都将成为您生活的不可或缺的一部分。购买大众桑塔纳，您不仅拥有一辆卓越的轿车，更拥有一段愉悦的驾驶旅程。让桑塔纳成为您的驾驶伙伴，开启一段令人难忘的行车体验。

利用 ChatGPT 进行产品描述生成在时间和效率上都非常有益。有了 ChatGPT，企业可以快速获得高质量且有吸引力的产品描述。

6.3 生成产品概述

在商业世界中，简洁有效地展示产品的能力至关重要，潜在客户往往时间紧迫，需要迅速获取信息。本节将探讨如何使用 ChatGPT 生成清晰简洁的概述，以快速展示产品。

假设有一段关于桑塔纳型号轿车的长描述,大约 20 行,用户需要用 5 个要点来概述桑塔纳的特性。下面是与 ChatGPT 进行对话以获得此概述的方式。

You
我想得到以下内容的概述,最多用5行编号的要点来表达。

ChatGPT
当然,请提供您要概述的内容,我将尽力以最多5行编号的要点来表达。

You
作为上汽大众的入门级别轿车,桑塔纳在消费者眼中一直是一个经典般的存在,且多年来都保持着高销量和热度。而为了更好地满足消费者的需求,上汽大众也一直紧随潮流、不断革新。因此新款大众桑塔纳(santana)在延续经典的基础上,又加入了一些新元素,使其具备了更高的颜值和更强的性能。这篇文章就为大家详细介绍下这款车,看看新款大众桑塔纳(santana)怎么样。

桑塔纳最近每更新一次就融入了年轻人化的要素,2021车型的前脸造型简洁,向外延伸的保险杠的线条使这辆车不会模糊,上下格栅内部分别设有银色和黑色的横幕式线条,给车头带来了宽大的效果,这体现了桑塔纳是一款实用性强的家用车。

新型桑塔纳的车身尺寸分别是4473、1706、1469毫米,轴距是2603毫米,侧面车身造型简洁坚硬,看起来像两厢车,幸运的是,车身侧面有一条贯通式的腰线,车窗下面装饰着铝合金材料,让这辆车看起来很有质感,大众为这辆车配备了15英寸多跑轮,轮毂跑车采用了两种不同风格的设计,造型灵动,与韩泰k415系列轮胎相匹配,中低配车型在前盘后搭载了滚筒刹车。

新型桑塔纳采用了家庭式车型中心控制台的布局,在高配车型的副驾驶座上装饰了深色木纹塑料饰品,为这辆车打造出了稳重的气质,中心控制台的布局简单,熟练起来也不难,空调的换气口采用矩形设计,具有一定的复古感,搭载在顶级机型上的3枚式多功能手柄包裹着皮质材料,手感舒适,支持手动双向调整,桑塔纳这辆车的配置包括:前灯的高度调节、前后电动汽车的窗户、手动防眩光镜、车体稳定控制、USB接口、座椅手动调节、引擎电子防盗、引擎启动停止等配置。

大众在这个车标上搭载了1.5升的排气量引擎,112ps是发动机的最大马力,与5级手动、6级自动变速箱相匹配,最高车速能达到185公里。

ChatGPT
1. **经典持久**:桑塔纳作为上汽大众的入门级轿车,多年来一直保持高销量和热度,被认为是经典之选。
2. **时尚更新**:新款桑塔纳在延续经典外观的基础上,注入年轻化元素,前脸造型简洁,保险杠线条外延,展现出实用性强的家用车特质。
3. **精致设计**:车身尺寸适中,侧面造型简洁坚硬,贯通式腰线和铝合金装饰增添质感,

15英寸多跑轮设计灵动，中低配车型搭载滚筒刹车。
4. **舒适内饰**：中心控制台采用家庭式布局，高配车型副驾驶座饰以深色木纹，简单布局易上手，复古感十足的空调换气口，配置包括多项实用功能。
5. **动力性能**：搭载1.5升引擎，最大马力112ps，可选5级手动或6级自动变速箱，最高车速达到185公里，展现出较强的动力性能。

6.4 助力市场营销

市场营销很可能是最大程度发挥ChatGPT创新力的领域，它可以作为实用工具，支持新产品、营销活动、搜索引擎优化等方面的创新开发。总的来说，市场营销人员通过ChatGPT自动化和简化了许多工作内容，同时提高了他们的市场营销质量和效率。

在市场营销中，使用ChatGPT最突出和有前景的案例之一就是个性化营销。ChatGPT可以用来分析客户数据，并生成能够引起个别客户共鸣的个性化营销信息。比如，一个营销团队可以使用ChatGPT分析客户数据，并开发针对特定消费者偏好和行为的定向电邮活动。这样可以增加转化的可能性，并带来更大的客户满意度。通过提供对客户情绪和行为的洞察，生成个性化营销信息，提供个性化客户支持和生成内容。

在下面的内容中，我们将看到一些由ChatGPT支持的市场营销项目的具体示例。

用户可以将ChatGPT作为新产品开发和上市（GTM）策略的助手，GTM策略就是"Go-To-Market"策略，是公司推出新产品或服务并成功进入市场的整体计划。这个策略涉及产品定位、市场定位、销售和分销渠道的选择、营销通信以及关键利益相关者的协调工作。GTM策略的目的是确保产品的市场推出能够吸引目标客户群体，实现销售目标，并在竞争激烈的市场中获得成功。

在这个部分，我们将详细阐述如何开发和推广一种新产品。假设用户已经拥有了一个叫作RunFast的运动服装品牌，到现在为止只生产了鞋类，所以想通过推出一个新的产品线来扩展业务。我们将从头脑风暴开始，创造GTM策略的想法。

当然，这一切都得到了 ChatGPT 的支持。

（1）头脑风暴

ChatGPT 可以支持用户进行新产品线的脑力激荡并提出初稿。它也会提供每个建议背后的原因解释。因此，让我们询问应当专注于哪种新产品线。

You

我拥有一个运动服装品牌，产品是运动鞋，我想为我的品牌增加三种产品，来丰富产品线，请你具体谈谈对这三种产品的想法。

ChatGPT

当为你的运动鞋品牌增加三种新产品时，可以考虑以下具体想法：

1. **多功能跑步鞋：**
   - 设计一款专为不同类型跑步而制作的多功能跑步鞋，适用于长跑、短跑、越野跑等不同环境和路况。
   - 结合先进的科技，如减震技术、轻量化设计和透气性材料，提供舒适的跑步体验。
   - 强调产品的耐磨性和稳定性，以满足跑者在各种地形上的需求。

2. **休闲健步鞋：**
   - 推出一款注重舒适性和时尚感的休闲健步鞋，适合日常生活中的轻度活动，如散步、购物等。
   - 使用柔软且支持的材料，确保整天穿着的舒适度，同时引入时尚元素，使其成为日常搭配的时尚单品。
   - 提供多种颜色和设计选择，以迎合不同消费者的个性和风格需求。

3. **高强度训练鞋：**
   - 面向健身爱好者和进行高强度训练的运动员，设计一款专业的高强度训练鞋。
   - 结合支撑、灵活性和防滑设计，以确保在体能训练、重量训练和激烈运动中提供足够的支持。
   - 引入创新科技，例如弹性网面、抗菌内衬等，以提高产品的性能和耐用性。

这三款产品覆盖了不同运动场景和消费者群体，从专业运动到日常休闲都有涵盖。在设计和推出新产品之前，进行市场研究，了解潜在客户的需求和市场趋势，确保新产品符合目标受众的期望。同时，强调品牌的核心价值和独特卖点，以确保新产品与品牌整体形象一致。

上面的结果是 GPT-3.5 生成的，用户还可以让 GPT-4 生成答案。当然，可以让它们反复生成不同的答案，用户也可以提出自己的参考意见与它们交流，然后让它们再次产生新的想法。

下面是与 GPT-4 的同样对话。

> 我拥有一个运动服装品牌，产品是运动鞋，我想为我的品牌增加三种产品，来丰富产品线，请你具体谈谈对这三种产品的想法。

你好，这是 Copilot，很高兴为你提供帮助。😊

根据我从网络上搜索到的信息 [1] [2] [3] [4] ，我认为你可以考虑以下三种产品来增加你的运动服装品牌的产品线：

- **运动外套**：运动外套是一种适合在户外运动时穿着的服装，它可以保暖、防风、防水、透气等，适合各种天气和场合。运动外套的设计可以根据不同的运动项目和用户需求进行差异化，例如，你可以设计一款专门为跑步者设计的轻便、紧身、有反光条的运动外套，或者一款专门为登山者设计的耐磨、多功能、有帽子的运动外套。运动外套的市场需求较大，且有较高的附加值和利润空间。

- **运动裤**：运动裤是一种适合在运动时穿着的裤子，它可以提供舒适、弹性、吸湿排汗等功能，适合各种运动方式和强度。运动裤的设计可以根据不同的运动项目和用户偏好进行创新，例如，你可以设计一款专门为瑜伽爱好者设计的高腰、紧身、有花纹的运动裤，或者一款专门为篮球爱好者设计的宽松、透气、有口袋的运动裤。运动裤的市场潜力较大，且有较高的用户忠诚度和复购率。

- **运动配饰**：运动配饰是指在运动时佩戴的一些小物件，如运动帽、运动手套、运动袜、运动包等，它们可以提供保护、装饰、便利等功能，增加运动的乐趣和效果。运动配饰的设计可以根据不同的运动项目和用户需求进行个性化，例如，你可以设计一款专门为骑行者设计的防晒、防风、有耳机孔的运动帽，或者一款专门为健身者设计的防滑、防臭、有指纹识别的运动手套。运动配饰的市场规模较小，但有较高的增长速度和创新空间。

以上是我对你想要增加的三种产品的想法，希望对你有所帮助。如果你还有其他问题，欢迎继续和我聊天。👍

[1] ：研究了20家运动品牌，我们预判了2023年的8个趋势-36氪 [2] ：一文读懂2023年运动服装行业现状及前景：安踏国产份额提升明显 … [3] ：运动服市场 2032 年将达到近 3850 亿美元，亚马逊自有品牌适时 … [4] ：年增长8.3%！我国运动服饰市场规模到2026年剑指270亿美元 - CNGA

了解详细信息 ∨ | 1 Kr 36kr.com | 2 cj.sina.com.cn | 3 zhuanlan.zhihu.com | 4 cnga.org.cn

在这三个建议中选择第二个，即运动裤，它的确是跑步鞋的优质配合产品。

（2）产品名称

确定了产品之后，需要为它想一个吸引人的名字。同样，要求 ChatGPT 给出更多的选项，然后选择最喜欢的那个。

> 请你为我的运动裤新产品线创意5个吸引人的名称。

当然,为你的运动裤新产品线起名字是件既有趣又富有创造性的工作。这里有五个吸引人的名称建议:

1. **FlexiStride** - 强调这些运动裤的灵活性和舒适性,适合各种步伐和运动。
2. **AeroSwift** - 传达出这些裤子轻盈如风,适合快速移动和高效运动。
3. **PaceMasters** - 适合那些想要掌控运动节奏的运动者,无论是慢跑还是快跑。
4. **GlideTech** - 突出这些裤子采用高科技面料,让穿着者仿佛在空中滑行。
5. **ZenithTrek** - 适合寻求极致性能的冒险者,无论是徒步旅行还是健身房锻炼。

每个名称都旨在传达产品的独特卖点和与众不同的体验。希望这些建议能激发你的灵感!

✓ 35.0s | 1756 Tokens

AeroSwift 这个名字听起来很不错,就选择这个吧。

(3)生成吸引人的口号

除了产品名称,还要给这个产品生成广告口号。

> 为"AeroSwift"名称生成3个广告口号,这些口号应该激励、简洁、抓人眼球。

绝对可以为"AeroSwift"这个名字创造一些动感的广告口号。这里有三个简洁、激励人心且容易抓住人们注意力的口号:

1. "轻盈动力,一触即发。" - 突显AeroSwift运动裤的轻盈特性,给予穿着者即时的动力感。
2. "穿梭风速,自由无界。" - 强调穿着AeroSwift运动裤时,无论速度多快,都能感受到自由和舒适。
3. "速度与你同行,AeroSwift引领飞跃。" - 传达这款运动裤能够伴随你达到新的速度境界,激发你的运动潜力。

这些口号旨在激发潜在顾客的好奇心和购买欲望,让他们联想到穿上AeroSwift运动裤时的速度和活力。

现在已经有了产品的名称和口号,稍后将使用这些信息来创建独特的社交媒体公告。在做那件事之前需要花些时间对目标受众做一个进行市场调研。

> 对于"AeroSwift"产品线，哪些人是促销的目标受众？

"AeroSwift"产品线的促销目标受众可能包括：

1. **健身爱好者** - 那些经常去健身房或进行家庭锻炼的人，他们寻求高性能的运动装备来提升自己的锻炼效果。
2. **跑步者** - 无论是业余爱好者还是专业的马拉松运动员，跑步者需要轻盈、透气的运动裤来提高他们的运动表现。
3. **户外运动爱好者** - 热衷于徒步、登山或其他户外活动的人，他们需要耐用且适应多种气候条件的服装。
4. **忙碌的都市人** - 那些寻找可以从工作场合平滑过渡到健身房或休闲活动的多功能服装的上班族。
5. **体育爱好者和运动队员** - 需要专业运动装备，以便在训练和比赛中保持最佳状态的学校体育队或俱乐部成员。
6. **时尚意识强的消费者** - 那些看重服装外观和流行趋势，希望在运动时也能保持时尚感的人。

这些目标受众群体对于高质量、功能性和时尚感兼具的运动装备有明确的需求，因此他们是"AeroSwift"产品线的理想促销对象。

在受众群体中区分出不同的群体是非常重要的，这样便可以将要传递的信息进行区分。在这个案例中，需要确保产品线能够解决不同群体的需求，例如竞赛跑者、休闲跑者和健身爱好者。

（4）产品变种和销售渠道

根据前述潜在客户群的分类，可以生成产品变种，使其更具针对性。

> 对于你先前提到的目标受众群，请你给我建议"AeroSwift"产品的3种变种产品，这些产品特别适合这些受众群体。

针对"AeroSwift"产品线的目标受众群体，以下是三种变种产品的建议，每种都特别设计以满足不同受众的需求：

1. **AeroSwift Performance Series** - 专为健身爱好者和跑步者设计，这款系列的运动裤采用高科技面料，具有极佳的透气性和吸湿排汗功能。它们还配备了反光条和紧身但不限制运动的剪裁，确保在夜间跑步时的安全性和在各种运动中的最大灵活性。

2. **AeroSwift Explorer Edition** - 为户外运动爱好者量身打造，这个系列的运动裤不仅轻便舒适，还具备耐磨、快干和防水等特性。它们可能带有加强的膝盖区域、UV防护和多功能口袋，以便在户外活动时携带小物件。

3. **AeroSwift Urban Flex** - 针对忙碌的都市人和时尚意识强的消费者，这个系列结合了运动性能和都市风格。运动裤采用可以轻松转换为休闲装或工作装的设计，拥有更多的颜色选择和时尚元素，同时保留了品牌的高性能标准。

这些变种产品不仅能够满足不同受众的特定需求，还能够强化"AeroSwift"品牌作为多功能、高性能运动装备的市场地位。

同样，也可以询问 ChatGPT，请它为前述的每个群体建议不同的销售渠道。

> 请问，接触到前面所提到的每个受众群体的最佳渠道是什么？

为了有效地接触到"AeroSwift"产品线的目标受众群体，使用多渠道营销策略通常是最佳选择。以下是针对每个受众群体的最佳渠道建议：

1. **健身爱好者和跑步者**：
   - 社交媒体广告，特别是在Instagram和Facebook上，因为这些平台上有许多健身相关的社群和影响者。
   - 合作伙伴关系或赞助当地和国际马拉松赛事，以及健身挑战活动。
   - 健身和跑步应用程序内的广告，如Strava或Nike Run Club。

2. **户外运动爱好者**：
   - 与户外活动相关的网站和论坛广告，例如AllTrails或OutdoorGearLab。
   - 与户外装备商店和品牌合作，包括线上商店和实体店。
   - 赞助户外探险活动、徒步旅行团体和生态旅游活动。

3. **忙碌的都市人和时尚意识强的消费者**：
   - 在时尚和生活方式杂志中投放广告，以及这些杂志的在线平台。
   - 在通勤高峰时间段的城市交通系统内部和周边进行广告宣传。
   - 在流行文化活动和音乐节上设立品牌体验展位。

4. **体育爱好者和运动队员**：

- 在体育设施内展开广告活动，比如体育馆、学校体育场和社区中心。
- 与学校体育队和俱乐部建立合作关系，提供赞助或团队折扣。
- 在体育赛事直播和相关体育频道上投放广告。

通过这些渠道，你可以更精准地接触到每个受众群体，并通过他们感兴趣的内容和活动来展示"AeroSwift"产品的独特卖点和优势。

（5）使产品具有独特性和竞争力

为使产品线具有独特性和竞争力，询问 ChatGPT 在这方面的一些建议。

> 怎样使我的新产品"AeroSwift"具有独特性，在竞争中脱颖而出？也要考虑到该产品系列的环保性、多元化和包容性。

要使"AeroSwift"新产品系列在竞争中脱颖而出，同时考虑到环保性、多元化和包容性，你可以从以下几个方面着手：

1. **环保创新**：
   - 使用可持续材料，如再生聚酯或有机棉，并明确标注这一点。
   - 实施环保生产流程，减少水和能源消耗，并宣传这些努力。
   - 提供回收计划，鼓励消费者将旧的"AeroSwift"产品回收再利用。

2. **技术与性能**：
   - 开发专利技术，比如增强透气性和耐久性的面料。
   - 提供先进的设计，如无缝缝合、体温调节系统或防臭技术。
   - 引入智能纺织品，例如集成的健康监测或运动追踪功能。

3. **多元化和包容性**：
   - 设计多样的款式和尺码，以适应不同体型和偏好，包括大尺码和特殊尺码。
   - 使用多元化的模特来展示产品，确保广告和营销材料反映了不同的背景和身份。
   - 与不同社区合作，了解并解决他们的独特需求。

4. **品牌故事和社会责任**：
   - 建立一个强大的品牌故事，突出"AeroSwift"的使命和愿景。
   - 参与或发起社会和环保项目，如支持环境保护组织或运动和健康倡议。
   - 通过企业社会责任活动和慈善合作提升品牌形象。

5. **客户体验**：
   - 提供卓越的客户服务，包括无忧退换货政策和个性化的购物建议。
   - 利用增强现实（AR）或虚拟试衣技术，让顾客在线上就能试穿产品。
   - 建立忠诚度计划，奖励重复购买和口碑推荐。

6. **独特设计**：
   - 推出限量版设计，与知名艺术家或设计师合作，提供独一无二的产品。
   - 追踪最新趋势，并快速将其融入产品设计中，保持前卫和时尚。
   - 提供定制服务，允许顾客选择颜色、图案或添加个性化元素。

通过上述策略，你可以确保"AeroSwift"产品不仅在功能和质量上卓越，而且在社会责任和品牌价值上也能吸引消费者的注意。这样的综合性策略能够在竞争激烈的市场中为你的产品赢得一席之地。

（6）产品描述

下面生成一份产品描述放在网站上，包括所有之前提到的独特差异化因素。

> 使用你前面列出的"AeroSwift"产品的独特之处生成对"AeroSwift"产品的描述，这个描述应该易记且给人深刻印象，而且要求SEO优化。最后，请列出你使用的SEO关键字。

描述："探索AeroSwift运动裤——未来的运动装备，专为追求卓越的你设计。每一步，每一跃，AeroSwift与你同在，以其革命性的可持续技术和前沿设计，确保你的每次运动都是一次无与伦比的体验。从高效的吸湿排汗到环保的面料选择，我们的创新面料技术让你在任何环境下都能保持干爽舒适。多样化和包容性的尺码范围，让每个身体都能找到完美贴合。加入AeroSwift，感受未来运动时尚的脉动，开启持久耐用与时尚并存的新篇章。"

SEO关键字：

- AeroSwift运动裤
- 可持续运动装备
- 革命性面料技术
- 吸湿排汗
- 环保面料
- 多样化尺码
- 包容性设计

- 未来运动时尚
- 持久耐用

这段描述专注于"AeroSwift"运动裤的关键特性，同时使用SEO关键字来提高搜索引擎的可见性。通过这种方式，潜在顾客在搜索相关产品时更容易找到"AeroSwift"。

说明：SEO 指搜索引擎优化 (search engine optimization)。

（7）公平的价格

确定产品的公平价格是另一个关键事项。由于针对不同的受众（健身爱好者、户外运动爱好者和时尚消费者）对产品进行了差异化，所以也想要一个考虑到这种聚类的价格范围。

> 对于"AeroSwift"产品的三种变种产品，什么样的价格是公平的价格？请考虑到竞争因素和目标受众差异的因素。

确定"AeroSwift"三种变种产品的公平价格需要考虑多个因素，包括生产成本、品牌定位、目标受众的支付能力以及竞争对手的定价策略。以下是针对每种变种产品的价格建议：

1. **AeroSwift Performance Series** (面向健身爱好者和跑步者)：
   - 这一系列强调高性能和技术面料，可能会要求较高的生产成本。结合竞争对手的高端运动裤定价，这一系列的价格可以设置在中高端市场，例如 $50 - $80 美元。

2. **AeroSwift Explorer Edition** (面向户外运动爱好者)：
   - 考虑到户外装备通常需要更耐用的材料和特殊功能，这可能会增加成本。为了反映其耐用性和多功能性，价格可以定在 $60 - $100 美元，与其他户外品牌的专业装备相仿。

3. **AeroSwift Urban Flex** (面向忙碌的都市人和时尚意识强的消费者)：
   - 这个系列结合了时尚和功能性，可能会吸引那些愿意为时尚品牌支付额外费用的消费者。价格可以设置在 $55 - $90 美元，根据设计的复杂性和时尚元素的独特性来调整。

在定价时，还应该考虑以下几点：

- **市场研究**：进行市场研究以了解目标受众的购买行为和偏好。
- **成本加成**：确保价格覆盖了生产成本，并提供了合理的利润空间。
- **心理定价**：考虑心理定价策略，如定价为 $49.99 而不是 $50，以吸引消费者。

- **促销活动**：计划定期的促销活动和折扣，以增加销量并吸引价格敏感的顾客。

最终的定价还应该考虑品牌的整体策略和长期目标，以及如何通过定价来传达品牌价值。

接下来，可以让 ChatGPT 生成一篇关于新产品的帖子发布到社交媒体上，这个帖子包括相关的话题标签和 SEO 关键词，如下所示。

> 我想要生成一个Instagram帖子来宣布"AeroSwift"产品的上市，帖子的内容包括前面提到的产品特点以及相关的话题标签。

当然，这里有一个Instagram帖子的示例，用于宣布"AeroSwift"产品的上市：

🚀 新品发布 🚀
准备好迎接未来的运动体验了吗？#AeroSwift运动裤 正式上市！✨

🍃 轻盈如风，#AeroSwift带你飞跃每一个挑战。我们独特的革命性面料技术，让你在任何运动中都能享受到前所未有的自由。#FeelTheSwift

💧 不管是激烈的健身房锻炼还是户外的冒险旅程，我们的高效吸湿排汗功能保证你全天干爽舒适。#StayDryWithAeroSwift

🌿 为了地球，我们采用环保面料，承诺可持续时尚。#EcoFriendlyFashion

🌐 无论你的身型如何，我们的多样化尺码和包容性设计确保每个人都能找到合适的选择。#InclusiveFitness

🛍 现在就来探索我们的全新系列，让#AeroSwift成为你的新运动伙伴！#LaunchDay

💎 特别推广：前100名顾客将享有独家折扣！快来抓住机会！#ExclusiveOffer

加入我们，开启你的#AeroSwift之旅。🏃‍♂️🏃‍♀️

话题标签：
#AeroSwift
#FeelTheSwift
#StayDryWithAeroSwift
#EcoFriendlyFashion
#InclusiveFitness
#LaunchDay

#ExclusiveOffer
#FitnessGear
#SustainableStyle
#ActiveWear
#WorkoutEssentials
#RunnersOfInstagram
#GymFashion
#OutdoorAdventure
#UrbanAthlete
#FashionForwardFitness

确保使用的话题标签与帖子的内容和目标受众相关，以提高帖子的可见性和参与度。同时，也可以考虑使用品牌特有的标签来构建社群和提高品牌认知度。

最后可以试一下 ChatGPT 的文生图功能，将 AeroSwift 产品的描述提供给 ChatGPT，让它生成一张产品的图片，如下所示。文生图功能由 ChatGPT 的插件 DALL·E3 实现。

请你根据下面的描述生成AeroSwift运动裤的图片。

描述："探索AeroSwift运动裤——未来的运动装备，专为追求卓越的你设计。每一步，每一跃，AeroSwift与你同在，以其革命性的可持续技术和前沿设计，确保你的每次运动都是一次无与伦比的体验。从高效的吸湿排汗到环保的面料选择，我们的创新面料技术让你在任何环境下都能保持干爽舒适。多样化和包容性的尺码范围，让每个身体都能找到完美贴合。加入AeroSwift，感受未来运动时尚的脉动，开启持久耐用与时尚并存的新篇章。"

✓ Run completed ⌄

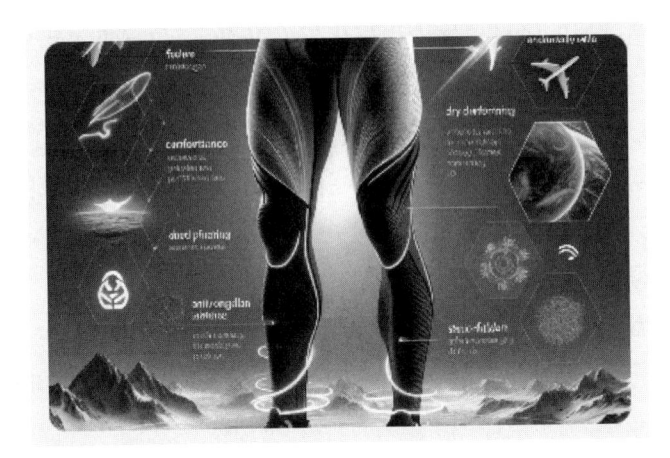

为了使读者能够完整地看到这张图片，把这张图片下载后放在下面。

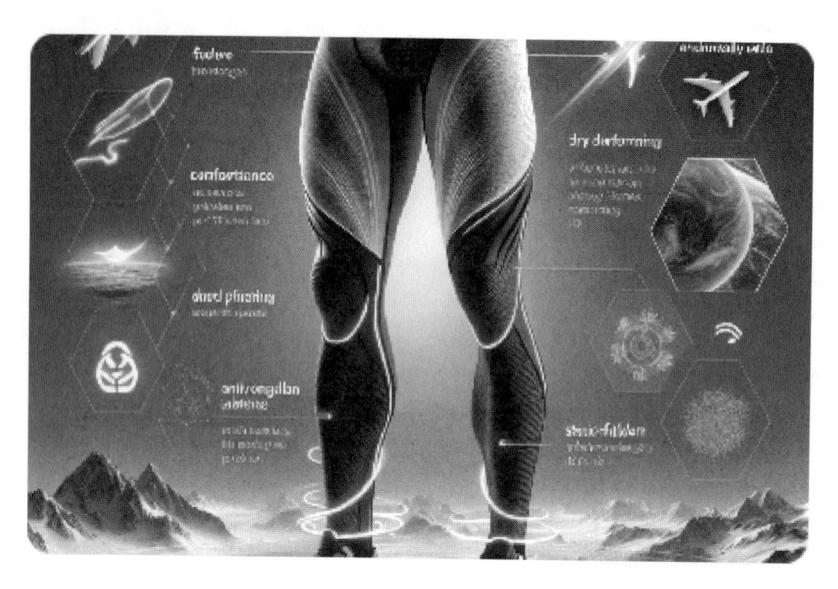

有了 ChatGPT 的支持，用户成功地构思出了新产品线和变种，发现了潜在的客户，有了吸引人的口号，最后，生成了一篇非常不错的 Instagram 帖子来宣布 AeroSwift 的上市！

当然，对于完整的产品开发和上市来说，这里还缺少许多工作内容。

6.5
搜索引擎优化

ChatGPT 另一个有前景的领域是搜索引擎优化（SEO），这是搜索引擎如 Google 或 Bing 排名的关键要素，决定了用户能否看见网站正在推广的内容。

SEO 是一种用于提升网站在搜索引擎结果页面（SERPs）上的可见度和排名的技术，这是通过优化网站或网页以增加来自搜索引擎的有机（非付费）流量的数量和质量来实现的。SEO 的目的是通过针对特定关键字或短语来优化网站，吸引更多的针对性访客到访网站。

想象一下，您经营着一个叫作"悦蕾内梦"的电商公司，它只售卖女士内衣。现在您正在创建您的电子商务网站，并希望优化它的排名。让我们询问 ChatGPT，请它列出一些我们可以在网站中嵌入的相关关键词，如下所示。

> 我要为我的电子商务公司建立一个网站，公司起名"悦蕾内梦"，它只卖女士内衣。我想要优化我的网站的排名，请你列出20个关键词，这些关键词嵌入在我的网站代码中，为的是得到SEO的相关结果。

为了优化您的电子商务网站"悦蕾内梦"，专注于女士内衣，这里有20个SEO关键词建议：

1. 女士内衣
2. 舒适文胸
3. 性感内衣
4. 高品质内裤
5. 时尚睡衣
6. 悦蕾内梦
7. 女性内衣在线
8. 高端女士内衣
9. 透气内衣
10. 无痕内衣
11. 个性化内衣
12. 女性塑身衣
13. 内衣特卖
14. 专业胸罩配对
15. 舒适睡衣
16. 女士内衣套装
17. 内衣折扣
18. 优质内衣品牌
19. 女性内衣购物
20. 悦蕾内梦优惠

将这些关键词嵌入到您的网站代码中，包括标题、描述、内容和元标签中，可以帮助提高搜索引擎的排名，吸引潜在顾客访问您的网站。记得在网站内容创作时自然地使用这些关键词，以确保SEO的效果。

搜索引擎优化的另一个关键事项是搜索引擎意图。搜索引擎意图，亦被称为用户意图，指的是用户在搜索引擎中进行特定搜寻请求的潜在目的或目标。理解搜索引擎意图很重要，因为它帮助企业和营销者创建与搜索者的需求和期望相符的更有针对性的内容和市场策略。

搜索引擎意图通常有四种类型：

① 信息意图：用户正在寻找关于特定主题或问题的信息，如"如何在家制作面包"。

② 导向意图：用户正在寻找特定的网站或网页，如"163.com"。

③ 商业意图：用户打算购买一个产品或服务，但可能还没有做出最后决定。商业意图搜索的例子包括"网上打折的鞋子"。

④ 交易意图：用户有一个特定的目标，完成一项交易，这可能涉及物理购买或订购服务。交易意图的例子可以是"购买 iPhone 13"或"注册健身会员卡"。

通过理解特定搜索查询背后的意图，商家和营销者可以创建更有针对性且有效的内容，满足目标受众的需求和期望，这可以提高搜索引擎排名，增加流量，并最终增加转化率和收入。

ChatGPT 能够确定给定请求的意图。继续与 ChatGPT 对话，如下所示。

> 根据搜索意图(商业性、交易性、导航性或信息性)将前面的关键字列表分组。

将关键字按照搜索意图分组，可以帮助针对不同用户的需求进行优化。这里是如何将前面提到的关键词进行分组：

商业性/交易性搜索意图（用户有购买意图，想要找到产品并可能进行交易）：

1. 女士内衣
2. 舒适文胸
3. 性感内衣
4. 高品质内裤
5. 时尚睡衣
6. 高端女士内衣
7. 透气内衣
8. 无痕内衣
9. 女性塑身衣

10. 女士内衣套装

11. 内衣特卖

12. 内衣折扣

13. 优质内衣品牌

14. 女性内衣购物

15. 悦蕾内梦优惠

导航性搜索意图（用户想要访问特定网站或页面）：

1. 悦蕾内梦

2. 悦蕾内梦优惠

信息性搜索意图（用户在寻找信息，可能还没有购买的决定）：

1. 个性化内衣

2. 专业胸罩配对

3. 舒适睡衣

4. 女性内衣在线

请注意，某些关键词可能会在不同上下文中具有不同的搜索意图。例如，"女性内衣在线"可以是交易性的，如果用户是想在线购买内衣；也可以是信息性的，如果用户只是想查看可用的内衣款式。因此，关键词的分组可能需要根据实际情况和用户行为进行调整。

6.6
客户情感分析

情感分析是营销中使用的一种技术，用于分析和解释客户对品牌、产品或服务表达的情绪和观点。它涉及使用自然语言处理（NLP）和机器学习（ML）算法来识别和分类文本数据（如社交媒体帖子、客户评论和反馈调查）的情感。

通过进行情感分析，营销者可以了解客户对他们品牌的看法，找出需要改进的地方，并作出数据驱动的决策来优化营销策略。例如，他们可以跟踪客户评论的情感，识别哪些产品或服务收到了正面或负面的反馈，并相应地调整营销信息。总的来说，情感分析对于营销者来说是一个宝贵的工具，可以理解客户的情感，衡量客户满意度，并开发出与目标受众产生共鸣的有效营销活动。

ChatGPT 能够捕捉到给定文本的情绪，比如推特帖子或产品评论。让我们考虑以下例子，一个客户最近从电商公司"速达"购买了一双鞋，并留下了评论，让我们问问 ChatGPT，看它如何捕捉这个评论的情绪，如下所示。

> 我最近买了"速达"的鞋子，对它们有着复杂的感情。一方面，这双鞋非常舒适，在我的日常跑步中为我的脚提供了很大的支撑。缓冲是一流的，我的脚感觉不像以前的鞋那样疲惫。此外，这个设计在视觉上很有吸引力，我收到了一些赞美。
> 然而，另一方面，我经历了一些与这双鞋的耐久性问题。外底似乎磨损得相当快，而鞋面材料虽然透气，但在仅仅使用几周后就显示出磨损的迹象。这是令人失望的，考虑到高价位的鞋子。
> 总的来说，虽然我喜欢RunFast Prodigy鞋的舒适性和设计，但考虑到我所经历的耐用性问题，我不太愿意推荐它。
> 分析前面评论的观点。总的来说，怎么分类？

从您的评论中，我们可以将您的感受分为以下几个类别：

正面评价：

1. **舒适性** - 鞋子提供了很好的支撑，使您在跑步时感到舒适。
2. **缓冲性能** - 鞋子具有出色的缓冲，减轻了脚部疲劳。
3. **设计吸引力** - 鞋子的外观设计得到了他人的赞美。

负面评价：

1. **耐用性问题** - 鞋子的外底磨损速度快，耐用性不佳。
2. **材料质量** - 鞋面材料在短期内就出现磨损迹象。

总体评价：

- 您对鞋子的整体感受是矛盾的。尽管鞋子在舒适性和设计方面表现出色，但耐用性的问题让您对推荐这款鞋子持保留态度。

总的来说，您的评论提供了一个平衡的观点，表扬了鞋子的正面特性，同时也指出了其耐用性上的不足。这种坦率的反馈对于其他消费者和制造商都是有价值的，因为它们可以帮助他人做出更为明智的购买决策，并且可能促使制造商改进产品。

让我们尝试更深入地与之探讨一下，并征求它一些关于改进产品的建议，如下所示。

> 基于前面的评价，我如何提升"速达"鞋？

为了提升"速达"鞋的整体质量和顾客满意度，您可以考虑以下几个方面：

1. **改进耐用性**：
   - 与制造商合作，研究并改进外底材料，使其更耐磨损。
   - 选择更高质量的鞋面材料，以延长鞋子的使用寿命。
   - 引入加强部位，比如在易磨损的区域使用额外的加固材料。

2. **技术创新**：
   - 投资研发，以发现新的技术和材料，这些可以提供相同或更好的舒适性和缓冲，同时提高耐久性。
   - 考虑使用更先进的制鞋技术，例如3D打印，以实现更精确的设计和更好的材料使用。

3. **客户反馈机制**：
   - 建立一个系统，以便顾客可以轻松提供关于鞋子的反馈。
   - 定期分析顾客反馈，特别是关于产品耐用性的评论，并据此采取行动。

4. **质量控制**：
   - 在生产过程中实施更严格的质量控制措施，确保每一双鞋都符合高标准。
   - 对退回的产品进行分析，以确定耐用性问题的根本原因。

5. **保证和服务**：
   - 提供满意保证或更长的退换货期限，以增加顾客的信心。
   - 提供优质的顾客服务，以便快速响应和解决耐用性问题。

6. **市场定位**：
   - 如果耐用性问题无法在短期内解决，考虑重新定位产品，以准确反映其适用性和使用寿命。

7. **持续改进**：
   - 投资于持续改进的文化，鼓励员工和合作伙伴不断寻求改善产品的方法。

8. 透明沟通：

- 对于已知的问题，与顾客进行透明沟通，并告知您正在采取哪些措施来改进产品。

通过这些措施，您可以提高"速达"鞋的质量，增强顾客的信任，并在市场中建立良好的品牌声誉。

最后，让 ChatGPT 生成一条对客户的回复，显示我们作为一家公司，非常关心客户的反馈，并希望改进我们的产品，如下所示。

> 对之前的客户评论做出回应，说明我们正在按照你的建议不断改进我们的产品。

亲爱的顾客，

首先，我们非常感谢您选择"速达"鞋并分享您的诚挚反馈。我们深知每一位顾客的体验都至关重要，您的满意是我们不断前进的动力。

我们很高兴听到"速达"鞋在舒适性和设计方面满足了您的期望，并且您的正面评价对我们来说是莫大的鼓励。同时，我们也注意到了您提到的耐用性问题，对此我们深表歉意。请知悉，我们非常重视您的反馈，并已经开始着手解决这些问题。

为了提高我们产品的耐用性，我们正在与我们的制造伙伴紧密合作，研究更耐磨损的外底材料，并探索使用更高质量的鞋面材料。我们已经实施了新的质量控制措施，确保每一双鞋子都能达到我们的高标准。我们也在不断收集顾客反馈，并将其作为改进产品的重要参考。

我们承诺不仅要提供优雅的设计，更要确保每一位顾客都能获得物有所值的产品。作为我们承诺的一部分，我们愿意为您提供一个特别的折扣，以便您在下次购买时能感受到我们改进后的产品。

再次感谢您的宝贵意见，您的满意是我们最大的追求。如果您有任何其他建议或疑问，欢迎随时与我们联系。

真诚地，
速达团队

我们看到的是一个非常简单的例子，只有一条评论。现在想象一下，我们有大量的评论，以及我们能够接收反馈的多样化的销售渠道，则 ChatGPT 能够分析和整合所有的信息，识别出产品的优点和缺点，抓住顾客趋势和购物习惯。

综上所述，ChatGPT 可以成为企业进行情感分析、提升质量和保留客户的强大工具。凭借其先进的自然语言处理能力，ChatGPT 能够实时准确地分析客户反馈和评论，为企业提供关于客户情绪和偏好的宝贵见解。

6.7 结语

从这一章的介绍可以看出，ChatGPT 在整个营销的各个环节都发挥了给人印象深刻的作用，ChatGPT 可以帮助开发新产品，定义其上市策略，增强搜索引擎优化，捕捉评论、社交媒体帖子及其他客户反馈中的情绪表达，进行客户情感分析。

ChatGPT 使公司能够创建更具个性化、更有相关性的营销信息，提高客户支持和满意度，最终，提升销售量和收入。

随着 ChatGPT 的不断发展和进化，人们会看到它在市场营销行业中的参与度越来越高，特别是在公司与客户的互动方式上。

第 7 章

职业考试导师

Command Prompt :

Chat AI

　　进入某些工作岗位或职业晋级需要通过相应的职业考试，这是现在青年人和中年人面临的现实问题，因此各种职业考试的备考书籍成为畅销书，考前辅导班门庭若市。考生备考会遇到一些问题，研读辅导书时遇到问题无处讨教，考前辅导班上一般人数众多，老师很难一对一辅导，也很难及时地回复咨询。在职人员上辅导班还有时间上的不方便，另外，辅导班学费也是一笔不菲的开销。

　　百科全书式的 ChatGPT 十分胜任考前辅导老师的角色，用户可以 24 小时随时请教它，它不仅能回答宽泛的问题，还可以与用户持续互动，理解要求，深入解答用户的具体问题。下面针对各个行业的职业考试，演示如何利用 ChatGPT 帮助备考职业考试。

7.1
法律职业资格考试

司法考试是国家每年举办的一项重要考试，报考人数众多，但是通过率不高，每年通过率在 10%～15%，具有相当的难度。众多考生穷经皓首，备尝艰辛。如何有效地准备这项考试呢？请教一下 ChatGPT，如下所示。

user6628024069614

我准备参加国家统一法律职业资格考试，请问我该如何备考？我的准备时间是四个月，我该如何安排准备顺序和进度？

ji621

✅ Run completed ⌄

参加国家统一法律职业资格考试，通常需要系统的准备。以下是一个四个月备考计划的建议：

第一月：基础阶段

1. **了解考试大纲和格式**：首先，熟悉考试的结构、题型和评分标准。
2. **制定学习计划**：根据个人情况，制定详细的学习计划，包括每天的学习时间和内容。
3. **基础知识学习**：开始阅读法律基础教材，如民法、刑法、宪法等，确保对每个科目都有基本的理解。
4. **制作笔记和摘要**：在学习过程中，做好笔记，总结重要的法律概念和原理。

第二月：深化阶段

1. **深入学习法律条文**：重点攻克每个科目的法律条文，理解其背后的原理和适用场景。
2. **做历年真题**：通过做真题，熟悉考试题型和难度，了解自己的薄弱环节。
3. **参加模拟考试**：可以参加一些模拟考试，检验自己的学习效果。

第三月：强化阶段

1. **查漏补缺**：根据前两个月的学习情况，找出知识盲点，重点攻克。
2. **模拟考试和复习**：继续做模拟考试，同时对错误的题目进行复习。
3. **记忆法律条款**：加强对法律条文的记忆，可以使用闪卡、思维导图等工具帮助记忆。

第四月：冲刺阶段

1. **总复习**：系统回顾所有学习的内容，确保每个部分都能够熟练掌握。
2. **强化模拟训练**：继续做模拟题和真题，提高做题速度和准确率。
3. **调整心态**：保持良好的心态，调整作息，确保考试时身体和心理状态良好。
4. **考前冲刺**：最后一周主要进行轻松的复习，不建议学习新的内容，保持头脑清醒。

考试前：

- **休息充足**：考前确保有充足的睡眠，保持精力充沛。
- **资料准备**：提前准备好考试所需的身份证、准考证等材料。
- **考场熟悉**：如果可能，提前熟悉考场环境，减少考试当天的不确定因素。

以上备考计划是一个大致的框架，具体可以根据个人实际情况进行调整。重要的是要保持持续学习的态度，并且合理安排时间，避免临近考试时的紧张和焦虑。祝你备考顺利！

接着提问，如下所示。

user6628024069614

> 请你总结近年来国家统一法律职业资格考试题目的特点和考试难点。

ji621

✓ Run completed ⌄

> 近年来，国家统一法律职业资格考试的题目特点和考试难点主要表现在以下几个方面：

题目特点：

1. **综合性**：考试题目不仅覆盖广泛的法律知识点，还注重考生对法律知识的综合运用能力。
2. **案例分析**：大量使用案例分析题，考查考生运用法律知识解决实际问题的能力。
3. **实务导向**：题目倾向于考查考生的实务操作能力，特别是在法律实际应用中可能遇到的问题。
4. **更新及时**：随着法律法规的更新变化，考试内容也会及时更新，反映最新的法律实践。

考试难点：

1. **法条细节**：法律条文繁多且细节性强，考生需要准确记忆和理解大量的法律条文。
2. **权利冲突解决**：难点常常出现在如何处理法律实务中的权利冲突，需要考生有深刻的理解和分析能力。
3. **时间管理**：考试时间有限，考生需要在规定时间内快速准确地完成题目，这对时间管理能力提出了挑战。
4. **法律更新**：法律的不断更新要求考生必须及时跟进最新法律动态，这对考生的持续学习能力是一个考验。
5. **主观题难度**：主观题考察学员的案例分析能力和论证能力，这部分题目难度较大，尤其是对于非法学专业的考生而言。

为了应对这些难点，考生需要有计划地复习法律基础知识，注重理解和应用，定期做模拟题和历年真题练习，同时关注最新的法律法规变化。通过持续的学习和实践，提高解题技巧和时间管理能力，从而在考试中取得好成绩。

以真题为例看看 ChatGPT 的答题情况。下面是 2017 年国家司法考试卷一的真题。

多选题

89.许某与妻子林某协议离婚，约定8岁的儿子小虎由许某抚养，林某可随时行使对儿子的探望权，许某有协助的义务。离婚后两年间林某从未探望过儿子，小虎诉至法院，要求判令林某每月探视自己不少于4天。对此，下列说法正确的是：

A.依情理林某应探望儿子，故从法理上看，法院可判决强制其行使探望权

B.从理论上讲，权利的行使与义务的履行均具有其界限

C.林某的探望权是林某必须履行一定作为或不作为的法律约束

D.许某的协助义务同时包括积极义务和消极义务

从提供的选项中，正确的说法是：

B.从理论上讲，权利的行使与义务的履行均具有其界限。

D.许某的协助义务同时包括积极义务和消极义务。

解释：

B.权利的行使与义务的履行是有一定的界限的。虽然离婚协议中规定了林某有探望权，但并没有明确规定具体的频率或时间。因此，法院通常会依据情况判断，以保障儿童的最佳利益，但这并不意味着法院可以强制规定具体的探望时间。

D.协助的义务通常包括积极义务和消极义务。在这种情况下，许某的协助义务可能包括积极地提供必要的支持和协助小虎与母亲见面，同时也可能包括不阻碍或不干涉林某行使她的探望权。

90.据《二刻拍案惊奇》，大儒朱熹作知县时专好锄强扶弱。一日有百姓诉称："有乡绅夺去祖先坟茔作了自家坟地"。朱熹知当地颇重风水，常有乡绅强占百姓风水吉地之事，遂亲往踏勘。但见坟地山环水绕，确是宝地，遂问之，但乡绅矢口否认。朱熹大怒，令掘坟取证，见青石一块，其上多有百姓祖先名字。朱熹遂将坟地断给百姓，并治乡绅强占田土之罪。殊不知青石是那百姓暗中埋下的，朱熹一片好心办了错案。对此，下列说法正确的是：

A.青石上有百姓祖先名字的生活事实只能被建构为乡绅夺去百姓祖先坟茔的案件事实

B."有乡绅夺去祖先坟茔作了自家坟地"是一个规范语句

C.勘查现场是确定案件事实的必要条件，但并非充分条件

D.裁判者自身的价值判断可能干扰其对案件事实的认定

正确的说法是：

C.勘查现场是确定案件事实的必要条件，但并非充分条件。

D.裁判者自身的价值判断可能干扰其对案件事实的认定。

解释：

C.在司法实践中，勘查现场是为了收集证据和了解案件相关情况的重要手段，但仅仅依靠勘查现场还不足以全面了解案件的所有细节。有时候，仅凭勘查现场还无法完全确定案件的全

部事实，还需要进一步的调查和证据收集。

D.裁判者的价值观和主观判断可能会影响对案件事实的认定。朱熹在这个故事中出于对弱者的关怀和对公正的追求，可能导致其在裁判时没有完全客观地对案件事实进行审视，从而导致错误的判断。裁判者的个人观点和情感可能会干扰对案件事实的客观认定。

下面的题目是 2017 年司法考试试题卷一中的多项选择题。

> 你是一位中国的律师，请回答下面的问题。要求答案的标号与题号一致。
> 多项选择题。每题所设选项中至少有两个正确答案。
> 51.有研究表明，在实施行贿犯罪的企业中，有一部分企业是由于担心竞争对手提前行贿，自己不行贿就会"输在起跑线上"，才实施了行贿行为。对此，下列哪些说法是正确的?
> A.市场环境不良是企业行贿的诱因，应适当减轻对此类犯罪的处罚
> B.应健全以公平为核心的市场法律制度，维护公平竞争的市场秩序
> C.应加快反腐败立法，从源头上堵塞企业行贿的漏洞
> D.必须强化对公权力的制约，核心是正确处理政府和市场的关系
> 52.孙某是某部热播电视剧中的人物，在剧中的角色是一级政府部门的主要负责人。孙某每天按时上下班，一刻不耽误;不贪污，也不怎么干事。其座右铭是"无私者无畏"：只要不贪不占，就没什么好害怕的。对此，下列哪些说法是正确的?
> A.官员应依法全面履行职责，既不能乱作为，也不能不作为
> B.对不能依法办事，经批评教育仍不改正的官员应调离领导岗位
> C."庸官"即使不贪不占，其"懒政"也可能造成严重的社会后果
> D.官员不能仅满足于不腐败，而应积极为人民谋福利
> 53.鹿某为引起政府对其利益诉求的重视，以生产、生活和科研需要为由，在两年内向十几个行政机关提起近百次与其实际利益诉求无关的政府信息公开申请，在接到公开答复后又反复提起行政复议和行政诉讼，向相关部门施加压力。对此，下列哪些说法是正确的?
> A.鹿某为向相关部门施压而恶意提起政府信息公开申请的做法不符合法治精神
> B.滥用知情权和诉权造成了行政和司法资源的浪费
> C.法治国家以权利为本位，公民行使权利时不受任何限制
> D.诉求即使合理合法，也应按照法律规定和程序寻求解决

您好，这是Bing。我是一位中国的律师，我会尽力回答您的问题。请注意，我的回答仅供参考，不构成法律意见或建议。如果您需要专业的法律服务，请咨询正规的律师事务所或法律援助机构。

根据我对中国刑法、公务员法和政府信息公开法的了解，我认为下面的答案是正确的：

51.正确答案是B、C、D。根据《中华人民共和国刑法》第三百九十三条[1]，行贿罪的法定刑是三年以下有期徒刑或者拘役，并处罚金；情节严重的，三年以上十年以下有期徒刑，并处罚金；情节特别严重的，十年以上有期徒刑或者无期徒刑，并处罚金或者没收财产。行贿罪的量刑标准不因市场环境不良而降低，因此选项A是错误的。选项B、C、D都符合法治原则，体现了预防和惩治腐败的立法目的，因此都是正确的。

52.正确答案是A、B、C、D。根据《中华人民共和国公务员法》第六条[2]，公务员应当遵守宪法和法律，

忠于祖国，忠于人民，恪尽职守，廉洁奉公，依法履行职责。孙某作为一级政府部门的主要负责人，不仅没有积极履行职责，而且还以为不贪不占就可以无所畏惧，这种态度和行为都违背了公务员的基本要求，因此选项A、B、C、D都是正确的。

53.正确答案是A、B、D。根据《中华人民共和国政府信息公开条例》第二条[3]，政府信息公开的目的是保障公民、法人和其他组织依法获取政府信息，提高政府工作的透明度，促进政府依法行政，维护公民、法人和其他组织的合法权益，推进社会公平正义。鹿某为了达到自己的利益诉求，滥用政府信息公开的权利，提起与其实际利益诉求无关的政府信息公开申请，这种做法不符合政府信息公开的目的，也不符合法治精神，因此选项A是正确的。选项B也是正确的，因为鹿某的行为不仅浪费了行政机关的工作时间和资源，还增加了司法机关的工作负担，影响了行政和司法的效率。选项C是错误的，因为法治国家并不意味着公民行使权利时不受任何限制，而是要求公民在行使权利的同时，也要履行相应的义务，尊重他人的权利，遵守法律的规定，不得滥用权利，损害公共利益或他人合法权益。选项D是正确的，因为鹿某的利益诉求，即使合理合法，也应该按照法律规定和程序寻求解决，不能通过不正当的手段施压，干扰政府的正常工作。

[1]：《中华人民共和国刑法》第三百九十三条 [2]：《中华人民共和国公务员法》第六条 [3]：《中华人民共和国政府信息公开条例》第二条

下面的题是2016年司法考试卷一中的一道题

你的角色是一位中国大陆的律师，请给出问题的答案。
王某，女，1990年出生，于2012年2月1日入职某公司，从事后勤工作，双方口头约定每月工资为人民币3000元，试用期1个月。2012年6月30日，王某因无法胜任经常性的夜间高处作业而提出离职，经公司同意，双方办理了工资结算手续，并于同日解除了劳动关系。同年8月，王某以双方未签书面劳动合同为由，向当地劳动争议仲裁委申请仲裁，要求公司再支付工资12000元。

请回答第95—97题。
95.关于女工权益，根据《劳动法》，下列说法正确的是：
A.公司应定期安排王某进行健康检查
B.公司不能安排王某在经期从事高处作业
C.若王某怀孕6个月以上，公司不得安排夜班劳动
D.若王某在哺乳婴儿期间，公司不得安排夜班劳动
96.关于该劳动合同的订立与解除，下列说法正确的是：
A.王某与公司之间视作已订立无固定期限劳动合同
B.该劳动合同期限自2012年3月1日起算
C.该公司应向王某支付半个月工资的经济补偿金
D.如王某不能胜任且经培训仍不能胜任工作，公司提前30日以书面形式通知王某，可将其辞退
97.如当地月最低工资标准为1500元，关于该仲裁，下列说法正确的是：
A.王某可直接向劳动争议仲裁委申请仲裁
B.如王某对该仲裁裁决不服，可向法院起诉
C.如公司对该仲裁裁决不服，可向法院起诉
D.如公司有相关证据证明仲裁裁决程序违法时，可向有关法院申请撤销裁决

你好，这是必应。我可以帮助你回答这些问题，但请注意，我的回答仅供参考，不代表权威的解答。我会根据《中华人民共和国劳动法》[1]和《中华人民共和国劳动合同法》[2]等相关文件来回答你的问题。

95.关于女工权益，根据《劳动法》，下列说法正确的是：C。《劳动法》第六十二条规定，女职工怀孕六个月以上的，用人单位不得安排其延长工作时间或者安排其夜班劳动。其他选项都没有明确的法律依据。

96.关于该劳动合同的订立与解除，下列说法正确的是：B。《劳动合同法》第十四条规定，用人单位与劳动者建立劳动关系的，应当自劳动者开始工作之日起一个月内订立书面劳动合同。如果未订立书面劳动合同，自劳动者开始工作满一个月至一年的，视为用人单位与劳动者已订立固定期限劳动合同，劳动合同期限以劳动者开始工作之日起算。因此，王某与公司之间的劳动合同期限自2012年3月1日起算。其他选项都不符合法律规定。

97.关于该仲裁，下列说法正确的是：A。《劳动合同法》第八十二条规定，用人单位未与劳动者订立书面劳动合同的，应当自劳动者提出要求之日起一个月内补办书面劳动合同，并向劳动者支付每月不低于劳动者本人上一年度月平均工资三倍的工资。因此，王某有权要求公司再支付工资12000元，并可直接向劳动争议仲裁委申请仲裁。其他选项都不正确，因为《劳动争议调解仲裁法》第四十六条规定，对仲裁裁决不服的，可以向人民法院提起诉讼，而不是向法院起诉或者申请撤销裁决。

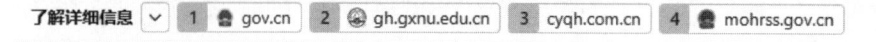

了解详细信息 ∨ 1 gov.cn 2 gh.gxnu.edu.cn 3 cyqh.com.cn 4 mohrss.gov.cn

7.2
会计资格考试

会计资格考试可能是规模最大的职业考试之一，各种辅导学校常年开设，辅导资料林林总总，考生备考常常付出不菲的金钱成本和时间成本。

先问一个一般性的问题，如下所示。

user6628024069614

请问如何准备全国会计专业技术资格考试？

ji621

✓ Run completed ∨

准备全国会计专业技术资格考试需要系统的计划和持续的努力。以下是一些建议，帮助你高效备考：

1. 熟悉考试大纲和要求

- 首先，了解考试的结构、内容、题型和评分标准。这些信息通常可以在中国会计网或相关官方网站找到。
- 确定你需要参加的考试级别（初级、中级、高级）。

2. 制定详细的学习计划

- 根据考试大纲，列出所有需要学习的科目和知识点。
- 制定一个时间表，规划每天的学习内容，确保覆盖所有主题。
- 设置短期和长期的学习目标，适时调整学习进度。

3. 获取合适的学习材料

- 购买或下载最新的会计专业技术资格考试教材。
- 寻找一些辅导书籍、在线课程和模拟题库，这些资源可以帮助你更深入地理解知识点。

4. 系统学习基础知识

- 从基础知识开始，确保对每个科目有充分的理解。
- 重视会计基础、会计法规和财务管理等核心科目。
- 注重理论与实践相结合，理解会计准则的应用。

5. 做大量的练习题和模拟考试

- 练习题和模拟考试可以帮助你熟悉考试题型和考试环境。
- 定期做真题，分析错误，查漏补缺。
- 模拟考试可以训练你的时间管理能力和心理承受能力。

6. 加强错题和难点的复习

- 记录并分析错题，找出薄弱环节。
- 针对难点进行集中攻克，必要时可以寻求老师或同学的帮助。

7. 保持良好的身心状态

- 考试前保持充足的睡眠，保持健康的饮食习惯。
- 适当放松，避免过度紧张。

8. 关注最新信息

- 关注考试官网或相关渠道的通知，了解最新的考试信息和政策变化。

准备会计专业技术资格考试是一个长期的过程，需要持之以恒的努力和正确的学习方法。希望以上建议能帮助你有效备考，祝你考试成功！

下面这道题是 2014 年会计从业资格考试会计基础中的试题。

You

单项选择题

4. 下列会计科目中，属于流动资产的是。（ ）
A. 短期投资
B. 固定资产
C. 在建工程
D. 无形资产

5. 采用借贷记账法，账户的贷方应登记。（ ）
A. 资产增加，负债减少
B. 资产增加，负债增加
C. 资产减少，负债减少
D. 资产减少，负债增加

6. 在借贷记账法下，负债类账户的结构特点是。（ ）
A. 借方记增加，贷方记减少，余额在借方。
B. 贷方记增加，借方记减少，余额在贷方。
C. 借方记增加，贷方记减少，一般无余额。
D. 贷方记增加，借方记减少，一般无余额。

ChatGPT

1. 下列会计科目中，属于流动资产的是：
   A. 短期投资

2. 采用借贷记账法，账户的贷方应登记：
   D. 资产减少，负债增加

3. 在借贷记账法下，负债类账户的结构特点是：
   B. 贷方记增加，借方记减少，余额在贷方。

下面这道题是 2012 年全国高级会计资格考试高级会计实务试题。

你的角色是中国大陆的一位高级会计师。

财务案例分析题

甲单位为一中央级事业单位，执行《事业单位会计制度》，未实行内部成本核算。2012年7月，甲单位审计处对该单位2012年上半年资产管理及会计核算工作进行了检查，并组织召开了由财务处、资产管理处机关人员参加的工作会议，就检查中关键的如下事项进行沟通。

（1）2012年1月，甲单位经领导班子研究决定，将利用率不高的重点实验室与乙科研单位共享使用，甲单位据此与乙单位签订协议，约定按照使用时间向乙单位收取使用费，每半年收取一次。6月，甲单位收到乙单位支付的2012年上半年实验室使用费220万元，作为其它收入处理。财务处刘某解释，事业单位出租固定资产取得的收入应当留归本单位，纳入单位预算，统一核算、统一管理。

（2）2012年2月，甲单位经领导班子研究决定，对外转让一项股权投资（该投资系以单位房屋出资取得），该项股权投资账面成本为520万元（未达到资产处置规定限额），转让价款为600万元。财务处将取得的转让价款600万元作为单位自有资金处理，财务处李某解释，取得该项股权投资所出资的房屋是用单位非财政资金建造的，因此转让投资取得的价款应当留归本单位使用。

（3）2012年3月，甲单位由于一辆公车发生交通事故报废，收到保险公司根据保险合同赔付的车损款20万元，财务处将这笔款项作计入修购基金处理，财务处李某解释，保险公司赔付的车损款可以用于本单位固定资产的购置和修理，应计入修购基金。

（4）2012年4月，经有关部门批准，甲单位将所属出版社（事业单位）转制为本单位所属全资企业。评估基准日，出版社净资产的账面价值为23000万元，评估机构对出版社净资产的评估价值为35000万元，财务处按照出版社净资产账面价值确认甲单位对外投资成本，财务处王某解释，事业单位核算对外投资应当采用成本法，所以按照出版社净资产账面价值确认投资成本。

（5）2012年6月，甲单位购买一项用于科研活动的专利权并投入使用，财务处将该专利权确认为无形资产，同时将其账面价值一次性摊销，摊销后该专利权价值未在甲单位资产负债表中反映。财务处刘某解释，不实行内部成本核算的事业单位，应当在无形资产入账后，将其账面价值一次性摊销。

要求：
根据事业单位国有资产管理、事业单位会计制度等国家有关规定，对事项（1）（2），逐项指出其中的不当之处，并分别说明正确的处理；对事项（3）至（5），逐项判断甲单位的处理是否正确，如不正确，分别说明理由。

你好，这是必应。我可以帮助你分析这个财务案例题，但请注意，我的回答仅供参考，不代表权威的解答。我会根据《事业单位财务规则》[1] 和《事业单位会计制度》[2] 等相关文件来回答你的问题。

（1）甲单位的处理不当，因为事业单位出租固定资产取得的收入，应当按照国家有关规定上缴国库或者财政专户，不得作为其它收入处理[2]。正确的处理是，甲单位应当将实验室使用费220万元上缴国库或者财政专户，不计入单位收入，也不纳入单位预算。

（2）甲单位的处理不当，因为事业单位对外转让股权投资取得的价款，应当按照国家有关规定上缴国库或者财政专户，不得作为单位自有资金处理[2]。正确的处理是，甲单位应当将股权投资转让价款600万元上缴国库或者财政专户，不计入单位收入，也不纳入单位预算。

（3）甲单位的处理正确，因为事业单位收到保险公司赔付的车损款，可以用于本单位固定资产的购置和修理，应计入修购基金[2]。

(4) 甲单位的处理不正确，因为事业单位核算对外投资，应当采用评估价值法，即按照评估机构对被投资单位净资产的评估价值确认投资成本[2]。正确的处理是，甲单位应当按照出版社净资产的评估价值35000万元确认对外投资成本，同时确认投资收益12000万元。

(5) 甲单位的处理不正确，因为事业单位确认无形资产，应当按照其预计使用寿命或者经济效益期进行摊销，不得一次性摊销[2]。正确的处理是，甲单位应当根据专利权的有效期或者预计使用期限，按月或者按年分摊专利权的账面价值，同时在资产负债表中反映专利权的价值。

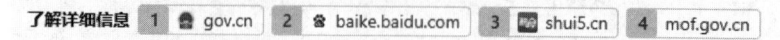

了解详细信息 1 ⊕ gov.cn 2 ⊕ baike.baidu.com 3 ⊕ shui5.cn 4 ⊕ mof.gov.cn

在会计行业还有一个难度最高的职业资格考试，那就是注册会计师全国统一考试，每年也有众多的财会从业者参加这项考试。下面让 ChatGPT 辅导备考。

user6628024069614

请问我该如何准备注册会计师全国统一考试的专业阶段考试?

ji621

⊙ Run completed ⌄

注册会计师（CPA）全国统一考试的专业阶段考试是一个非常具有挑战性的考试，需要系统的准备和长期的努力。以下是一些建议帮助你有效备考：

1. 了解考试结构和内容

- 首先，熟悉考试的结构、科目、题型和评分标准。这些信息可以在中国注册会计师协会的官方网站上找到。
- CPA专业阶段考试包括多个科目，如会计、审计、财务成本管理、经济法等，每个科目都有其独特的重点和难点。

2. 制定详细的学习计划

- 制定一个详细的学习计划，包括每天的学习时间、每周的学习目标和每个月的复习计划。
- 优先安排对你来说比较难的科目，确保有足够的时间去攻克难点。

3. 获取官方或推荐的学习材料

- 使用官方推荐的教材和复习资料，确保信息的准确性和时效性。
- 可以考虑参加一些培训班或在线课程，帮助你更系统地学习。

4. 强化基础知识

- 对于每个科目，都要确保自己对基础知识有扎实的掌握。
- 通过做题来检验自己的理解程度，并及时查缺补漏。

5. 大量练习和做模拟题

- 练习是提高解题能力和考试技巧的有效方式。通过大量练习，熟悉各种题型和解题方法。
- 定期进行模拟考试，模拟真实考试环境，提高自己的时间管理能力。

6. 分析真题和错题

- 分析历年的真题，了解考试趋势和重点。
- 对于练习中的错题，要仔细分析原因，弄清楚自己的弱点在哪里。

7. 加入学习小组

- 加入学习小组或寻找学习伙伴，可以增加学习的动力，互相帮助解决问题。

8. 保持良好的身心状态

- 考试准备过程中要注意休息，保持健康的生活习惯。
- 保持积极的心态，遇到困难时不要灰心，持续努力。

9. 关注最新的考试信息

- 定期检查中国注册会计师协会的官方网站，了解最新的考试信息和政策变化。

准备CPA专业阶段考试是一个长期且艰巨的过程，需要坚持不懈的努力和正确的方法。希望以上建议能帮助你有效备考，祝你考试顺利！

---

user6628024069614

请问我该如何准备注册会计师全国统一考试的综合阶段考试？

ji621

✓ Run completed ⌄

注册会计师（CPA）全国统一考试的综合阶段考试是对考生专业知识和实务能力的全面测试，通常包括案例分析、论文写作等题型。以下是准备综合阶段考试的一些建议：

1. 熟悉考试大纲和要求

- 首先，详细了解考试大纲和各科目的考试内容、题型和评分标准。
- 综合阶段考试通常要求考生具备较强的综合分析问题和解决问题的能力。

2. 制定学习计划

- 制定一个切实可行的学习计划，安排好每一科的学习时间和复习进度。
- 由于综合阶段考试涉及多个科目的综合应用，因此要特别注意各科知识点之间的联系和应用。

3. 加强基础知识学习

- 加强会计、审计、税法等基础知识的学习，确保对每个科目都有深入的理解。
- 基础知识是解决综合问题的基础，务必要扎实掌握。

4. 案例分析练习

- 大量练习案例分析题，学习如何运用所学知识解决实际问题。
- 分析历年的真题案例，总结解题方法和技巧。

5. 论文写作训练

- 如果考试包含论文写作，要练习如何快速组织材料、提出观点和论证观点。
- 加强逻辑思维训练，提高论文的条理性和说服力。

6. 时间管理和应试技巧

- 练习在规定时间内完成答题，提高做题效率。
- 学习各种应试技巧，如快速定位问题、关键词标记、逻辑推理等。

7. 专业实务能力提升

- 除了理论知识，还要关注实际工作中的会计、审计、税法等实务操作，提高实务能力。

8. 保持身心健康

- 考试准备期间要注意保持良好的作息，适当运动，保持身心健康。
- 避免临近考试时过度焦虑，保持平和的心态。

9. 关注最新动态

- 关注中国注册会计师协会的官方网站，及时获取最新的考试信息和政策变化。

备考CPA综合阶段考试要有耐心和毅力，同时也需要合理安排学习时间和内容。希望以上建议能帮助你有效备考，祝你考试成功！

总结一下，目前对于中国的会计考试题目，当涉及计算问题的时候，ChatGPT出错率比较高。这可能出自两个原因：第一，ChatGPT对于中国的会计制度不熟悉；第二，它的计算能力和逻辑推理能力还不够强。

7.3 公务员考试

每年报考公务员的人数居高不下，公务员是很多青年人青睐的职业，其职业考试的竞争十分激烈。先问ChatGPT一个学习方法方面的问题，如下所示。

user6628024069614

请问备考公务员考试的方法，以及如何有针对性的准备？

ji621

⊘ Run completed ∨

备考公务员考试需要系统的准备和针对性的策略。以下是一些建议，帮助你高效备考：

1. 了解考试内容和格式

- 首先，详细了解公务员考试的结构、科目、题型和评分标准。这些信息通常可以在

第7章 职业考试导师 >> 167

各地人事考试网或公务员招录网站上找到。
- 常见的考试科目包括行政职业能力测验（申论）、公共基础知识、专业科目等。

2. 制定详细的学习计划

- 根据考试时间，反推制定一个详细的学习计划，包括每天的学习时间和内容。
- 分阶段安排学习内容，如基础知识学习、强化练习、模拟考试等。

3. 加强基础知识学习

- 加强政治理论、经济学、管理学、法律等公共基础知识的学习。
- 注重新闻时事的积累，关注国家大政方针、社会热点问题。

4. 行政职业能力测验（申论）准备

- 熟悉申论的写作格式和技巧，包括材料分析、提纲制作、文章结构等。
- 大量练习历年真题和模拟题，提高写作速度和质量。

5. 公共基础知识准备

- 通过阅读教材、参加培训班、观看相关视频课程等方式，系统学习公共基础知识。
- 做大量练习题，加深对知识点的理解和记忆。

6. 专业科目准备

- 如果考试包括专业科目，需要针对性地加强专业知识的学习。
- 结合专业书籍和实务经验，提高专业素养和解题能力。

7. 模拟考试和错题分析

- 定期进行模拟考试，检验学习效果，调整学习计划。
- 仔细分析错题，查找知识盲点，及时补充学习。

8. 调整心态，保持健康

- 考试准备期间要注意保持良好的作息，适当运动，保持身心健康。
- 保持乐观的心态，遇到困难不要气馁，保持持续学习的动力。

备考公务员考试是一个长期且艰巨的过程，需要坚持不懈的努力和正确的方法。希望以上建议能帮助你有效备考，祝你考试成功！

再问一个较为具体的问题，如下所示。

user6628024069614

公务员考试出题范围广，请问哪些方面是我要重点准备的？

ji621

✓ Run completed

公务员考试确实涵盖了广泛的知识领域，但根据多年的考试经验和趋势，以下几个方面是需要重点准备的：

1. 行政职业能力测验

- **数量关系**：包括数学逻辑、数据分析等，考查考生的数学计算能力和逻辑推理能力。
- **判断推理**：包括类比推理、逻辑判断、图形推理等，考查逻辑思维和问题解决能力。
- **资料分析**：通过图表、数据等资料，考查考生分析和解决实际问题的能力。

2. 申论

- **时事政治**：关注国内外时事新闻，特别是国家政策、社会热点问题。
- **材料分析**：学会快速阅读和理解材料，提炼关键信息。
- **文章结构**：掌握文章的基本结构，如提纲、开头、主体、结尾等。
- **论证方法**：练习如何论证观点，提高论证的逻辑性和说服力。

3. 公共基础知识

- **政治**：重点复习中国特色社会主义理论、中国宪法、党的政策等。
- **法律**：重点是宪法、行政法及相关法律知识。
- **经济**：包括宏观经济、微观经济基础知识，以及中国经济政策等。
- **管理**：基础的管理学原理，公共管理知识。
- **历史与文化**：重点是中国近现代史，以及重要的文化知识点。

4. 专业科目（如果有）

- 根据所报考职位的要求，可能需要准备特定的专业科目，如法律、财会、信息技术等。
- 专业科目的复习要结合专业书籍和实务经验，强化专业知识和实际应用能力。

准备策略

- **有计划地复习**：制定详细的学习计划，合理分配时间和精力。
- **做真题和模拟题**：通过做真题和模拟题来熟悉题型和考试风格，提高解题速度和准确率。
- **总结复习**：定期总结学习内容，加强薄弱环节的复习。
- **调整心态**：保持积极乐观的心态，合理安排休息和娱乐，保持良好的身体和心理状态。

记住，公务员考试不仅是知识的考察，也是对考生综合素质的测试。因此，全面准备，持之以恒，是成功的关键。祝你备考顺利！

下面是 2021 年北京公务员考试申论试题（乡镇）中的题目。

You

材料一

老百姓过日子，开门七件事，柴米油盐酱醋茶。

从1988年国务院推动实施"菜篮子"工程、2010年推进新一轮"菜篮子"工程以来，北京市大力推动与"菜篮子"相关的产业生态建设和发展，保障"菜篮子"供应无忧，让百姓的"菜篮子"越拎越安心。

1985年以前，北京的蔬菜主要由本地供应，季节性十分明显。这对爱吃西红柿打卤面的田大爷一家一直是个考验。从1968年开始，田大爷一家走上了自制西红柿酱的路。

"说出来您都不信，我们全家总动员，一年做120多瓶，全码在床底下，直到20世纪80年代末我家小作坊才正式'关张'。"80岁的田大爷笑着说，"那时候一年到头只有十几种蔬菜，冬储大白菜上市时我家还要购买一车大白菜，保障冬天有菜吃。而现在蔬菜多种多样，想什么时候吃，市场上都能买到。"1985年，北京放开了肉、蛋、蔬菜等5种农副产品的价格，各地菜商纷纷进京，蔬菜交易也就热闹起来了。

2010年以来，北京市建立了蔬菜生产用地最低保有量制度，实施每亩500元标准的菜田补贴政策，推动村镇蔬菜产业化、设施蔬菜标准化，创建国家级示范育种场和养殖场；2018年1800多家农业龙头企业和农民合作社被纳入平台管理，5000多个产品实现质量安全可追溯。北京市统计数据显示，2019年全市农副产品产量中蔬菜及食用菌产量为111.5万吨，禽蛋9.6万吨，牛奶26.4万吨，生猪出栏数28.4万头，为北京的农副产品稳定供应提供了巨大保障。

"我们的蔬菜主要是直供超市，同时合作社也为市民提供农业休闲和采摘项目。"北京B区一家种植合作社负责人张经理说，"2019年，我们引进了水肥一体机等设备，劳动力上节约了三分之一，肥料节约与节水方面效益显著，蔬菜品质也有所提升，综合效益提高了25%左右。我们还利用大数据等远程实时监测墒情、环境、气象等，以自动化的方式指导蔬菜园的生产，效率提高了近20%。"

北京某批发菜市场管理负责人介绍，现在市场卖的基本都是净葱，只有在每年11月份的冬储菜季节，有10%左右的毛葱进来，方便市民储存。同时，净菜公司也大量将土豆、胡萝卜、洋葱、芹菜等加工成半成品。这些举措既可提高商户的产品附加值，又可实现消费者厨余垃圾减量。现在，这个市场每天实现垃圾减量20%，预计全年可减少7000吨果蔬垃圾。

为提升生活性服务业品质，居民生鲜果蔬"最后一公里"的便民商业服务也在行动。2017年以来，H生鲜店已经在京开设26家门店，2019年以来又有越来越多的前置仓开到居民区周边，30分钟内就能把新鲜蔬菜送上门。某大型连锁超市的采购负责人郭先生介绍，超市各门店已全部上线"到家服务"，通过超市小程序、社区小店APP以及第三方平台入口，为周边3-10公里的消费者提供1小时达、同城半日配送和一日三送等多种服务。此外，其他各大外卖平台、电商平台也提供轻松、便捷的买菜服务。丰富多样的买菜渠道，琳琅满目的蔬菜品种，让北京市民餐桌上的菜品越来越丰富了。

在保障菜品丰富的同时，政府管理也随之悄然发生着变革。近年，北京市农业农村局对134项涉农行政审批服务事项进行优化改革，农机管理、种业管理、畜牧渔业管理等方面实行在线审批。以中国M工商集团有限公司为例，在审批改革后就避免了以往因不能及时通关产生的超期仓储费用，每年可节省费用累计超过100万元。

"去年我们加大了市场抽检力度，在批发市场抽检，合格率达到98.41%。同时开展了为期两个月的农产品质量安全专项整治。"北京市市场监督管理局一位负责人表示，今后将继续严格合规准入，加强市场监管，保障餐桌安全。

材料二

从农业发展的产业链条来看，除了农业科技创新和市场销售的两头在北京有优势外，保障北京"菜篮子"供应、满足市民农产品需求的大头在外埠，每年2000多亿元的农产品消费总额中80%以上来自外埠。近年来，北京市政府出台多项措施鼓励和支持全市涉农企业与各地合作建设外埠蔬菜与畜产品保供基地，产品市场日益广阔。

北京S农业股份有限公司2007年开始在河北迁安、承德建设外埠生产基地，2010年后又陆续开始在山西阳高、陕西汉中和海南省多地合作建设生产基地15个，在基地引导农民进行标准化生产，带动当地农业生产方式变革，促进产地农民增产增收。北京F生物科技公司在外埠产地引进自动化播种机、智能温室大棚，应用农业智能设备物联网，推行追溯编码体系，实现了农作物从种到收全程智慧管理。

北京N食品集团的业务内容涵盖了米面油、肉蛋奶、酱醋茶、糖酒菜等全品类食品，基本实现种植、养殖、仓储、加工、贸易、配送、销售等全产业贯通。例如：该公司从育种到养殖，到屠宰、物流的配送等，形成了完整的养猪产业链，先后在北京房山、黑龙江双河生猪养殖基地开辟"建楼养猪"模式，配备全程自动化的软硬件设施和安全科学管理体系；在河北S工业园与定州牧场形成了"规模化牧场+现代化加工"的完整产业链条；即将建成的北京鲜活农产品流通中心，将与最大的批发菜市场形成北京农产品供应储备"双中心"，实现与全国各地农产品的产销对接，更好满足市民的个性化需求。

李先生是一名北京的玉米供应商，今年春节期间他没休息过一天。从大年初二开始，他就远程指挥海南某种植基地及时采摘玉米发往北京，为40多家超市、企业提供稳定的货源，他要确保每一车玉米顺利来到北京。从海南基地到北京，远距离运输加上疫情期间的道路管控，让物流显得更加艰难。司机们绕过以往必经的湖北，一路经广西、江西、安徽、山东、河北才辗转抵京，每一趟都要历经55个小时的昼夜奔波，比平时多走500多公里。"司机师傅实在辛苦，一路上只能靠泡面和矿泉水填肚子。"今年正月，李先生每车玉米的物流费用提高了许多，但每天依旧有7辆货车从海南发车，"产地装货的、冷库预冷的、路上跑的、在市场卖的，50多辆车在同时作业。"

问题一
根据给定材料1-2，概括北京市为了保障市民餐桌的丰富安全所采取的主要措施。
要求：准确全面，语言简练，字数不超过300字。

ChatGPT

北京市为保障市民餐桌的丰富安全采取了多项措施：

1. **蔬菜供应保障与多样化措施**：1985年放开蔬菜等价格，推动各地菜商进京，扩大蔬菜交易；建立蔬菜生产用地最低保有量制度，实施补贴政策，推进产业化和标准化；引入水肥一体机等设备提高生产效率；市场净菜化，加工成半成品减少厨余垃圾。
2. **改革管理体系**：优化涉农行政审批服务事项，实行在线审批，提高审批效率；加大市场抽检力度，严格合规准入，保障餐桌安全。
3. **生鲜配送服务升级**：生鲜店增设门店和前置仓，提供30分钟内送达服务；超市采取到家服务，通过小程序、第三方平台提供多种送货服务；外卖平台和电商提供便捷买菜服务。
4. **外埠产地合作和发展**：支持涉农企业与外埠合作建设保供基地，鼓励标准化生产，带动农业生产方式变革，确保外来农产品的质量和供应。
5. **物流保障和供应链优化**：对远程物流进行管理和指导，确保远距离运输的稳定性和效率；推动全产业链条的完整发展，包括育种、养殖、加工、物流配送等环节。

这些措施综合推动了北京市蔬菜供应的多样化和保障措施，加强了管理监管体系，提升了市民对食品安全和丰富饮食的信心。

下面这道题是 2017 年天津公务员考试真题。

You
人类增强就是利用生物医学技术、智能技术、神经科学技术、信息技术和纳米技术等高新技术手段使健康人类的机体功能或能力超出其正常范围，从而使人类的体貌、寿命、人格、认知和行为等能力
发生根本性变化并具有全新能力的一种技术手段。其目的是显著提高人类美好生活的质量。
根据上述定义，下列选项不属于人类增强技术的是：（　）
A.演员赵某用药剂延缓衰老
B.医生建议老张去做心脏搭桥手术
C.医生将传感器植入老陈大脑提高其记忆力
D.小王为了增加自己的身高服用类增高药物

ChatGPT
根据所提供的定义，下列选项不属于人类增强技术的是：

B. 医生建议老张去做心脏搭桥手术

人类增强技术旨在利用高科技手段增强人类的机体功能或能力，从而超出其正常范围，使其具备全新的能力。在提供的选项中，医生建议老张做心脏搭桥手术是一种传统的医疗手段，它是为了治疗

和修复心脏问题，而不是超越正常范围或改变身体功能的技术手段。因此，它不属于人类增强技术的范畴。

这些措施综合推动了北京市蔬菜供应的多样化和保障措施，加强了管理监管体系，提升了市民对食品安全和丰富饮食的信心。

下面这道题是2021年北京公务员考试申论试题中的题目。

You
材料五

从古至今，人类在地球上从未停止过迁移的脚步，有多少人远离故土，定居他乡，就有多少人追根溯源，寻找同族。食物也是如此，物种流传，有无互通，食材碰撞，风味交融，造就了不同地域多彩的饮食风貌。（人们寻求食物的过程，也影响着人们自身；一个地域的饮食风貌，反过来塑造了那块土地上人们的精神气质。）

稻米在山海之间传播，世界各地的巧手又赋予其更强大的生命力和呈现力，改变着人们的饮食结构，满足着人们的饮食需求，这是漫长、壮美又充满着互动性和创造性的旅程。中国是最早栽培水稻的国家，也是东亚稻作文明的发源地，有超过60%的中国人以稻米为主食，但稻米对于我们绝不仅仅是一碗白米饭那么简单。一把把谷粒到一家家的餐桌，稻米的形态被勤劳智慧的中国人民像变魔术般塑造着、幻化着。

【青海·格尔木】

2020年4月，在海拔2800米的格尔木高寒重度盐碱地上，袁隆平青岛海水稻团队首次成功种植"海水稻"。

"海水稻"是对耐盐碱水稻的俗称。目前，山东、内蒙古、黑龙江、广东、甘肃、新疆等多个省区已在种植"海水稻"。2020年10月16日，山东潍坊市的"海水稻"基地中的5万亩"海水稻"，通过中国农业专家的产量测评：每亩产量625.3公斤。这为"中国人要把饭碗端在自己手里，而且要装自己的粮食"这一目标提供了选择方案。

从"南优2号"到超级稻再到"海水稻"，几十年来，袁隆平对杂交水稻不断改良。杂交稻目前已经覆盖了全中国和许多国家。仅在中国，杂交水稻种植面积就达2.5亿亩，面积占比57%，产量占比65%。在泱泱稻田里，袁隆平一次又一次创造了人类粮食生产的高度。

每天都要到田里去，已经成为袁隆平的生活习惯。上世纪50年代，袁隆平最初从事的是红薯育种研究教学。当时国家粮食非常短缺，于是他转而从事国家最需要的水稻育种研究。对于袁隆平来说，爱国就是让粮食增产，用有限的土地养活更多的人。尽管粮食已经连续多年增产，但并不意味着能一劳永逸地解决粮食问题，在营业形势好的时候，还是不能麻痹松懈，放松粮食生产。袁隆平希望通过耐盐碱杂交水稻的研发和推广，让盐碱地像普通耕地那样造福人类，他把"海水稻"技术的突破和创新称为拓荒人精神。

【贵州·南白镇】

黄粑，又名黄糕粑，是贵州省遵义市南白镇的一种汉族传统特色小吃。主要原料为稻米，口感细腻酥软，香甜可口。首先将洗净的粘米与糯米打制成混合的米浆，再将糯米洗净，放入传统的木甑中蒸煮到七八成熟。然后将打制好的米浆与蒸好的糯米饭倒入大木盆中再进行混合，紧接着，便用清洗并煮制好的老笋壳叶或大竹叶将糯米饭依次捆扎好，然后便可全部盛入大木甑中加火蒸煮。经过漫长的20个小时左右，黄粑出锅了，香气透过湿热的竹叶蒸腾而出。趁热剥去竹叶，黄润晶莹的黄粑，糯香、甜香、竹香扑入口鼻，沁人心田，让人垂涎欲滴，食欲大开。

长江以南，人们更喜爱米制糕点，喜爱将糕团制作成惟妙惟肖的动植物造型，象形一直是中国人的独门心传，这种别具一格的糕点已经不是单纯的食物，而是更高层次的、对生活情趣的审美。

【浙江·宁波】

每年晚稻成熟，就到了宁波人打年糕的时候。孩子们约好都从宁波回到村里来看望阿公阿婆，四代同堂的一家人像这样围坐在一起的日子，一年只有难得的两三次。在这个颇为丰盛的餐桌上，自然少不了孩子们最喜欢吃的年糕。做年糕是宁波人庆贺新年的一种传统，以前的宁波家庭要在新年之前做上几十斤至上百斤年糕，泡在冬水里储藏，从腊月一直吃到来年。宁波水磨年糕用当年新产的晚粳米制作，经过浸泡、磨粉、蒸粉、搡捣的过程，分子进行重新组合，口感也得以改善。搡捣后的米粉团，在铺板上使劲揉压，再揉搓成长条，一条最普通的脚板年糕就成型了。五岁的宁宁最高兴的事情就是跟着曾祖外婆一起做年糕。等宁宁长大的时候，也许不会记得年糕的做法，但那种柔韧筋道的口感，承载着家庭的味道，则会留在宁宁一生的记忆里。

无论是年糕，还是一碗热气氤氲的白米饭，留给孩子们的不仅仅是家的味道和温度，还有父辈为了给生活增添一份味道和色彩，所付出的辛勤和智慧。食物是人类生存的必不可少的物质条件，但它传递的却是精神力量。

【非洲·马达加斯加·安巴通德拉扎卡市】

依靠种植中国杂交水稻，阿拉法村的兰德尔一家住进了红砖瓦房，过上了富裕的生活。而4年前，他家7口人还挤在一间20平方米的茅草屋里。现在，兰德尔带着村里20余户农民种植杂交水稻，"杂交水稻改变了我们的生活，让我们对未来充满希望！"村民们兴奋地说。

如今，中国水稻在美国、印度、印度尼西亚、巴基斯坦等许多国家"生根开花"，稻花飘香世界，正在续写着稻作文明的新篇章。

问题
阅读给定材料，结合对材料5中括号中部分的思考，自拟题目，自选角度，写一篇文章。
要求：联系实际，观点鲜明、正确，分析深入，合理，语言流畅，字数控制在800-1000字。

ChatGPT

题目：《食物的迁徙：饮食文化与人类共生之路》

文章：

人类的生活始终与食物紧密相连，食物不仅是满足身体需要的物质条件，更是承载着文化、传统和精神力量的载体。从材料中所述古至今，人类对于食物的迁徙、融合与创新形成了多样的饮食文化，这不仅是食物本身的变迁，更是人类与环境共生的一种体现。

食物的迁徙不仅是物种传播，更是文化交流。稻米的传播与创新，如中国的杂交水稻技术、海水稻的种植等，不仅改变了人们的饮食结构，也满足了不同地域的饮食需求。袁隆平通过杂交水稻的改良，使中国水稻遍布全球，成为国家粮食安全的重要组成部分。这背后凝聚着对国家粮食安全的责任和承诺，也是对于环境适应与改善的努力。

各地的饮食文化也在食物的迁徙中不断演变。比如贵州南白镇的黄粑、宁波的年糕等地方特色小吃，蕴含着当地人对于美好生活的向往和追求。这些传统美食不仅是味觉的享受，更是家族文化的传承，勾起着人们对家庭、故乡的美好回忆，是文化传统的延续。

食物迁徙也是一种环境与社会的互动过程。例如，在非洲的马达加斯加，中国杂交水稻的种植改变了村民的生活，提升了他们的生活品质。这种跨国合作种植水稻的案例，不仅带来了丰收，更是国际间合作共赢的典范。

除了食物的变迁，人们对食物的选择和烹饪也在塑造着个体与社会。人们不断探索新的食材搭配，风味交融，不断创新出新的美食方式，体现了人们对于生活品质的追求和对美好生活的向往。因此，食物不再只是单纯的生存需求，更是文化、生活和情感的体现。

总而言之，食物的迁徙是人类与环境共同演进的产物。通过食物的流动和融合，人类文化在多样性中共生共存。食物不仅提供了营养，更承载着人类对于美好生活的追求和对环境适应的智慧。我们应当珍惜并尊重不同地域的饮食文化，同时也要意识到保护环境、改善生活的责任，使食物成为促进人类文明共同发展的纽带。

下面是 2023 年国家公务员考试申论试卷（行政执法）中的题目。

资料2

"您的配送订单已送达。" H 市金禾区的陆先生日前网购水果，打来电话的是一位特殊的"配送员"——无人配送车"小暖"。"受疫情影响出门少了，加上年纪大了，行动不方便，这无人配送车真是太贴心了!"陆先生说。某快递公司负责人介绍："这几年，越来越多的客户倾向选择无接触配送服务，我们的无人配送车可完成 10 公里范围内的配送任务，可以解决末端配送问题，同时减少人际接触带来的潜在感染风险。目前公司的无人配送项目已落地省内多个城市，未来规模会继续扩大。"

住在 H 市启阳区的林女士已经习惯小区旁边的无人便利店。"我去便利店有时就是随意逛逛，以前的商店进去后经常有售货员跟着，还不时推荐产品，现在有了无人便利店，自在多了。"对此也有小区居民表达了担心："虽然选完东西手机扫码付完款，店门就开了，方便又合理，但得确保机器不会出现故障。万一打不开店门被关在里面，而解决问题的人又不在现场，就麻烦了。"

在全国其他地方，还有众多无人书店、无人宾馆、无人停车场等，这些丰富的"无人经济"新业态，满足了消费者对安全、便利和多元生活的需求，拥有很大的发展空间和潜力。不过，整体来看，我国"无人经济"仍处于起步阶段，缺乏相关政策的指引和法律条文的规范。

位于 H 市胜利路的一家面馆——"阿强热汤鲜面"生意火爆。这家小面馆，没有厨师和服务员，更没有收银员，是货真价实的无人餐厅。前来就餐的顾客，可以全程自助完成点餐、取餐和收餐，从手机扫码下单到出餐不超过 3 分钟。自从今年 4 月开张以来，每天都有几百名顾客来到这家店里尝鲜。附近上班的甄女士表示，自己经常来这里吃碗汤面再去上班。"店里出餐快，结账方便，节约了很多时间。但也有让我觉得不好的时候，比如有两次汤面里的肉片没煮透，向商家投诉索赔，回应也比较慢。"甄女士说。

类似的无人面馆在 H 市有不少家，但品质良莠不齐。H 市有关监管部门曾收到举报，某无人面馆食品经营项目中没有冷食类食品制售，但店里有凉菜销售。"这的确是一个全新的业态，我们持开放和欢迎的态度，但前提是它不能违法违规，且食品安全风险充分可控。" H 市有关监管部门负责人表示。

某无人咖啡屋的现制现售食品机里包含咖啡豆、茶叶、各种粉料、液态奶品……此前，H市从未有过包含如此多品种的现制现售食品机，几乎没有现成的经营许可审批标准可以遵循。相关部门召集食品安全机构、微生物研究机构、农业部门、疾控中心等各方专家，采用"客观报告+专家评审"的方式联合审议。面对新问题，有的专家会凭以往经验直言"这样不行"，但难以提供权威依据。有关负责人坦言，在现有的食品经营许可审批体系里，这些新兴业态主体一直存在经营范围不明、相关许可证发放依据不清等问题。

"无人经济"的出现，是酒店业发展突破成本困境的一个机遇。H市有多家无人宾馆，可自助入住，机器人辅助管理，操作便捷且私密性好，提升了消费者的入住体验，但也带来了一些问题。比如无人宾馆容易成为一些不法分子实施违法犯罪行为的场所；未取得卫生许可证和特种行业许可证、未经消防安全检查、未安装住宿登记上传系统也成为无人宾馆的常见现象，很容易引发经营操作不规范、更换用品不及时、消毒不彻底等问题。这些不仅影响无人宾馆的声誉，也给社会带来了安全隐患。

"现在的无人宾馆基本处于监管盲区，关于如何科学监管，有关部门应持审慎的态度，坚守底线思维，加强监管，防止野蛮生长。解决这个问题首先要明确监管主体和监管职责。"某大学法学教授表示，"无人宾馆虽为新业态，但本质上还是酒店、旅馆，应依照治安管理处罚法、旅馆业治安管理办法、公共场所卫生管理条例等进行管理，并由多个职能部门履行相关监管职责。"

作答要求

H市计划召开关于促进本市"无人经济"新业态健康发展的座谈会。假如你是市场监管部门的参会代表，将在座谈会上发言。请根据给定"资料2"，写一份发言提纲。

要求：紧扣资料，内容具体，层次分明，有逻辑性；不超过450字。

发言提纲：

一、引言

- 简要介绍无人经济的新兴发展及其在H市的现状。
- 强调无人经济为市场带来的便利性和创新性。

二、无人经济的优势

- 无接触服务减少了潜在的健康风险，特别是在疫情期间。
- 提高了消费者体验，满足了对私密性和自主性的需求。
- 通过技术创新，优化了资源配置，提高了效率。

三、存在的问题及风险

- 技术故障导致的消费者不便和安全隐患。

- 食品安全和卫生问题，如无人面馆的食品质量控制。
- 法规滞后，如无人宾馆的监管盲区和许可证发放问题。

四、监管和政策建议

- 建议制定和完善无人经济相关的法规政策，明确监管责任。
- 加强跨部门合作，确保食品安全和消费者权益。
- 推动技术标准的制定，确保无人经济的健康发展。
- 强化消费者教育，提高对无人经济的理解和正确使用。

五、结语

- 强调市场监管部门对于无人经济发展的支持态度。
- 提出通过合理监管，无人经济可以更好地服务于市民，推动H市经济的创新和发展。

下面的题目是判断题型。

定义判断。每道题先给出定义,然后列出四种情况,要求你严格依据定义,从中选出一个最符合或最不符合该定义的答案。注意:假设这个定义是正确的,不容置疑的。
请开始答题：
86.伦理信用是指人们交往中由一定的预先约定、契约、承诺、誓言等引发的一种伦理关系,其蕴涵的合理秩序则凝结为遵守诺言、履行约定的道德准则,人们基于对信用伦理关系合理秩序的理解和规则的践行便形成了相应的道德品行。
根据上述定义,下列涉及伦理信用的是( )。
A.赵某答应了丈夫的临终请求,在丈夫去世后,对丈夫前妻留下的两个孩子视如己出,将他们抚养成人。
B.陈某看到一群人在围殴邻居的孩子,他一边报警,一边跑上前去大声喝止。
C.王某父亲曾借给张某10万元,王父去世后,王某要求张某还钱。
D.李某家乡发生洪涝灾害,不少农民颗粒无收,父亲要求他发动其公司员工和微信圈朋友捐钱捐物。

87.系统脱敏法是一种心理治疗法,当患者面前出现引起焦虑和恐惧的刺激物时,引导患者放松,使患者逐渐消除焦虑与恐惧,不再对该刺激物产生病理性反应。它包括快速脱敏法和接触脱敏法等。前者是治疗者陪伴病人置身于令病人感到恐惧的情景,直到病人不再紧张为止。后者是通过示范,让病人逐渐与所惧怕的对象接触,最终达到克服恐惧的目的。
根据上述定义,如果要治疗一名特别害怕蛇的孩子,下列治疗方法中属于接触脱敏法的是( )。

A.带孩子去室内蛇类养殖场,看各种不同种类的蛇,看多了自然就不再害怕了。
B.给孩子讲有关蛇的有趣的童话故事,引发孩子开心的情绪,逐渐减少对蛇的恐惧。
C.录下孩子看见蛇后恐惧害怕的表情和动作,然后一遍又一遍地把这些视频放给孩子看。
D.让孩子旁观别人触摸、拿起和放下蛇的过程后,再慢慢让孩子逐渐接近和触摸蛇。

86. 根据定义,伦理信用是基于预先约定、契约、承诺、誓言等引发的一种伦理关系,其核心在于遵守诺言、履行约定的道德准则。因此,最符合伦理信用的情况是:

A.赵某答应了丈夫的临终请求,在丈夫去世后,对丈夫前妻留下的两个孩子视如己出,将他们抚养成人。

这是因为赵某履行了对丈夫的诺言,遵循了契约精神,体现了伦理信用中的道德品行。

87. 根据定义,接触脱敏法是通过示范,让患者逐渐与所惧怕的对象接触,最终达到克服恐惧的目的。因此,属于接触脱敏法的治疗方法是:

D.让孩子旁观别人触摸、拿起和放下蛇的过程后,再慢慢让孩子逐渐接近和触摸蛇。

这种方法通过逐渐增加孩子与蛇的接触程度,让孩子观察别人与蛇互动,然后自己尝试,符合接触脱敏法的定义。

7.4
教师资格考试

下面是 2002 年江苏省教师资格认定考试教育学(中学类)试卷中的论述题。

You
您是一位中学老师,请举例说明可通过哪些措施促进学生记忆效果的提高。

ChatGPT
当涉及提高学生记忆效果时,有许多方法和策略可以帮助学生更有效地记忆和学习。以下是一些可行的措施:

1. **多感官学习**:利用多种感官刺激学生的记忆,比如视觉、听觉、触觉等。使用图表、图像、示意图和多媒体资源可以帮助学生更好地记忆信息。
2. **重复和复习**:将信息分成小块,并进行间隔重复学习,这有助于巩固记忆。通过定期复习和回顾,可以加深对知识的理解和记忆。

3. **讲解与教学互动**：鼓励学生参与课堂互动和讨论，以帮助他们更深入地理解概念。让学生向同学解释、总结和教授所学的内容也能够加强他们的记忆。
4. **故事和联想**：将抽象的概念转化为具体的故事或形象，有助于学生更容易地记忆。利用联想技巧将新知识与已有的知识联系起来也是一种有效的记忆策略。
5. **提供足够休息和睡眠**：充足的休息和睡眠对于记忆和学习至关重要。睡眠有助于信息的巩固和记忆的强化。
6. **利用记忆技巧**：教授学生一些记忆技巧，如建立关联、制作记忆卡片、制定缩写或首字母缩略词等，有助于他们更轻松地记忆信息。
7. **积极参与实践活动**：提供实验、实地考察、案例研究等实践活动，可以让学生将理论知识应用到实际中，加深记忆。
8. **定制个性化学习**：尊重学生的学习风格和节奏，为不同类型的学习者提供不同的学习方式，以满足他们的需求。
9. **反馈和评估**：及时给予学生反馈，帮助他们了解自己的学习进展，并指出需要重点关注的领域，这有助于巩固记忆和改进学习方法。

这些措施可以结合使用，帮助学生更有效地记忆和应用所学知识。同时，了解学生的学习习惯和需求，根据实际情况调整教学方法也是非常重要的。

接下来的图片是 2013 年教师资格考试中学教育心理学试题中的一道题，论述题的题目是"如何提高知识直观的效果"。

You
你是一位心理学家，请从教育心理学的角度论述这个题目，如何提高知识直观的效果。

ChatGPT
教育心理学关注于理解和优化教育过程中的心理学原理，包括学习、记忆、认知和发展等方面。提高知识直观的效果可以通过以下教育心理学的角度来探讨：

1. **认知负荷理论**：根据认知负荷理论，学习者的认知负荷应该是适度的，既不过于简单以至于无法激发学习兴趣，也不过于复杂而导致混淆和挫败感。对于知识直观化，以图表、示意图、模型等形式呈现知识可以降低认知负荷，帮助学生更好地理解和记忆信息。
2. **双加工理论**：双加工理论强调通过视觉和语言两个通道同时加工信息能够增强记忆效果。将抽象的知识转化为图像或具体的形象，再辅以文字说明，可以促进学生更深入地理解和记忆知识。
3. **多重表示理论**：多重表示理论认为将信息以不同的方式呈现，例如文字、图像、图表、声音等，能够加强记忆效果。因此，在教学中多样化地运用多种形式的表示方式，可以提高知识直观的效果。
4. **模式识别和联想**：教育心理学认为，人们更容易记忆和理解与已有知识相关联的信息。因此，将新的知识与学生已经掌握的知识联系起来，构建起模式和联想，可以增强记忆效果。比如，通过故事、案例或类比来呈现知识，让学生更好地理解和记忆。
5. **个性化学习**：教育心理学认为，个体学习差异存在于每个学生身上。个性化学习方法可以根据学生的学习风格、能力和兴趣设计教学策略，有助于提高知识直观的效果。因此，了解学生的学习偏好和风格，为其量身定制教学方法和资源是至关重要的。

综上所述，教育心理学提供了多种方法和理论，可以帮助教师设计更有效的教学策略，提高知识直观的效果。利用认知负荷理论、双加工理论、多重表示理论、模式识别和联想等原理，结合个性化学习，有助于促进学生对知识的理解和记忆，从而提高知识直观的效果。

7.5
导游资格考试

下面是 2011 年导游资格考试试题中的一道简答题，题目是：试列举我国春秋战国时期的哲学思想及主要代表。

You
做为一名导游，请你试列举我国春秋战国时期的哲学思想及主要代表。

ChatGPT
在中国春秋战国时期，出现了众多重要的哲学思想流派，每种流派都对中国传统思想产生了深远的影响。以下是几种主要的哲学思想及其代表人物：

1. **儒家思想：**
   - **孔子（孔夫子）**：儒家学派的创始人，提倡仁义礼智信等伦理道德观念，并强调个人修养、社会和谐与治理之道。
   - **孟子**：孔子的思想继承者，强调人性本善，提倡仁爱之道，主张君子以德治国。
2. **道家思想：**
   - **老子**：《道德经》的作者，提出"无为而治"、"道法自然"的思想，主张顺应自然，追求无为而治的理念。
   - **庄子**：继承并发展了老子的思想，强调自由、无为、自然、逍遥等概念，主张"齐物论道"。
3. **墨家思想：**
   - **墨子**：墨家学派的创始人，主张兼爱、非攻、节俭，反对战争和奢华，强调公平正义与和平。
4. **法家思想：**
   - **商鞅**：商鞅变法是法家思想的代表。他主张通过强力措施推行变革，强调法制治理、重视国家实力和统一标准。
5. **兵家思想：**
   - **孙子**：《孙子兵法》的作者，强调战争策略、军事战术与智慧，对战争、策略、军队组织等方面有着深远影响。

这些哲学思想流派及其代表人物在春秋战国时期对中国思想史产生了重大影响，各自提出了不同的价值观念、社会治理和个人修养方式，对中国文化和哲学发展产生了深远影响。

另一道题的题目是：傣族的禁忌主要有哪些？

You
做为一名导游，请问你傣族的禁忌主要有哪些?

ChatGPT
傣族是中国的少数民族之一，主要分布在中国的云南、西双版纳地区。他们有着独特的文化和传统，其中包括一些禁忌和传统习俗。以下是一些傣族常见的禁忌：

1. **不可踩踏火堆**：在傣族文化中，火堆被视为神圣的地方，通常用于举行各种宗教和仪式活动。因此，不允许踩踏或践踏火堆，以示尊重和敬畏。
2. **不可随意触摸他人头部**：傣族认为头部是人体中最神圣的部位，因此，随意触摸他人头部被视为不礼貌和不尊重的行为。
3. **不可在寺庙或宗教场所穿鞋进入**：进入寺庙、寺院或其他宗教场所时，必须脱鞋，并且不允许将鞋子随意乱放。
4. **不可用左手递送物品**：傣族传统认为左手是不洁净的，因此不宜用左手递送物品，特别是食物。
5. **不可直接指向他人或物品**：直接用手指指向他人或物品被认为是不礼貌的行为，在交流时应该使用手掌或手指的背面来指示。
6. **不可在祭祀场所、神龛或供桌前摆放帽子**：帽子被视为不洁之物，不应该放在神圣的地方。

这些禁忌和习俗反映了傣族文化中对于尊重、敬畏和礼仪的重视。在了解和尊重这些习俗的同时，游客在傣族地区旅行时可以更好地融入当地文化，并与当地人民友好相处。

7.6
保险员考试

下面是保险员考试中的单选题。

You
以下是保险知识考试的单选题。
1. 保险公司核赔部门受理客户索赔申请，进行登记和编号，使案件进入正式的处理阶段的过程被称为（ ）。
  A. 报案
  B. 立案
  C. 初审
  D. 核定
2. 投保单是构成完整保险合同的重要组成部分，一旦投保单存在"告知不实"的问题，保险合同的效力状态则处于（ ）。
  A. 合同依据有效
  B. 合同履行中止

第7章 职业考试导师 >> **181**

  C．合同履行暂缓
  D．合同全部或部分无效
3．就合同的性质而言，各类财产保险合同和健康保险合同的疾病津贴和医疗费用合同都属于（　　）。
  A．给付性保险合同
  B．补偿性保险合同
  C．固定保险合同
  D．超额保险合同

ChatGPT

1. 答案：B．立案
2. 答案：D．合同全部或部分无效
3. 答案：B．补偿性保险合同

7.7 人力资源师考试

下面是 2011 年 11 月全国人力资源管理师二级专业能力真题试卷中的题目。

You

这是对人力资源管理师提出的问题，在面试中，通常会对应聘者各方面的能力做出综合评定，对于销售人员，可能看重的是压力承受及应变能力。
问题1：面试官在面试的时候应掌握那些技巧？
问题2：请设计一个压力及应变能力考评的题目，并对其进行评分标准和评分依据做成一个评分表。

ChatGPT

针对问题1，面试官在评估销售人员的压力承受及应变能力时，可以掌握以下技巧：

1. **提问技巧**：提出开放式问题，让求职者描述过去的压力情境并讲述他们是如何应对的。例如："请分享一个您在销售工作中遇到的高压力情境，您是如何处理的？"
2. **情境模拟**：通过角色扮演或模拟场景，观察求职者在模拟压力下的反应。这种方式可以更直观地了解其应对压力的能力。
3. **行为面试法**：以往的行为是预测未来行为的一个重要指标。询问候选人在过去类似情境下的表现，比如："请分享一个您成功应对压力并取得销售目标的经历。"
4. **追问技巧**：在求职者回答问题后，透过追问加深了解其应对压力的方式和策略。通过追问，可以更全面地了解其思考过程和行动逻辑。

针对问题2，以下是一个压力及应变能力考评的题目、评分标准和评分依据的评分表示例：

题目：销售挑战应对

描述：请描述一个您在销售工作中遇到的极具挑战性的情境，以及您是如何应对和克服这种挑战的。

评分标准：

能力/指标	评分标准
压力应对能力	5分：清晰描述了高压力情境，并展现了镇定自若和应对挑战的能力
解决问题的能力	5分：有效提出解决问题的策略和方法
团队合作或领导能力	5分：若在团队中解决问题，能描述与他人合作或领导团队的情况
成功应对挑战的结果	5分：描述了对挑战的应对措施并取得了积极的业绩或解决方案

评分依据：

1. **压力应对能力**：应聘者描述了真实且具有挑战性的销售情境，并展现了自信、镇定和冷静应对的态度。
2. **解决问题的能力**：求职者能够清晰地提出解决问题的方法和步骤，展示了分析问题和制定解决方案的能力。
3. **团队合作或领导能力**：如果在团队环境中解决问题，描述了与团队合作的过程或者对团队进行有效领导的情况。
4. **成功应对挑战的结果**：描述了应对挑战的具体措施，并强调了积极的业绩或解决方案，以及其带来的成果。

以上评分表可以作为参考，通过对每项指标进行评分，从而综合评估求职者的压力承受和应变能力。

7.8 公共卫生执业医师考试

下面是公共卫生执业医师实践技能操作考试试题。

You
下面的问题是针对公共卫生执业医师提出的问题。
问题：
① 低流量吸氧（氧浓度24-28%）适用于哪些病人？
② 面罩吸氧适用于哪些病人？
③ 高流量吸氧术（氧浓度大于60%）适用于哪些病人？

> **ChatGPT**
>
> 针对公共卫生执业医师提出的问题，关于吸氧治疗的适用情况，下面是答案：
>
> ① 低流量吸氧（氧浓度24-28%）适用于哪些病人？
>
> - 低流量吸氧通常适用于那些患有轻至中度低氧血症、缺氧或呼吸窘迫的患者。例如，轻度缺氧的患者、轻度急性呼吸窘迫综合征（ARDS）或慢性阻塞性肺疾病（COPD）患者等。
>
> ② 面罩吸氧适用于哪些病人？
>
> - 面罩吸氧一般适用于那些需要更高浓度氧气的患者，例如，需要高浓度氧气以改善低氧血症、急性呼吸窘迫或严重慢性肺部疾病的患者。此外，对于无法使用鼻导管的患者（如意识状态差、无法耐受鼻导管的患者等），面罩吸氧也是一个选择。
>
> ③ 高流量吸氧术（氧浓度大于60%）适用于哪些病人？
>
> - 高流量吸氧通常适用于严重低氧血症、急性呼吸窘迫综合征（ARDS）、严重的心肺功能不全或其他需要大量氧气支持的严重呼吸衰竭患者。这种高浓度的氧气通常通过高流量设备（如高流量鼻导管或高流量面罩）给予，以提供更高浓度的氧气和较高的气流速率。
>
> 在实际应用中，具体的吸氧方式和浓度会根据患者的病情严重程度、氧合情况和耐受性等因素进行调整和选择，医生会根据患者的具体情况来决定最适合的吸氧方案。

7.9 高级公共营养师资格考试

下面是高级公共营养师资格考试题中的单选题。

```
单选题，要求答案的标号与题目的标号一致。
51、妊娠期妇女相比于非妊娠期妇女，血浆容积增加约为（    ），红细胞数量增加约
    为（    ），出现了血液稀释。
    (A) 30 - 40%, 10-15%    (B) 40 - 45%, 15-20%
    (C) 50 - 60%, 20-25%    (D) 60 - 70%, 25-30%
52、由于肾小球滤过率增加而肾小管吸收能力不能相应增加，可导致妊娠期妇女尿中（
    ）排出量增加。
    (A) 葡萄糖、氨基酸、水溶性维生素、碘    (B) 葡萄糖、钙、水溶性维生素
    (C) 氨基酸、水溶性维生素、碘、钙      (D) 葡萄糖、氨基酸、水溶性维生素、铁
```

53、对于一般孕妇而言，整个妊娠期母体体重约增加（　　）公斤。
　　(A) 8 - 10　　(B) 11 - 12.5　　(C) 13 - 16　　(D) 18 - 20

54、中国营养学会2000年修订的（D）RIS中建议，孕中期到孕后期每日增加能量摄入量（　　）。

　　(A) 0.63MJ (150kcal)　　　　(B) 0.84MJ (200kcal)
　　(C) 1.05MJ (250kcal)　　　　(D) 1.46MJ (350kcal)

55、中国营养学会推荐妊娠蛋白质增加量是：早期（　　）克/天，中期（　　）克/天，晚期（　　）克/天。
　　(A) 5, 15, 20　　(B) 10, 15, 25
　　(C) 15, 20, 25　　(D) 20, 25, 30

56、在各种营养素中，妊娠期间（　　）增加的值较高。
　　(A) 叶酸、能量、维生素C　　(B) 叶酸、铁、维生素B1
　　(C) 叶酸、铁、维生素D　　　(D) 能量、叶酸、铁

57、妊娠期营养不良将导致母体营养不良性水肿、骨质软化症和（　　）。
　　(A) 营养性缺碘　　(B) 营养性缺锌
　　(C) 营养性缺硒　　(D) 营养性贫血

58、哺乳期乳母的各种营养需求比妊娠期孕妇来得（　　）。
　　(A) 低　　(B) 高　　(C) 一样　　(D) 妊娠早期高，妊娠晚期低。

59、垂体分泌的催乳素随着雌激素水平的回落而（　　）这种水平的催乳素是乳汁分泌的基础。

　　(A) 回落　　(B) 持续升高　　(C) 轻微升高　　(D) 保持不变。

51、答案：(A) 30%- 40%, 10%-15%
解析：妊娠期妇女的血浆容积增加约30%-40%，红细胞数量增加约10%-15%，因此会出现血液稀释现象。

52、答案：(A) 葡萄糖、氨基酸、水溶性维生素、碘
解析：由于妊娠期妇女肾小球滤过率增加而肾小管吸收能力不能相应增加，尿中葡萄糖、氨基酸、水溶性维生素、碘排出量增加。

53、答案：(C) 13 - 16
解析：一般孕妇整个妊娠期母体体重约增加13-16公斤。

54、答案：(D) 1.46MJ (350kcal)
解析：根据中国营养学会2000年修订的DRIs建议，孕中期到孕后期每日增加能量摄入量为1.46MJ (350kcal)。

55、答案：(C) 15, 20, 25

解析：中国营养学会推荐妊娠蛋白质增加量是：早期15克/天，中期20克/天，晚期25克/天。

56、答案：（B）叶酸、铁、维生素B1
解析：在各种营养素中，妊娠期间叶酸、铁、维生素B1增加的值较高。

57、答案：（D）营养性贫血
解析：妊娠期营养不良将导致母体营养不良性水肿、骨质软化症和营养性贫血。

58、答案：（B）高
解析：哺乳期乳母的各种营养需求比妊娠期孕妇来得高。

59、答案：（B）持续升高
解析：垂体分泌的催乳素随着雌激素水平的回落而持续升高，这种水平的催乳素是乳汁分泌的基础。

7.10
执业药师考试

下面是执业药师考试试题。

```
你的角色是执业药师，对于下面的单选题请给出答案。
这些是精神与中枢神经系统疾病的用药。
1.地西泮的适应证不包括
A.镇静催眠
B.抗癫痫和抗惊厥
C.肌紧张性头痛
D.特发性震颤
E.三叉神经痛

2.下列药物中属于非苯二氮䓬结构的杂环类镇静催眠药的是
A.佐匹克隆
B.地西泮
C.劳拉西泮
D.阿普唑仑
E.三唑仑

3.苯二氮䓬类药物的药理作用机制是
```

A.阻断谷氨酸的兴奋作用
B.抑制GABA代谢，增加其脑内含量
C.激动甘氨酸受体
D.易化GABA介导的氯离子内流
E.增加多巴胺刺激的cAMP活性

4.关于苯二氮䓬类镇静催眠药的叙述，不正确的是
A.是目前最常用的镇静催眠药
B.临床上用于治疗焦虑症
C.可用于心脏电复律前给药

1. 地西泮的适应证不包括

   答案：D.特发性震颤

   解析：地西泮主要用于镇静催眠、抗癫痫和抗惊厥、肌紧张性头痛和三叉神经痛，但不用于治疗特发性震颤。

2. 下列药物中属于非苯二氮䓬结构的杂环类镇静催眠药的是

   答案：A.佐匹克隆

   解析：佐匹克隆是非苯二氮䓬类的杂环类镇静催眠药，而其他选项地西泮、劳拉西泮、阿普唑仑和三唑仑均属于苯二氮䓬类药物。

3. 苯二氮䓬类药物的药理作用机制是

   答案：D.易化GABA介导的氯离子内流

   解析：苯二氮䓬类药物的主要作用机制是通过增强GABA（γ-氨基丁酸）的抑制性神经递质作用，易化GABA介导的氯离子通道开放，导致氯离子内流增加，从而产生镇静、催眠、抗焦虑、肌肉松弛和抗惊厥效应。

4. 关于苯二氮䓬类镇静催眠药的叙述，不正确的是

   答案：E.长期应用不会产生依赖性和成瘾性

   解析：苯二氮䓬类药物长期使用会产生依赖性和成瘾性，需要在医生指导下谨慎使用。其他选项A、B、C和D均为苯二氮䓬类药物的正确用途或特点。

7.11
执业医师考试

下面是2017年临床执业医师第三单元笔试真题。

> 你的角色是医师，请回答下面的单选题。
> 第1题：急性胰腺炎的典型症状是（ ）
> A.脐周阵发性疼痛，停止肛门排便和排气
> B.上腹部剧烈疼痛，向左上臂内侧放射
> C.上腹部烧灼样疼痛进食后可缓解
> D.上腹部持续性剧烈疼痛，向腰背部放射
> E.阵发上腹部钻顶样疼痛，辗转体位
> 第2题：拟实施储存式自体输血的患者，其血红蛋白水平至少应大于（ ）
> A.110g/L
> B.100g/L
> C.130g/L
> D.120g/L
> E.140g/L
> 第3题：下列细胞中能分泌降钙素的是（ ）
> A.甲状腺滤I包细胞
> B.甲状旁腺细胞
> C.腺垂体细胞
> D.神经垂体细胞
> E.甲状腺滤泡旁细胞
> 第4题：手术病人胃肠准备中要求术前12小时进食，4小时禁水的目的是（ ）
> A.减少术后感染
> B.防止麻醉或手术中呕吐
> C.防止术后切口裂开
> D.防止术后吻合口瘘
> E.防止术后腹胀
> 第5题：急性单纯性阑尾炎时，最不符合临床表现的是（ ）
> A.右下腹局限性压痛
> B.脐周疼痛
> C.白细胞计数轻度升高
> D.局部腹肌紧张
> E.有低热表现

第1题：急性胰腺炎的典型症状是（ ）

答案：D.上腹部持续性剧烈疼痛，向腰背部放射

解析：急性胰腺炎的典型症状是上腹部的剧烈疼痛，常向背部、左肩或左上臂放射，疼痛可呈持续性。

第2题：拟实施储存式自体输血的患者，其血红蛋白水平至少应大于（ ）

答案：C.130g/L

解析：实施储存式自体输血的患者，为了保证有足够的血红蛋白水平以供术后使用，通常要求其血红蛋白水平至少大于130g/L。

第3题：下列细胞中能分泌降钙素的是( )
答案：E.甲状腺滤泡旁细胞
解析：甲状腺滤泡旁细胞（也称为C细胞）能分泌降钙素，这种激素可以降低血液中的钙浓度。

第4题：手术病人胃肠准备中要求术前12小时进食，4小时禁水的目的是( )
答案：B.防止麻醉或手术中呕吐
解析：术前禁食和禁水是为了清空胃内容物，减少手术中和麻醉时呕吐和误吸的风险，从而防止呼吸道堵塞和吸入性肺炎。

第5题：急性单纯性阑尾炎时，最不符合临床表现的是( )
答案：B.脐周疼痛
解析：虽然阑尾炎早期可能出现脐周疼痛，但这不是最典型的症状。随着炎症的发展，疼痛会转移到右下腹麦氏点，这是急性阑尾炎的更典型临床表现。选项A、C、D和E都是急性阑尾炎的常见临床表现。

下面是2019年临床医师实践技能站病史采集＋病例分析样题。

你的角色是执业医师。
病史摘要：女孩，3岁半。发热4天，咳嗽、气促2天。

患儿4天前受凉后出现发热，体温**达40.1℃，无寒战、惊厥，服用退热药体温可暂时下降，很快又升高。2天前开始出现咳嗽，有痰，随之出现气促，无呕吐、腹泻。发病以来，精神差，进食减少，小便正常。既往体健，足月顺产，否认产伤、窒息史，按时添加辅食。生长发育同正常同龄儿，按时预防接种，否认遗传病家庭史。

查体：T 39.2℃，P 140次/分，R 40次/分，BP 90/60mmHg.急性热病容，精神差，皮肤未见出血点和皮疹，浅表淋巴结未触及肿大。口周微发绀，咽喉充血，扁桃体Ⅰ度肿大，未见分泌物，胸廓对称，呼吸急促，双下肺可闻及中细湿啰音。心界不大，心率140次/分，律齐，心音有力，未闻及杂音，腹软，肝肋下2cm，质软，脾未触及。双下肢无水肿。神经系统检查无异常。

实验室检查：血常规：Hb 120g/L，RBC $4.0×10^{12}$/L，WBC $17.8×10^9$/L，N 0.78，L 0.22，Plt $212×10^{12}$/L，C反应蛋白28mg/L(正常值≤10mg/L)。粪常规(-)，尿常规(-)。

要求：根据以上病历摘要，请给出初步诊断、诊断依据(如有两个及以上诊断，应分别列出各自诊断依据)、鉴别诊断、进一步检查与治疗原则。

初步诊断：急性下呼吸道感染，可能为肺炎。

诊断依据：

1. 发热4天，体温达到40.1℃，符合感染性疾病的表现。
2. 咳嗽，有痰，出现气促，提示下呼吸道受累。
3. 精神状态差，进食减少，可能是全身感染的表现。
4. 查体发现口周微发绀，咽喉充血，扁桃体Ⅰ度肿大，双下肺可闻及中细湿啰音，这些都是肺部感染的体征。
5. 心率140次/分，比正常儿童心率稍快，可能是发热和感染的反应。
6. 血常规检查显示白细胞增高至17.8×109/L，中性粒细胞比例升高至0.78，提示有细菌性感染。
7. C反应蛋白28mg/L，高于正常值，也支持有感染发生。

鉴别诊断：

1. 病毒性呼吸道感染：需鉴别病毒性和细菌性感染，病毒感染通常白细胞计数不会升高如此显著。
2. 支气管炎：也可表现为发热、咳嗽和气促，但往往缺少肺实质的体征。
3. 支气管哮喘：虽然会有咳嗽和气促，但通常不会有发热和白细胞计数升高的表现。

进一步检查：

1. 胸部X线片或CT扫描：确定是否有肺炎的征象，如肺实变等。
2. 血培养：排除菌血症，确定病原体。
3. 咽拭子培养：鉴别可能的病原体。

治疗原则：

1. 抗感染治疗：根据病原体的可能性，选用合适的抗生素。
2. 对症支持治疗：退热、补液、保持电解质平衡。
3. 保持呼吸道通畅：必要时进行氧疗，减轻气促。
4. 监测病情变化：密切观察体温、心率、呼吸频率和病情变化，及时调整治疗方案。

7.12 护士资格考试

下面是护士资格考试题。

你的角色是资深护士,请回答下面的问题。
1.A1型题(单句型最佳选择题)
A1型题以简明扼要的提出问题为特点,考查考生对单个知识点的掌握情况。
腰椎穿刺后,患者应去枕平卧的时间为:( )
A.1~2小时
B.3~4小时
C.4~6小时
D.10~12小时
E.24小时

2.A2型题(病历摘要型最佳选择题)
A2型题以叙述一段简要病历为特点,考查考生的分析判断能力。
患者,男,30岁。30分钟前因汽车撞伤头部发生颅前窝骨折入院,采取保守治疗。对此患者的护理措施不正确的是:( )
A.床头抬高15~20度
B.抗生素溶液冲洗鼻腔
C.禁忌堵塞鼻腔
D.禁止腰椎穿刺
E.保持外耳道、口腔、鼻腔的清洁

3.A3型题(病历组型最佳选择题)
A3型题以叙述一个以患者为中心的临床情景,针对相关情景提出测试要点不同的、2~3个相互独立的问题。
(1-3题共用题干)患者,男,40岁。饱餐后出现上腹部剧痛3小时,伴恶心、呕吐就诊。初步体格检查:神智清楚,腹部平,全腹明显压痛,呈板样强直,肠鸣音消失。
1.分诊护士应首先判断该患者最可能为:( )
A.急腹症,怀疑胰腺炎
B.癔症
C.消化道感染,怀疑伤寒
D.中枢神经疾病,怀疑脑疝
E.外伤,怀疑盆腔骨折

2.分诊护士最恰当的处理是：（ ）
A.优先普通外科急诊
B.优先神经外科急诊
C.急诊按序就诊
D.回家继续观察
E.进一步询问病史
3.肠鸣音消失的原因最可能是：（ ）
A.肠穿孔
B.肠血运障碍
C.机械性肠梗阻
D.剧痛而不敢腹式呼吸
E.炎症刺激而致肠麻痹

1. 腰椎穿刺后，患者应去枕平卧的时间为：（C）

    答案：C.4～6小时

    解析：腰椎穿刺后，通常建议患者平卧4至6小时，以减少脑脊液漏和降低发生腰穿后头痛的风险。

2. 患者，男，30岁。30分钟前因汽车撞伤头部发生颅前窝骨折入院，采取保守治疗。对此患者的护理措施不正确的是：（B）

    答案：B.抗生素溶液冲洗鼻腔

    解析：颅前窝骨折可能导致脑脊液漏，抗生素溶液冲洗鼻腔可能增加感染的风险，因此不建议这样做。

3. (1-3题共用题干) 患者，男，40岁。饱餐后出现上腹部剧痛3小时，伴恶心、呕吐就诊。初步体格检查：神智清楚，腹部平，全腹明显压痛，呈板样强直，肠鸣音消失。

    1.分诊护士应首先判断该患者最可能为：（A）

    答案：A.急腹症，怀疑胰腺炎

    解析：患者出现上腹部剧痛，伴恶心呕吐，体格检查显示板样强直和肠鸣音消失，这些是急腹症的典型表现，其中胰腺炎是常见原因之一。

    2.分诊护士最恰当的处理是：（A）

    答案：A.优先普通外科急诊

    解析：急腹症需要紧急处理，应优先安排到普通外科急诊进行进一步的诊断和治疗。

    3.肠鸣音消失的原因最可能是：（E）

    答案：E.炎症刺激而致肠麻痹

    解析：全腹明显压痛和板样强直通常提示腹腔有严重的炎症过程，如急性胰腺炎，这种炎症刺激可导致肠麻痹，从而肠鸣音消失。

7.13 结语

在本章中我们以职业考试的试题为例，尝试了 ChatGPT 在答题方面的用途，所举实例包括了一些常见的职业考试，但是还有很多考试没有包括其中，用户可以将 ChatGPT 用于各种考试的复习和指导。虽然在训练 ChatGPT 这个模型的时候，汉语语料只占了很小的比例，但是，它处理中文信息的表现已经非常优异了，让它回答汉语的各种职业考试题目，出错率已经很小了。尽管如此，我们在借助 ChatGPT 进行复习备考时依然要小心对待，不同的题型情况不同，例如，会计学中的计算问题要小心，计算和逻辑推理是 ChatGPT 的弱项，总结、综述和知识性题目是它的强项。随着一些插件在 GPT-4 中的使用，它的计算和推理能力有了很大提高。

第 8 章

求职宝典

Command Prompt :

Chat AI

在今天的数字时代，人工智能正在改变求职领域，革新求职者寻找工作机会的方式以及雇主识别和评估候选人的方式。在本章中我们将探讨 AI 在求职中的重要作用，以及对求职市场各个方面的影响。

8.1 人工智能技术助益求职活动

AI 技术对招聘和求职的助益体现在以下几个方面：

（1）加强了工作匹配和推荐

AI 技术使求职者能更有效地找到相关的工作机会。AI 驱动的求职平台分析求职者的技能、资格和偏好，并将他们与适合的工作机会匹配。通过利用 AI 算法，求职平台可以根据求职者的个人信息提供个性化的工作推荐，增加找到符合其资格和职业抱负的工作的机会。AI 驱动的工作匹配简化了求职过程并提高了求职者的整体体验。

（2）智能工作申请协助

AI 驱动的工作申请助手在应聘过程中指导求职者，帮助他们创建量身定制的简历、求职信和申请材料，这些助手可以根据行业标准和工作要求提供建议和推荐，确保求职者有效地向潜在雇主展示自己。AI 驱动的工作申请协助提高求职材料的质量，并增加求职者在竞争激烈的求职市场中脱颖而出的可能性。

（3）自动化面试准备和辅导

AI 技术为求职者提供自动化的面试准备和辅导。AI 驱动的平台可以模拟面试场景，提出常见的面试问题，并对求职者的回答提供反馈。这些平台可以分析语言模式、身体语言和内容，提供个性化的改进建议。AI 驱动的面试准备和辅导赋予求职者练习和提炼他们的面试技巧的能力，增加他们在实际面试中的信心和成功的可能性。

（4）技能发展和提升的机会

AI 驱动的平台为求职者提供了技能发展和提升的机会，以提高他们的资格和市场竞争力。这些平台利用 AI 算法评估求职者的技能差距，并推荐相关的培训项目或课程。AI 驱动的技能发展平台提供个性化的学习路径、适应性的学习体验和实时反馈，使求职者能获取热门技能，并在求职市场中保持竞争力。

（5）智能求职市场洞察

AI 技术分析求职市场数据、趋势和行业信息，为求职者提供有价值的洞察。AI 驱动的平台可以提供基于数据的推荐，如需求的技能、新兴的工作角色和薪资趋势。通过利用 AI 驱动的求职市场洞察，求职者可以就他们的职业道路作出顺应市场的决定，针对特定行业，调整他们的技能以满足市场需求。

（6）聊天机器人承担的职业指导和支持

AI 驱动的聊天机器人为求职者提供个性化的职业指导和支持。这些虚拟助手可以回答与工作有关的问题，提供关于职业道路的信息，并提供求职策略的指导。AI 聊天机器人可以分析求职者的个人信息、兴趣和抱负，提供定制的建议和资源。

（7）自动化的求职面试协助

AI 技术为求职者提供自动化的求职面试协助，帮助他们为面试做好准备并提高他们的表现力。AI 驱动的面试平台可以模拟真实面试场景，提出行业特定的问题，并对候选人的回答提供反馈。借助 AI 的自动求职面试协助，求职者能够增强信心，提炼他们的面试技巧，并提高他们在实际面试中的成功机会。

（8）智能求职市场预测

AI 驱动的求职市场预测模型分析历史数据、行业趋势和经济指标，为求职者提供未来求职市场状况的预测。这些模型可以预测工作需求，识别新兴行业，并预测技术进步对特定工作角色的影响。AI 驱动的求职市场预测帮助求职者针对他们的职业道路作出前瞻性的决定。

（9）由 AI 驱动的职场交往和专业联系

AI 技术便利了求职者的职场交往和专业联系。AI 驱动的平台可以根据求职者的个人信息和职业兴趣推荐相关的专业社区、行业活动和交往机会。AI 算法分析求职者的技能、经验和目标以识别潜在联系人并促成有意义的介绍。AI 驱动的交往工具使求职者能拓宽他们的职业网络，发现职业机会。

（10）职业道路探究和规划

AI 驱动的职业道路探索工具帮助求职者探索不同的职业道路和规划他们的职业轨迹。这些工具利用 AI 算法分析求职者的技能、兴趣和经验，为潜在的职业道路提供个性化的推荐。

8.2 ChatGPT 协助下的应聘实践

ChatGPT 可以在求职和招聘的多个环节和情况下为人们提供帮助。以下是几个不同的适用场景。

（1）场景1：制作一份成功的简历

如下所示，一名新近毕业的学生在撰写一份有影响力的简历时遇到了困难，她的简历需要有效地展示她的资格、技能和经验，从而能够吸引潜在的雇主。

> 作为一名专注于机器学习的计算机科学新近毕业生，我在简历上强调我的学术项目、相关课程和在技术创业公司的实习经验的最佳方式是什么？

作为一名专注于机器学习的计算机科学新近毕业生，您的简历应该清晰地展示您的专业技能、学术成就和相关工作经验。以下是一些建议，可以帮助您在简历上有效地强调这些要点：

联系信息

- **姓名**：清晰地标出您的姓名。
- **联系方式**：包括电话号码和专业电子邮件地址。
- **LinkedIn/GitHub**：提供您的LinkedIn个人资料和GitHub账户链接，特别是如果您在GitHub上有相关的项目。

简介/目标声明

- **简短概述**：用一两句话简要描述您的专业背景和您寻求的职位类型。
- **关键技能**：提及您在机器学习和计算机科学领域的核心技能。

教育背景

- **学位和专业**：列出您的学位（例如，计算机科学学士）和专业（机器学习）。
- **毕业时间**：标明毕业月份和年份。
- **相关课程**：列出与机器学习相关的核心课程，如"高级机器学习"、"数据科学"、"统计学"等。

学术项目

- **项目标题**：为每个项目提供一个具有吸引力的标题。
- **技术栈**：提及在项目中使用的技术和工具。
- **成果和影响**：强调您的项目如何解决问题或对学术领域做出贡献。

- **量化成果**：如果可能，提供量化的结果，如准确率提升百分比、处理时间缩短等。

实习经验

- **公司名称和职位**：清楚地标出您在技术创业公司的职位和实习时间。
- **职责和项目**：描述您在实习期间的主要职责和参与的项目。
- **技能应用**：强调您如何应用机器学习和其他计算机科学技能解决实际问题。
- **成就和贡献**：展示您对公司的具体贡献，例如开发新算法、改进数据处理流程等。

技能和专长

- **编程语言**：列出您熟练使用的编程语言，如Python、Java、R等。
- **机器学习工具**：提及您熟悉的机器学习框架和库，如TensorFlow、Keras、Scikit-learn等。
- **数据处理**：展示您的数据处理能力，包括数据库和数据分析工具的使用，如SQL、Pandas等。
- **软件开发**：如果适用，包括软件开发生命周期的知识，如版本控制、单元测试、CI/CD等。

附加部分（如果适用）

- **论文和发表**：如果您有发表的学术论文或参加过相关研讨会，可以在此部分列出。
- **证书和培训**：列出任何与机器学习相关的认证或专业培训。

格式和布局

- **简洁清晰**：保持简历的简洁性，通常不超过一页。
- **布局**：使用清晰的标题和子标题，确保简历的布局有条理。
- **动词**：使用强有力的动词来描述您的经验和成就，如"开发"、"实施"、"优化"等。

记住，简历应该是动态的文档，针对您申请的每个职位进行个性化调整。突出与目标职位最相关的经验和技能，确保简历中的每一部分都能反映您作为候选人的价值。

（2）场景2：掌握求职信撰写技巧

如下所示，一名求职者正在申请一份竞争激烈的职位，希望他的求职信能让他脱颖而出。

> 作为一名专长于后端开发并有五年经验的软件工程师，我正在申请一家公司的高级后端开发者职位，这家公司重视创新解决方案和协作工作文化。我应该如何构建我的求职信以突出我的资质、对创新的热情，以及团队精神？

在撰写针对高级后端开发者职位的求职信时，您应该明确地展示您的专业技能、经验、对创新的热情以及您的团队合作能力。以下是一个求职信的构建框架，您可以根据自己的具体情况进行调整和补充：

[您的姓名]
[您的地址]
[您的城市, 州, 邮编]
[您的电话号码]
[您的电子邮件地址]

[日期]

[招聘经理的姓名]
[公司名称]
[公司地址]
[公司城市, 州, 邮编]

尊敬的 [招聘经理的姓名]，

首先，我想对 [公司名称] 提供的高级后端开发者职位表达我的浓厚兴趣。作为一名拥有五年专业后端开发经验的软件工程师，我对于加入一个重视创新解决方案和协作工作文化的团队感到非常兴奋。我相信我的专业技能、对技术的热情以及对团队成功的承诺将使我成为贵团队的宝贵资产。

在我最近的职位中，我负责领导多个关键项目，从概念设计到成功部署，不仅增强了用户体验，还显著提高了系统效率。我热衷于采用最新的技术趋势和最佳实践来推动产品的创新，例如，在最近的一个项目中，我集成了微服务架构，以提高我们应用的可扩展性和维护性。此外，我积极参与代码审查和持续集成流程，以确保我们的代码库健康和性能优化。

我对编码的热情并不局限于我的专业职责。我经常与同事合作，分享知识和技术见解，以促进团队内的学习和创新。我相信，团队合作是推动技术前沿的关键，我一直致力于建立一个支持和鼓励创新思维的环境。

我期待有机会进一步讨论我如何为 [公司名称] 带来我的技术专长和对协作创新的热情。感谢您考虑我的申请。我期待着您的回复，并希望能与您面谈，共同探讨如何通过技术创新为贵公司带来价值。

真诚地，

[您的姓名]

在您的求职信中，确保每一段都简洁明了，直接针对职位要求和公司文化。提供具体的例子来展示您的经验和成就，并表达您对于机会的热情和您对团队协作的价值观。最后，以正式礼貌的语气结束信件，并提供联系方式以便于招聘经理与您联系。

（3）场景3：准备工作面试

一位女士，在一家公司做同一份工作多年，现在要为找工作的面试做准备。她感到自己的面试技巧已经生疏，不确定如何有效地做好准备。

我们使用 GPT-3.5 和 GPT-4 分别生成两个结果，比较这两个模型的回答，看看您更喜欢哪个？

先使用 GPT-3.5，如下所示。

你
我过去十年一直担任IT项目经理，自那时以来，我没有进行过工作面试。我正在为一家较大的科技公司的高级项目管理角色做面试准备。你能为我提供一些建议，告诉我如何回答我在一家公司长期任职的问题，以及让他们相信我已经准备好进行这次转变。

ChatGPT
当回答关于你在一家公司长期任职的问题时，你可以强调以下几个关键点，以展示你的价值和准备好迎接高级项目管理角色的能力：

1. **业绩和成就**：强调你在过去十年中在IT项目管理方面取得的业绩和成就。具体列举一些你成功完成的项目，包括项目的规模、预算、进度和质量方面的成绩。说明你是如何通过有效的项目管理实践达成目标的。
2. **团队协作和领导力**：谈论你在过去的职业生涯中是如何与团队合作的，以及你在领导和激励团队方面的经验。强调你对团队动态的理解，并提到你是如何鼓励协作、解决冲突以及培养团队成员的能力。
3. **变革和创新**：如果你在过去的角色中推动了变革或实施了创新的项目，确保提到这些方面。科技公司通常注重创新和适应变化，因此展示你对于推动变革的熟悉和能力将是一个加分项。
4. **学习和发展**：强调你在职业生涯中的学习和发展。指出你是如何持续学习新技能、关注行业趋势，并将这些知识应用到实际工作中的。这表明你有适应变化和不断发展的能力。

5. **问题解决和决策能力**：提到你在面对困难和挑战时是如何采取积极的解决方案和决策的。使用具体案例说明你的决策过程，并强调你在压力下保持冷静和理性的能力。

在回答这些问题时，要保持自信和积极。展示你的经验和技能如何与新角色相匹配，并强调你对于新挑战的热情和准备好为公司做出贡献的态度。

再使用 GPT-4，如下所示。

> 我过去十年一直担任IT项目经理，自那时以来，我没有进行过工作面试。我正在为一家较大的科技公司的高级项目管理角色做面试准备。你能为我提供一些建议，告诉我如何回答我在一家公司长期任职的问题，以及让他们相信我已经准备好进行这次转变。

准备面试时，关键是要能够清晰地传达您为何是这个高级项目管理角色的理想人选，以及您在长期任职中积累的经验如何使您为新挑战做好了准备。以下是一些建议，可以帮助您准备回答关于长期任职和准备好转变的问题：

突出您的长期任职的积极面：

1. **稳定性和忠诚**：强调您在前一家公司长期任职显示了您的稳定性和对工作的忠诚。这表明您是一个可靠的团队成员，愿意为公司的长期成功投入时间和努力。

2. **深入的行业知识**：讨论您如何深入了解特定的行业、市场和技术，并且这些知识如何转化为对未来雇主的价值。

3. **领导和成长**：分享您如何在职业生涯中不断发展您的领导能力，以及您如何带领团队适应变化和克服挑战。

4. **项目多样性**：即便是在同一家公司，也可以参与多种多样的项目。举例说明您如何管理不同类型的项目，以及您如何适应和学习新技能。

5. **成就和结果**：提供具体的例子和量化的成果，展示您如何成功地管理项目并对公司产生积极影响。

说明您为何已经准备好进行转变：

1. **寻求新挑战**：表达您渴望新的学习机会和成长空间，以及您希望将您的技能和经验应用到新环境中。

2. **适应性和灵活性**：强调您适应新情况的能力，以及您在面对技术和业务模式变化时的灵活性。

3. **持续学习**：讨论您在职业生涯中如何持续学习新技术、新方法论和行业最佳实践。
4. **创新思维**：分享您如何在以前的角色中推动创新，并且您期待在新环境中继续这样做。
5. **文化适应**：研究新公司的文化，并讨论您如何与这种文化相契合，以及您如何能够为公司带来正面的变化。

面试技巧：

- **准备具体例子**：准备一些STAR（Situation, Task, Action, Result）格式的故事，以展示您如何在过去的工作中成功地管理项目和解决问题。
- **了解公司**：研究您申请的公司，了解它们的产品、服务、文化和他们面临的挑战。这将帮助您在面试中提出如何为公司带来价值的具体点。
- **练习面试**：与信任的朋友或同事进行模拟面试，特别是针对您长期任职和转变准备的问题。
- **积极态度**：保持积极的态度，展现出您对新机会的热情。
- **准备问题**：准备一些问题来向面试官询问公司和角色，显示出您对职位的兴趣和对公司的研究。

通过以上建议，您可以在面试中自信地表达自己的观点，并说服面试官您已经准备好接受新的挑战。记住，您的经验是您的优势，确保您能够清楚地传达这一点。祝您面试成功！

（4）场景4：职业转型指南

如下所示，一位职场人士想要转向新的职业领域，但不确定如何向潜在雇主说明自己能够转化的应用技能和经验。

> 我已在金融分析领域工作了五年，考虑转行到数据科学方向。我有一些编程知识并且喜欢分析数据，但我不确定如何在这个新领域向潜在雇主最好地展示我的技能和经验。你能给些建议吗？

转行到数据科学是一个需要策略和计划的过程，特别是当您希望将现有的金融分析技能转化为数据科学应用时。以下是一些建议，帮助您向潜在雇主展示您的技能和经验：

1. **强化您的数据科学技能**：

- **自学**：利用在线课程和教程来学习数据科学的基础知识，如Coursera、edX、Udacity等提供的专业课程。

- **实际操作**：通过项目实践来应用您的学习，如Kaggle竞赛或个人项目，这些都是展示您技能的好方法。
- **补充知识**：确保您熟悉数据科学的核心概念，包括机器学习、统计分析、数据处理和可视化。

2. 展示您的编程技能：

- **编程语言**：确保您熟练掌握数据科学中常用的编程语言，如Python或R。
- **工具和库**：学习并实践数据科学相关的工具和库，如Pandas、NumPy、Scikit-learn、TensorFlow等。

3. 利用您的金融分析背景：

- **行业知识**：突出您对金融市场的深入理解，这是您作为数据科学家的独特优势。
- **分析技能**：强调您的分析技能，如您如何使用数据来支持决策和解决问题。
- **量化成果**：提供具体例子，说明您如何在金融分析中成功应用数据分析来产生影响。

4. 构建数据科学作品集：

- **展示项目**：创建一个包含您数据科学项目的作品集，可以是GitHub仓库或个人网站。
- **案例研究**：包括一些案例研究，展示您如何解决实际问题，特别是如何在金融领域应用数据科学。

5. 网络和社区参与：

- **参加Meetup**：加入本地或在线的数据科学Meetup，与同行交流。
- **参与论坛**：在Stack Overflow、Reddit的数据科学社区或LinkedIn上参与讨论，建立您的专业网络。

6. 准备简历和求职信：

- **定制简历**：针对每个职位定制您的简历，突出与数据科学相关的技能和经验。
- **求职信**：在求职信中讲述您为何决定转行，以及您如何将金融分析的经验和技能应用到数据科学中。

7. 面试准备：

- **学习面试题**：准备数据科学面试中常见的技术问题和案例分析。

- **沟通技能**：练习清晰、自信地沟通您的思路和解决方案。

最后，保持积极的学习态度和适应性，不断更新您的知识和技能，以适应这个快速发展的领域。通过上述步骤，您可以有效地向潜在雇主展示您的技能和经验，为数据科学领域的职位做好准备。

（5）场景 5：协商薪资报价

如下所示，一位候选人收到一份工作邀请，但他认为初始的薪资提议低于他的价值。他不确定如何处理协商过程。

> 我收到了一份在旧金山的软件开发角色的工作邀约。初始报价是95,000美元，但根据我的研究，以及我的前端和后端开发的独特技能，我认为合理的范围应该在105,000到115,000美元之间。如何在不冒险失去工作邀约的情况下在薪酬协商谈话中有效地表达这一点？

在薪酬谈判中表达您的期望时，重要的是要保持专业、有礼貌，并提供支持您请求的数据和理由。以下是一些步骤和策略，可以帮助您进行有效的薪酬协商：

1. 表达感激和兴趣：

- 开始谈话时，首先对公司给予的工作机会表示感谢，并重申您对这个角色的兴趣和您对公司的热情。

2. 使用市场数据支持您的请求：

- 引用您的研究结果，包括薪酬调查、行业标准和地区平均薪资数据，以证明您提出的薪资范围是基于市场情况的。

3. 突出您的技能和经验：

- 清晰地说明您的前端和后端开发技能如何为公司带来特别的价值，以及这些技能为什么使您的工资应该高于初始报价。

4. 提出具体的薪资范围：

- 有礼貌地提出您认为合理的薪资范围，并准备好解释这个范围是如何反映您的能力和对公司预期贡献的。

5. 准备好讨论和妥协：

- 认识到谈判是一个双向过程，公司可能会提出反例或妥协的提议。保持开放的态度，考虑其他形式的补偿，如签字费、股票期权、额外的假期等。

6. 练习您的交流方式：

- 在实际谈判之前，与朋友或家人练习您的谈判对话，这可以帮助您更自信地表达自己的立场。

7. 保持专业：

- 在整个谈判过程中保持冷静和专业。即使对方的回应不如您所愿，也要保持礼貌和尊重。

8. 考虑整体薪酬包：

- 在考虑是否接受最终的薪酬包时，考虑所有因素，包括基本工资、福利、职业发展机会、工作生活平衡等。

示例谈判语句：

"非常感谢您提供这个机会，我对加入贵公司并贡献我的前端和后端开发技能感到非常兴奋。根据我的市场研究和个人能力，我相信105,000到115,000美元的薪资范围对于这个角色和旧金山这个地区是更加合适的。我相信我的技能组合将为团队带来显著的价值，并帮助推动我们的项目取得成功。我希望我们可以找到一个双方都满意的解决方案。"

记住，谈判是一个正常的过程，大多数雇主都预料到候选人会提出薪资谈判。保持积极的态度，清晰地表达您的期望，并准备好进行建设性的对话。

（6）场景6：管理求职压力

如下所示，一位求职者由于漫长的求职过程和持续的被拒绝感到压力过大和焦虑。

> 我已经失业六个月了，我感到求职过程令人压抑。由于持续的拒绝以及金融压力，我正在经历焦虑。我应该如何处理这种情况？

面对长时间的求职和连续的拒绝，感到压抑和焦虑是正常的反应。处理这种情况需要时间和耐心，以下是一些建议，可以帮助您应对这一挑战：

1. 承认您的感受：

- 首先，认识到您的感受是合理的，很多人在求职过程中都经历过相似的情绪。

2. 建立日常例程：

- 保持日常例程，如规律的睡眠、饮食和锻炼，这些都有助于减少焦虑。

3. 设定可管理的目标：

- 将大目标分解为小步骤，并庆祝每一个小成就，这可以帮助您保持积极性。

4. 维持社交活动：

- 与家人、朋友和同行保持联系，社交支持是应对压力的重要资源。

5. 考虑兼职或志愿工作：

- 参与兼职工作或志愿服务可以帮助您保持忙碌，同时也可能为您提供新的网络和机会。

6. 更新和优化简历：

- 利用这段时间来更新您的简历和LinkedIn资料，确保它们展现了您最强的一面。

7. 学习新技能：

- 考虑学习新技能或提升现有技能，这不仅可以提高您的就业机会，也可以让您感到进步。

8. 探索职业咨询服务：

- 如果可能，寻求职业咨询服务的帮助，他们可以提供求职策略和情绪支持。

9. 实践放松技巧：

- 尝试冥想、深呼吸或瑜伽等放松技巧，它们可以帮助缓解焦虑。

10. 考虑专业帮助：

- 如果您的焦虑感影响了日常生活，考虑寻求心理健康专业人士的帮助。

11. 金融规划：

- 仔细审视您的财务状况，并制定预算计划，以减轻金融压力。

12. 保持灵活性：

- 考虑扩大您的职业搜索范围，包括不同的行业、职位或地理位置。

13. 维护积极思维：

- 通过阅读励志书籍、观看积极视频或听励志演讲来保持积极的心态。

记住，求职是一个过程，每个人的旅程都是独特的。保持耐心，对自己温柔一些，不断寻找提升自己的机会，并相信最终您会找到合适的职位。

（7）场景7：建立个人品牌

如下所示，一名年轻的专业人士想要建立一个强大的个人品牌，以便更吸引潜在的雇主。

> 我是一名环境科学专业的应届毕业生。我想要建立一个个人品牌，强调我的对气候变化倡导的热情和我的分析技能。我应该如何做才能吸引环境政策领域的潜在雇主？

建立一个突出您对气候变化倡导热情和分析技能的个人品牌是一个多步骤的过程。以下是一些策略，可以帮助您吸引环境政策领域的潜在雇主：

1. 确定您的品牌信息：

- 明确您想要传达的关键信息，比如您对气候变化的热情、您的专业知识、您的分析技能以及您如何将这些应用到环境政策中。

2. 创建专业的在线存在：

- **LinkedIn**：建立一个完整的LinkedIn个人资料，突出您的教育背景、技能、项目经验和志愿活动。
- **个人网站或博客**：创建一个个人网站或博客，展示您的作品、论文、相关项目和对环境问题的见解。
- **社交媒体**：在Twitter、Instagram等平台上分享相关内容，参与环境相关话题的讨论。

3. 展示您的工作和成就：

- 通过案例研究、项目报告和演示文稿来展示您的分析技能和对气候变化的影响。

4. 网络建设：

- 参加环境科学和政策相关的研讨会、会议和网络活动。
- 加入相关的专业组织，如美国环境科学家和专家协会(AAAS)或气候行动网络(CAN)。

5. 发表见解和研究：

- 在学术期刊、行业出版物或您的个人博客上发表关于气候变化和环境政策的文章。
- 提供独到的见解和分析，展示您的专业知识。

6. 参与志愿活动和社区服务：

- 加入环境保护项目，或者在本地社区中推动气候行动，这些活动可以体现您的热情和承诺。

7. 持续学习：

- 保持对最新环境政策、法规、科学研究和技术的了解，这将帮助您保持相关性。

8. 寻求推荐和背书：

- 从教授、同事或行业内的联系人那里获得推荐，这些可以增加您的可信度。

9. 准备精彩的简历和求职信：

- 确保您的简历和求职信清晰地传达了您的个人品牌和您对气候变化的热情。

10. 练习沟通技能：

- 在面试和网络活动中，清晰、自信地传达您的热情、知识和技能。

通过上述步骤，您可以建立一个强大的个人品牌，突出您的专业知识和对环境政策的热情。这将帮助您在环境科学领域的潜在雇主中脱颖而出。

（8）场景8：探索新行业

如下所示，一位有经验的工作者想要探索在新行业的机会，但是对该行业的情况缺乏了解。

> 我在IT行业拥有十年的经验，特别在项目管理和数据分析方面。我想转行到可再生能源行业。你能建议哪些角色可能可以转换我的技能，以及我如何可以弥补这个差距吗？

拥有项目管理和数据分析经验的IT专业人士转行到可再生能源行业是一个有前景的选择，因为这些技能在新的行业中同样非常重要。以下是一些建议，可以帮助您找到合适的角色并弥补技能差距：

可转换的角色：

1. **项目经理**：可再生能源项目，如风能或太阳能发电站的建设和维护，需要有经验的项目经理来监督项目的进度、预算和团队管理。
2. **数据分析师**：可再生能源公司需要分析师来处理和解读大量的数据，如能源消耗模式、气象数据和设备性能数据，以优化能源产出和效率。
3. **运营分析师**：优化能源生产的日常运营，包括设备维护计划、成本效益分析和流程改进。
4. **供应链管理**：管理设备和材料的采购、物流和库存，确保项目的顺利进行。
5. **商业智能(BI)开发者**：在可再生能源公司中开发和维护BI解决方案，帮助企业更好地理解商业数据和市场趋势。
6. **产品经理**：负责可再生能源技术产品的开发和管理，确保产品满足市场需求。

弥补技能差距：

1. **了解行业**：通过阅读行业报告、新闻文章和参加相关的研讨会和网络研讨会来增加您对可再生能源行业的了解。
2. **教育和培训**：考虑参加相关课程或认证，如可再生能源、环境科学或可持续发展的专业课程。
3. **网络建设**：加入可再生能源行业的专业网络和组织，如国际可再生能源机构(IRENA)或本地的可再生能源协会。
4. **实践经验**：考虑通过实习、兼职或志愿工作等方式在可再生能源领域获得实践经验。
5. **技术技能**：如果您的目标角色需要特定的技术知识，如熟悉特定的能源管理系统或仿真软件，那么您应该学习这些技能。
6. **参与项目**：参与可再生能源相关的项目或挑战，如开源项目或创新竞赛，以展示您的能力和热情。
7. **个人品牌**：更新您的LinkedIn、个人网站和简历，以反映您对可再生能源行业的兴趣和相关技能。

通过上述策略，您可以找到适合您现有技能的角色，并通过教育和实践经验来弥补任何差距。记住，您的项目管理和数据分析技能是宝贵的资产，可以帮助可再生能源公司更有效地运作和增长。

(9) 场景9：数字时代的人脉网络

如下所示，一位专业人士想要扩大他的人脉网络来寻找新的机会，但是对数字时代的人脉网络不熟悉。

> 我是一位有经验的软件工程师，希望在科技行业扩大我的专业人脉。你能为我提供在领英和其他与我的领域相关的数字平台上进行人脉网络的详细策略吗？

在科技行业建立和扩大专业人脉是一个持续的过程，需要策略和一致性。以下是一些在LinkedIn和其他数字平台上进行网络建设的详细策略：

LinkedIn 网络建设策略：

1. **完善您的LinkedIn个人资料**：
   - 确保您的个人资料完整，包括最新的工作经历、技能、项目和教育背景。
   - 使用专业的头像和吸引人的背景图片。
   - 制作一个有影响力的头衔和摘要，清晰地说明您的专业领域和兴趣。

2. **发表有价值的内容**：
   - 定期分享和发表与您的专业领域相关的文章、见解和项目更新。
   - 评论和转发行业领袖和同行的帖子。

3. **加入相关的LinkedIn群组**：
   - 寻找和加入与您的专业领域相关的群组，并在那里积极参与讨论。

4. **建立联系**：
   - 与您行业内的同事、同学和会议上遇到的人建立联系。
   - 向您尊敬的行业专家发出个性化的联系邀请。

5. **推荐和背书**：
   - 为您的联系人提供推荐和技能背书，并寻求他们为您做同样的事情。

6. **使用LinkedIn的高级搜索功能：**
- 利用高级搜索功能找到并联系潜在的业务伙伴、雇主或同行。

其他数字平台网络建设策略：

1. **Twitter：**
- 关注您的行业领袖和同行，并定期与他们的推文互动。
- 使用相关的行业话题标签，分享您的见解和项目。

2. **GitHub：**
- 参与开源项目，通过提交代码、解决问题和参与讨论来建立您的声誉。
- 跟踪和星标您感兴趣的项目，并与项目维护者建立联系。

3. **专业论坛和社区：**
- 加入如Stack Overflow、Reddit的特定科技子论坛或Hacker News等在线社区。
- 在这些平台上提供帮助、分享知识和经验。

4. **行业会议和网络活动：**
- 参加行业会议、研讨会和网络活动，这些活动现在很多都有虚拟版本。
- 在活动之后，通过电子邮件或社交媒体跟进新建立的联系。

5. **博客和个人网站：**
- 开设个人博客或网站，定期发布与您的专业领域相关的内容。
- 通过您的文章和项目吸引同行和潜在的业务联系人。

6. **参与线上研讨会和网络研讨会：**
- 参加在线研讨会和讲座，并在会后与演讲者和参与者建立联系。

通过这些策略，您可以在科技行业内建立强大的专业网络。记住，网络建设不仅仅是数量上的积累，更重要的是质量和持续的互动。始终专注于建立真正有意义的联系，并提供价值，这将帮助您在行业中建立良好的声誉。

（10）场景10：寻找远程工作机会

如下所示，一位求职者想从事远程工作，但是她在寻找远程工作机会和展示她的独立工作能力方面遇到困难。

> 我是一位有经验的平面设计师，正在寻找远程工作机会。你能指导我如何找到合适的机会，以及如何修改我的简历和求职信来突出我独立工作的能力吗？

作为一位有经验的平面设计师，寻找远程工作机会时，您需要采取一些特定的策略来提高您的可见性，并展示您适合远程工作的能力。以下是一些建议：

找到远程工作机会：

1. **专门的远程工作网站：**
   - 访问专注于远程工作的网站，如We Work Remotely, Remote.co, FlexJobs和Remote OK。

2. **设计社区和工作板：**
   - 加入设计社区如Dribbble和Behance，这些平台不仅可以展示您的作品，还经常发布工作机会。
   - 查看Upwork、Freelancer等自由职业市场，这些平台上有很多远程工作的机会。

3. **社交媒体：**
   - 利用LinkedIn、Twitter等社交媒体平台搜索远程工作机会。
   - 在您的个人资料中添加"寻找远程工作机会"的标签。

4. **网络建设：**
   - 与您已知的设计师和行业专业人士建立联系，并让他们知道您正在寻找远程工作机会。

5. **公司职业页面：**
   - 直接访问您感兴趣的公司的职业页面，很多公司都提供远程工作职位。

修改简历和求职信：

1. **简历：**
   - 在简历顶部明确指出您正在寻找远程工作机会。
   - 突出显示您的自我管理能力、时间管理技巧和自主工作的经历。
   - 列出与远程工作相关的技能，如熟练使用在线协作工具（如Slack, Zoom, Trello, Asana）。
   - 如果有，提供您过去成功完成的远程项目的例子。

2. **求职信**：
- 在开头明确您对远程工作的兴趣。
- 讲述您为什么适合远程工作，包括您的独立工作能力、沟通技巧和责任感。
- 提供具体例子说明您如何有效地在家工作，包括使用特定工具、管理项目时间线和与远程团队协作的经验。

3. **在线作品集**：
- 确保您的在线作品集是最新的，清晰地展示您的工作，并且对远程工作的雇主来说容易访问和浏览。

4. **技术准备**：
- 确保您熟悉远程工作常用的技术和软件，并在简历中提及您的这些技能。

5. **个人品牌**：
- 在您的个人品牌中传达出您作为设计师的专业性和作为远程工作者的可靠性。

通过以上步骤，您不仅可以找到合适的远程工作机会，还可以通过您的简历和求职信向潜在雇主展示您作为远程平面设计师的能力和优势。记住，远程工作需要高度的自律和良好的沟通技巧，所以在您的申请材料中一定要突出这些品质。

（11）场景11：跟上求职趋势

如下所示，求职者对求职市场的动态变化感到困扰，因为求职的趋势和期望似乎在快速变化。

> 我是一位擅长Java和Python的软件工程师。在过去的五年里，我没有找过工作。当前的求职趋势是什么？我应该如何相应地调整我的简历和面试技巧呢？

在过去的五年里，求职趋势和技术发展都有了一些变化。作为一位擅长Java和Python的软件工程师，以下是您可以采取的一些策略来更新您的简历和提高面试技巧：

当前求职趋势：

1. **技术栈的广度和深度**：
- 雇主不仅在寻找精通特定技术的候选人，还在寻找能够适应新技术和工具的候选人。

2. **远程工作的流行**：
- 疫情期间，远程工作变得普遍，很多公司都提供完全远程或混合工作模式的选项。

3. **软技能的重要性：**
- 团队合作、沟通能力和问题解决能力等软技能越来越受到重视。

4. **个人品牌和在线存在：**
- 在线作品集、GitHub贡献和个人网站可以提高您的可见性。

5. **自动化和人工智能：**
- 对于能够开发或与自动化和AI技术交互的候选人有更高的需求。

调整简历：

1. **技能清单：**
- 突出显示您的编程语言技能，尤其是Java和Python，以及任何相关的框架和工具。

2. **项目和成就：**
- 列出您在过去工作中的具体项目和成就，尤其是那些可以量化的成果。

3. **持续学习：**
- 如果您参加了任何课程或研讨会，或者自学了新技术，请在简历中提及。

4. **适应远程工作：**
- 如果您有远程工作的经验，确保在简历中突出这一点。

5. **个人品牌：**
- 包括您的LinkedIn、GitHub或个人网站的链接。

提高面试技巧

1. **技术准备：**
- 复习编程基础知识，特别是Java和Python。
- 准备讨论最近的技术趋势，如云计算、微服务、容器化等。

2. **行为面试：**
- 练习回答行为面试问题，使用STAR（Situation, Task, Action, Result）方法来结构化您的答案。

3. **软技能展示：**
- 准备讨论您的团队合作、沟通和领导经验。

4. **模拟面试：**

- 通过朋友、家人或专业的面试教练进行模拟面试。

5. **在线面试准备：**

- 如果面试是远程进行的，确保您熟悉使用视频会议软件，并有适当的设备和环境。

通过以上策略，您可以确保您的简历和面试技巧反映了当前的求职趋势，同时展示出您作为软件工程师的实力和适应性。记住，准备和自信是成功的关键。

（12）场景12：中年人求职

如下所示，一位中年的求职者发现，这是他数年来首次进入职业市场，对如何进行现代求职感到无所适从。

> 我是一位中年项目经理，已在同一家公司工作了15年。现在我想换工作，但很久没找过工作了。在我职业生涯的这个阶段，我应该采取什么具体策略来成功应对职场市场呢？

在您职业生涯的这个阶段，换工作可能会带来一些挑战，但同时也是一个展示您丰富经验和成熟技能的机会。以下是一些具体策略，可以帮助您成功应对职场市场：

1. **评估和更新技能：**

- **自我评估**：审视您的技能和经验，确定您的强项和潜在的发展领域。
- **技能更新**：如果有必要，通过在线课程、认证或研讨会更新您的技能，特别是与项目管理软件、敏捷方法论或领导力相关的。

2. **优化简历和LinkedIn资料：**

- **量化成就**：确保您的简历和LinkedIn资料中包含量化的成就和具体的项目案例。
- **强调领导力**：突出您的领导经验和团队管理能力。
- **现代化格式**：使用现代、专业的简历格式，避免过时的设计或内容。

3. **建立在线存在：**

- **个人品牌**：在LinkedIn和其他专业社交媒体上建立和维护您的个人品牌。
- **网络建设**：积极参与讨论，加入与您的专业领域相关的群组。

4. **扩大人脉网络：**

- **行业活动**：参加行业会议、研讨会和其他职业活动。
- **前同事和业界人士**：与前同事和行业内的专业人士保持联系，他们可能知道未公开的工作机会。

5. 准备面试：

- **研究公司**：对您申请的每家公司进行深入研究，了解它们的文化、价值观和挑战。
- **练习面试**：练习回答常见的面试问题，特别是关于您的经验和如何适应变化的问题。

6. 考虑职业咨询服务：

- **职业顾问**：聘请职业顾问可以提供个性化的建议和指导。
- **简历和面试教练**：专业的简历和面试教练可以帮助您准备申请材料和面试。

7. 探索不同的职业路径：

- **顾问或合同工作**：考虑作为项目管理顾问或合同工作，这可以为您提供灵活性和多样化的工作经验。
- **新兴领域**：探索科技、健康护理或绿色能源等快速发展的行业。

8. 保持积极的心态：

- **自我肯定**：认识到您的经验和知识是宝贵的资产。
- **适应性**：展现出您愿意学习新事物和适应新环境的态度。

9. 金融规划：

- **预算**：在寻找新工作期间，制定预算计划以管理您的财务状况。

通过上述策略，您可以更好地准备自己，以应对当前的职场市场，并找到符合您经验和技能的新工作机会。记住，您的丰富经验是您最大的优势之一，确保您在申请过程中充分展示这一点。

（13）场景13：识别可转移技能

如下所示，一位求职者想要更换行业，但在识别和向潜在雇主传达他的可转移技能上遇到困难。

> 我已经担任学校教师十年了，想转行成为企业的培训角色。我可以强调哪些可转移的技能，并且我该如何在我的简历和面试中有效地传达它们？

作为一名有十年教学经验的学校教师，您已经拥有许多可转移到企业培训角色的技能。在准备简历和面试时，您应该强调以下可转移的技能，并且有效地传达它们：

可转移的技能：

1. **演讲和呈现技能：**
   - 强调您在前面课堂上清晰、有说服力地传达信息的能力。

2. **课程开发和规划：**
   - 展示您设计、规划和实施课程计划的经验。

3. **教学和辅导：**
   - 突出您帮助学生/学员理解复杂概念的能力。

4. **评估和反馈：**
   - 描述您如何评估学习者的进度，并提供建设性反馈。

5. **沟通技能：**
   - 强调您与学生、家长和同事有效沟通的能力。

6. **管理和领导力：**
   - 说明您管理课堂、领导项目或指导新教师的经验。

7. **适应性和创新性：**
   - 展示您如何适应教学环境的变化，并采用新技术或方法。

8. **团队合作：**
   - 强调您与其他教师协作，共同设计和实施跨学科项目的能力。

在简历中传达技能：

1. **专业摘要：**
   - 在简历顶部的专业摘要中强调您的教学经验和转换到企业培训的意愿。

2. **工作经验：**
   - 描述您的教学角色，并强调与企业培训相关的具体技能和成就。

3. **关键成就：**
   - 列出您在教育领域的关键成就，如领导教育项目、提高学生参与度或实施新技术。

4. **教育背景：**
   - 包括您的教育背景，并突出任何与成人教育或企业培训相关的课程或证书。

面试中传达技能：

1. **准备具体例子：**

   - 准备一些关于如何设计和实施有效课程的具体例子。

2. **展示适应性：**

   - 讨论您如何适应不同学习风格和需求，以及如何将这种适应性应用到企业环境中。

3. **说明转换动机：**

   - 清楚地说明您为什么想转行，并展示您对企业培训领域的热情和承诺。

4. **展示持续学习：**

   - 强调您对持续学习和专业发展的承诺，以及您如何保持与教育和培训最佳实践的同步。

通过上述方法，您可以有效地将您的教学技能转换为企业培训领域的资产，并在求职过程中展示出来。记住，您的教学背景为您提供了一个独特的视角和一套宝贵的技能，这些都是企业培训角色中非常受欢迎的。

(14) 场景 14：寻求职业晋升

如下所示，一位有抱负的专业人士正盯着一份升职职位，但却不确定如何去准备和定位自己，以便职业晋升。

> 我在一家中型科技公司担任软件工程师已有三年的经验。我一直表现良好，并从我的团队领导那里收到积极的反馈。我希望能晋升到高级工程师的职位。我应该采取什么具体的步骤来为这样的晋升做好准备？

为了准备晋升到高级工程师的职位，您需要采取一系列具体的步骤来展示您的能力、增加您的可见性，并证明您已经准备好承担更高级别的责任。以下是一些建议：

1. **定义职业目标：**

- **明确目标：** 确定您想要达到的具体职位和目标，并了解这些职位所需的技能和经验。

2. **增强技术能力：**

- **深化技术知识：** 在您的专业领域内深化技术知识，包括学习新的编程语言或技术。
- **扩展技能范围：** 了解高级工程师需要的其他技能，比如系统架构、性能优化、或者是特定于您公司产品的技术。

3. **承担更多责任：**

- **主动承担项目**：寻找机会承担更具挑战性的项目，或者主动提出新的项目想法。
- **提升项目影响力**：参与对公司有重大影响的项目，并在其中发挥关键作用。

4. 展示领导能力：

- **领导小组**：如果可能，领导一个小团队或项目小组，展示您的领导和管理能力。
- **指导新人**：成为新员工或实习生的导师，提供指导和支持。

5. 建立专业人脉：

- **内部网络**：与公司内部的其他团队和部门建立联系，了解他们的工作并寻找合作机会。
- **行业联系**：参加专业会议和研讨会，与行业内的专业人士建立联系。

6. 持续学习和发展：

- **参加研讨会和课程**：参加相关的技术研讨会、工作坊或在线课程，以保持您的技能最新。
- **获取认证**：如果适用，考虑获取与您的专业领域相关的专业认证。

7. 提高可见性：

- **分享您的工作**：在公司会议上展示您的工作成果，或者通过内部新闻稿和通讯分享您的项目成功。
- **参与决策**：在团队会议中提供有价值的见解和建议，参与决策过程。

8. 寻求反馈和支持：

- **定期反馈**：与您的领导定期进行职业发展对话，了解您的表现和改进的地方。
- **寻求支持**：明确告诉您的领导您对晋升的兴趣，并询问他们对您的职业发展可以提供哪些支持。

9. 准备晋升申请：

- **更新简历**：确保您的简历反映了您最新的职责、项目和成就。
- **准备案例**：准备几个具体的案例，展示您如何在技术和领导力方面做出了超出当前职位的贡献。

> 通过上述步骤，您可以为晋升到高级工程师的职位做好准备，并向公司证明您已经准备好接受更高层次的挑战和责任。记住，晋升是一个过程，需要时间和持续的努力。保持积极主动，并确保您的努力得到认可。

以上列出了求职的 14 种场景，以及对应的 ChatGPT 协助。其实，求职场景各种各样，每个人遇到的问题也很个性化，用户只管大胆地咨询 ChatGPT，把背景情况介绍清楚，把需求准确表达出来，用户只会得到收益，而没有任何成本和风险。当然决策风险是用户要承担的，ChatGPT 只是个机器人。

8.3 结语

求职事关多数人的安身立命，如能在这方面得到贵人相助则功莫大焉。ChatGPT 可以在很多场景下帮助求职者，本章只是列举了几种场景，读者可以根据自身的需要向 ChatGPT 提出各种问题，一定会有意想不到的收获。别忘了，ChatGPT 是个肚里有货的聊天机器人，充分发掘它的用处吧。

第 9 章
法律工作的智能顾问

Command Prompt：

Chat AI

> 人工智能在法律专业中的使用是一个不断增长的趋势，通过了解像 ChatGPT 这样的 AI 工具，法律专业人士可以利用这项技术辅助他们的日常工作，最终为客户提供更好、更有效的服务。

9.1 ChatGPT 在法律工作上的应用

ChatGPT 在法律上的应用主要包括以下方面：

① 法律咨询：ChatGPT 可以作为一个虚拟律师，为用户提供法律咨询服务，用户可以通过与 ChatGPT 对话来获得相关法律知识和指导，了解自己的权利和义务。

② 法律文书生成：ChatGPT 可以根据用户提供的信息，自动生成各种法律文书，如合同、诉讼状、上诉书等。这样可以节省用户的时间和费用，同时也可以减少由于文书撰写不规范等问题导致的诉讼风险。

③ 法律智能分析：ChatGPT 可以对大量的法律资料进行分析和处理，从中提取出有用的信息，为律师和研究人员提供参考和依据。这种方式可以提高法律工作者的效率和准确性，同时也可以促进法律知识的传播和共享。

④ 法律教育：ChatGPT 可以作为一个互动式的教学工具，为学生和法律工作者提供及时的法律知识和案例分析。通过与 ChatGPT 的对话，用户可以深入了解各种法律概念和实践经验，提高自己的法律素养和专业技能。

9.2 ChatGPT 在具体涉法场景下的运用

在接下来的场景中，我们将提供各种例子，帮助用户在法律实践中运用 ChatGPT。虽然 ChatGPT 是一个强大的工具，但它不能取代法律专业人员的专业知识和判断，它是一个助手，可以使工作更高效，但最后的决定应始终基于用户对法律的理解和知识。这里所举的例子只是少数样本，可以根据自己的需要充分使用 ChatGPT。

（1）场景 1：法律研究助手

如下所示，律师事务所的一名初级律师被安排研究涉及复杂专利纠纷的案例法，需要筛查的数据量之大令人难以应对，而且时间限制非常紧迫。

> 我正在研究一项复杂的专利纠纷。你能帮我找到并总结涉及软件技术的专利法律吗？另外，请给出一些重要的有影响的相关案件。法律涉及的地点是中国大陆。

⊙ Run completed ⌄

在中国大陆，涉及软件技术的专利法律主要遵循《中华人民共和国专利法》，这部法律旨在保护专利权人的合法权益，鼓励发明创造，推动其应用，提高创新能力，促进科学技术进步和经济社会发展。以下是关于中国大陆软件技术专利法律的概述和一些重要的有影响的案例：

专利法律概述：

1. 中国的专利制度曾长时间对于计算机软件相关的创新不予保护，但随着时间的推移，以及美国等国家专利保护的影响和国内软件产业发展的客观需求，中国对于软件可专利的态度也在不断变化。
2. 在2006年之前，完全以计算机程序实现的方案在中国不能得到有效的专利保护，主要是因为被视为智力活动的规则和方法，不符合专利法的规定。
3. 近年来，中国专利局频繁修改专利审查指南，纳入了对申请人更加有利的内容，对软件专利的审查出现了一些放宽的信号。

重要案例：
由于搜索结果中没有提供具体的案例名称，建议您可以进一步研究以下几个方面：

- 中国大陆历史上具有里程碑意义的软件专利纠纷案件。
- 近年来具有重大影响的软件专利审查案例。
- 软件专利与知识产权保护相关的高级法院判决。

为了获取更详细的案例信息，您可能需要访问中国国家知识产权局(CNIPA)的官方网站或查阅专业的法律数据库。此外，考虑到专利法律和案例通常具有高度的专业性和复杂性，咨询专利法律专家或律师也是一个不错的选择。

（2）场景2：合同审查

如下所示，企业法务部门的桌面上堆满了需要审查的合同，这件惯常的工作非常耗时，可以借助 ChatGPT 的帮助。

> 我正在审查一个软件开发合同。你能引导我检查哪些关键条款吗？特别是那些与知识产权权利和潜在争议解决相关的。

检查合同的以下关键条款：

1. 定义和解释条款，特别是与软件和知识产权相关的。
2. 项目范围和交付物，包括任何里程碑和截止日期。
3. 支付条款，包括定价、付款计划和延迟支付的后果。
4. 知识产权归属，包括软件的所有权和使用权。
5. 许可权利，如果适用，应详细说明授予的许可类型和范围。
6. 保密条款，保护敏感信息不被泄露。
7. 担保和表述，确保软件不侵犯第三方知识产权。
8. 责任限制，明确责任范围和限制。
9. 终止条件，包括违约和合同终止的后果。
10. 争议解决机制，包括适用法律、争议解决程序和仲裁或诉讼的选择。

这个简短的提示语获得了一份详细的针对软件开发合同的回应，突出了像知识产权权利及争议解决这样的关键条款。

（3）场景3：起草法律文件

如下所示，一家律师事务所经常起草相似的法律文件，如遗嘱或保密协议，这个任务虽然简单，但却占用了很多律师的时间。

> 我需要为一个软件开发项目起草一份保密协议。保密协议应覆盖专有的编码技术、软件设计和商业策略。你能提供一个这样的保密协议大纲吗？

保密协议大纲：

1. **标题**
   - 保密协议（Nondisclosure Agreement）
2. **引言**
   - 双方信息
   - 协议目的
3. **定义**
   - 保密信息

- 专有编码技术
- 软件设计
- 商业策略

4. 保密义务
- 接收方的保密义务
- 使用限制
- 非披露承诺

5. 排除条款
- 已知信息
- 公开信息
- 独立开发信息

6. 披露义务
- 法律要求披露的处理
- 第三方许可披露

7. 期限
- 保密期限
- 协议有效期

8. 所有权和许可
- 信息所有权声明
- 未授权使用的禁止

9. 违约责任
- 违约后果
- 补救措施

10. 一般条款
- 可分割性
- 法律适用
- 修改和废止
- 争议解决

11. 签字页
   - 双方授权签字
   - 日期

请注意，这只是一个大纲，具体的保密协议应由法律专业人士根据具体情况起草和审查。

（4）场景4：法律咨询

如下所示，一家法律援助组织收到许多寻求基本法律咨询的请求，有限的资源使他们无法及时回复所有的询问。

> 我是一个住在中国福州市的个人，今日涉及继承遗产的事情，能给我什么建议吗？

在中国福州市涉及继承遗产的事情，建议如下：

1. 查阅遗嘱，确认遗产分配。
2. 了解《中华人民共和国继承法》，熟悉法定继承顺序。
3. 联系律师或法律顾问获取专业建议。
4. 遗产评估，清点遗产资产。
5. 办理继承登记手续，包括房产、车辆等。
6. 如有争议，通过协商或法律途径解决。

（5）场景5：法律教育

如下所示，一位法学教授正在寻找一种使学生的学习更具互动性和吸引力的方式。

> 你能提供一个"医生协助自杀（Physican-AssistedSuicide）"的判例吗，讨论该案例的事实、法律问题和法庭的推理？ 回答的内容以中文输出。

✓ Run completed ⌄

在讨论医生协助自杀的判例时，一个经常被提及的案例是Washington v. Glucksberg案。该案件涉及对医生协助自杀行为的合法性的争议，以下是该案件的基本情况、法律问题和法庭的推理：

案件事实

Washington v. Glucksberg案是美国最高法院在1997年审理的一起案件。原告哈罗德·格鲁克斯伯格（Harold Glucksberg）是一名医生，他与其他几位医生和患有绝症的病人一起，挑战华盛顿州禁止医生协助自杀的法律。

法律问题

该案的核心法律问题是：是否存在宪法上的权利，允许终末期病人在医生的协助下结束自己的生命。原告认为，禁止医生协助自杀侵犯了病人的宪法权利，包括自由权和平等权。

法庭推理

美国最高法院在这一案件中做出了如下推理和裁决：

- 法院认为，宪法并没有明确保障医生协助自杀的权利。法院审查了美国的法律和历史传统，发现大多数法律都禁止协助自杀，这表明医生协助自杀并不是"自由权利"的一部分。

- 法院还指出，允许医生协助自杀可能会导致对终末期病人的滥用和错误决策，因此有必要对此进行限制。

- 最终，法院以9比0的裁决维持了华盛顿州的禁止医生协助自杀的法律，认为该法律并不违宪。

Washington v. Glucksberg案对医生协助自杀的合法性问题产生了深远影响，该案所确立的规则已经成为终末期医疗，特别是医生协助自杀问题的立法趋势和实践指导。

请注意，这个案例是在美国的法律体系下进行的，不同国家和地区的法律体系可能有不同的规定和判例。如果您需要了解特定国家或地区的相关案例，您可能需要查阅当地的法律资料。

针对性的提示语得到了一个更详细更吸引人的回应，提供了一个与医生协助自杀相关的判例。它不仅解释了概念，还提供了背景，并允许进行进一步的讨论或分析，使学习过程更具互动性和吸引力。

（6）场景6：案例准备

如下所示，一位律师正在准备一个案子，但是很难找到相关的论点和反论点。

> 你能在一个涉及公众人物的诽谤诉讼中，提供一些在报纸文章中出现的所谓诽谤陈述的论点和反论点吗？

在一个涉及公众人物的诽谤诉讼中，报纸文章中出现的所谓诽谤陈述的论点和反论点可能会包括以下几个方面：

论点（指控诽谤的一方）：

1. **实质性误导**：文章中的陈述与事实不符，误导了公众对公众人物的看法。
2. **恶意意图**：出版方在撰写和发布文章时存在恶意，意图损害公众人物的声誉。
3. **名誉损害**：由于文章的流传，公众人物的名誉受到了实质性的损害，可能包括职业损失、社会关系破裂等。
4. **无事实依据**：文章中的陈述没有足够的事实依据或根据不实的证据。
5. **公共损害**：诽谤行为不仅损害了公众人物的个人声誉，还可能对公共利益造成负面影响。

反论点（被告方或报纸）：

1. **言论自由**：新闻机构有权根据言论自由的原则报道事实和意见，即使这些内容可能不利于某些个人。
2. **公众利益**：报道涉及的内容对公众具有重大利益，因此应该被披露和讨论。
3. **事实陈述**：文章中的陈述基于可靠的信息源和真实的事实，即使这些事实可能令人不悦。
4. **责任编辑**：在发布内容之前，编辑进行了适当的事实核查和编辑审查，不存在故意发布不实信息的情况。
5. **实际恶意标准**：对于公众人物的诽谤案件，需要证明出版方有"实际恶意"，即知道信息是假的或对信息的真实性持有明显的怀疑态度。

在美国，根据《纽约时报诉沙利文案》（New York Times Co. v. Sullivan, 1964）的判例法，公众人物在诽谤诉讼中胜诉的门槛较高，必须证明出版方有"实际恶意"。这个标准是为了平衡言论自由和个人名誉之间的关系，保护新闻报道和公共讨论的自由。其他国家和地区的法律可能有不同的规定。

（7）场景7：更新法律知识

如下所示，法律专业人员需要掌握新的法律、修正案和重要的案例裁决。然而，跟上持续涌现的信息更新是一项挑战。

> 你能告诉我加州最新的环保法律，特别是那些跟水资源保护有关的法律变化吗？

你好，这是 Copilot。我很高兴你对加州的环保法律感兴趣。😊

根据我的搜索结果，加州最近通过了一些与水资源保护相关的法律，例如：

- 2023 年 1 月 1 日起，加州将允许水务机构将回收处理过的废水直接输送到家庭、学校和企业的饮用水管道中[1]。这是为了应对加州长期的干旱和水资源短缺问题，同时保证公众健康和安全。
- 2023 年 12 月 31 日前，加州水资源控制委员会将制定再生水直接用作饮用水的标准和法规[2]。这将涉及对污水进行深度处理，包括四个单元工艺，以达到病原体和化学品的严格控制要求[2]。
- 2023 年 7 月 1 日起，加州将实施一项开创性的法律胜利，要求州水资源控制委员会评估四个主要的废水处理厂是否可以通过净化和再利用，防止每天将近 300 亿加仑的废水排放到海洋中[3]。这是洛杉矶 Waterkeeper 提起的一项诉讼，旨在改变加州的水资源管理方式，促进水的循环利用和节约[3]。

如果你想了解更多关于这些法律的信息，你可以点击上面的链接查看详细的文章。希望这对你有帮助。🙂

了解详细信息 ∨ | 1 new.qq.com | 2 huanbao.bjx.com.cn | 3 zh-cn.waterkeeper.org

在具体的提示语下，ChatGPT 给出了加利福尼亚州环保法律在水资源保护方面的最新变动情况。

（8）场景 8：法律博客写作

如下所示，一家律师事务所希望保持活跃的博客以吸引潜在客户，但却没有足够的时间和资源持续生成高质量的内容。

> 你能帮我写一篇针对中年父母（有小孩的）的制定遗嘱重要性的博客文章吗？

当然可以。以下是一篇针对有小孩的中年父母制定遗嘱重要性的博客文章草稿：

为何中年父母制定遗嘱至关重要？

亲爱的父母们，

在我们忙碌的生活中，我们经常思考如何为孩子们提供最好的教育、营养和成长环境。然而，很少有人愿意面对这样一个事实：生命是脆弱的，未来是不可预知的。作为有小孩的中年父母，制定遗嘱不仅是对自己负责，更是对家庭和孩子们的一份深思熟虑的关爱。

保护和指导

遗嘱不仅仅是关于财产的分配。它是一份法律文件，确保在您不幸离世后，您的孩子和家庭得到保护和指导。在遗嘱中，您可以指定孩子的监护人，确保他们由您信任的人抚养长大，而不是由法院决定。

避免家庭纷争

没有遗嘱，您的财产将按照法律规定的方式分配，这可能与您的真实意愿不符。这不仅可能导致财产分配不公，还可能在您的亲人之间引发纷争。通过制定遗嘱，您可以确保您的财产按照您的愿望进行分配，减少家庭内部的潜在冲突。

财务规划

遗嘱还是一种财务规划工具。您可以通过遗嘱设立信托基金，为孩子们的教育和未来提供资金。这种方式可以确保资金用于正确的地方，并且可以在税收上更为高效。

心理安慰

知道您已经为最坏的情况做好了准备，可以为您和您的家人提供巨大的心理安慰。这不仅能够减轻您的后顾之忧，也能让您更加专注于享受与家人在一起的时光。

总结

虽然讨论和规划生命的终结可能让人感到不舒服，但作为父母，我们有责任确保孩子们在我们不在时仍然受到照顾和保护。制定遗嘱是一个简单但至关重要的步骤，可以确保您的愿望得到尊重，并且您的孩子和家人得到最好的照顾。

请记住，遗嘱的制定并不复杂，但确实需要专业的法律知识。我们建议您咨询专业的律师，以确保您的遗嘱符合法律要求，并且能够准确地表达您的意愿。

珍惜每一天，也为未来做好准备。为了您的家人和孩子，现在就开始规划您的遗嘱吧。

希望这篇文章能够启发您开始认真考虑制定遗嘱的重要性。如果您需要更多信息或具体的法律建议，请务必咨询专业人士。

（9）场景9：证据收集过程

如下所示，在证据收集过程中，法律团队必须查阅大量文件以找到相关信息。这个任务既耗时又乏味。

> 在一个涉及软件开发的违约案件中，我应该查找合同中哪些可能与案件相关的部分或短语？

在涉及软件开发的违约案件中，以下是您应该在合同中查找的可能与案件相关的部分或短语：

1. **定义和术语**：确保理解合同中使用的所有术语和定义，尤其是与软件、开发、违约、性能等相关的。

2. **范围和规范**：合同中应详细说明软件开发的范围、项目的规范和要求，以及期望的最终产品。

3. **交付要求**：查找关于项目交付的期限、里程碑、测试和验收标准的条款。

4. **变更控制**：合同中通常会包含如何处理项目范围变更的条款，包括变更请求的程序和可能的成本调整。

5. **付款条件**：检查付款条款，了解付款计划、里程碑付款、迟延付款的利息和付款条件。

6. **保证和担保**：开发方可能提供的关于软件性能、质量和无第三方知识产权侵犯的保证。

7. **违约条款**：定义违约的条件，包括未能按时交付或未能达到合同规定的性能标准。

8. **补救措施**：在违约情况下，双方可采取的补救措施，可能包括修正、重做、退款或赔偿。

9. **责任限制**：合同中可能会限制违约责任的范围，例如限制赔偿金额或排除某些类型的损失。

10. **知识产权**：软件的所有权、使用权和与知识产权相关的条款，包括版权、商标和专利。

11. **保密性**：任何关于保密信息的条款，以及在合同结束后对保密信息的处理。

12. **终止条件**：合同可以在什么情况下被终止，以及终止后各方的权利和义务。

13. **争议解决**：合同中关于争议解决的条款，可能包括仲裁、调解或诉讼的程序。

14. **适用法律和管辖权**：在发生法律争议时，适用哪个法律和哪个法院或仲裁机构有管辖权。

15. **附加条款**：任何可能影响权利和义务的附加条款，如不可抗力条款等。

在审查这些条款时，应注意合同中的特定语言，如"应该"、"必须"、"保证"等，这些可能表明强制性的义务。务必仔细阅读和理解合同的每一个条款，因为它们可能对案件的结果产生重大影响。如果有任何疑问或需要专业法律意见，应咨询合格的律师。

（10）场景10：客户沟通

一家繁忙的律师事务所难以及时回应所有客户的查询，导致客户不满意，可能会给业务带来损失。使用 ChatGPT 辅助回应客户如下所示。

为客户询问申请破产流程的问题提供一般的回复。

亲爱的客户，

感谢您的咨询。申请破产是一个重大的财务决定，需要慎重考虑。以下是申请破产的一般流程，以帮助您了解整个过程：

1. **咨询破产律师**：首先，建议您咨询一名有经验的破产律师。律师可以帮助您评估您的财务状况，讨论破产的类型（例如，章节7或章节13破产），并决定是否有其他的债务解决方案。

2. **完成信用咨询**：在申请破产之前，您必须完成一个由政府批准的信用咨询课程。这是申请破产的一个法定要求。

3. **准备和提交破产文件**：您需要准备一系列详细的文件，包括财务状况、收入、债务、资产、支出和最近的纳税申报表。您的律师将帮助您准备和提交这些文件到破产法庭。

4. **支付破产费用**：您需要支付破产申请的法庭费用和律师费用。在某些情况下，如果您的收入低于某个水平，可能会减免费用。

5. **341会议（债权人会议）**：提交破产申请后，将会安排一次债权人会议，也被称为"341会议"。在这次会议上，破产受托人和债权人将有机会提问您的财务状况和破产文件。

6. **财产处理和债务清偿**：如果您申请的是章节7破产，您的非豁免资产可能会被出售以偿还债务。如果是章节13破产，您将需要根据还债计划定期支付债务。

7. **完成财务管理课程**：在破产过程中，您还需要完成第二个财务管理教育课程。

8. **债务免除**：完成上述步骤后，如果一切顺利，法院将发出债务免除令，这意味着您不必再偿还大部分或全部无担保债务。

请注意，这只是一个简化的概述，破产流程可能会根据您的具体情况而有所不同。我们强烈建议您寻求专业法律咨询，以确保您的权益得到最佳保护，并使整个流程尽可能顺畅。

如果您有任何其他问题或需要进一步的帮助，请随时联系我们。

最好的祝愿，
[您的姓名或律师事务所名称]

（11）场景11：法律转录

法律转录服务涉及将法律程序的音频或视频记录，如法庭听证、证词、审讯或其他法律程序转换为书面记录。这些记录被用于各种目的，包括法律文件、参考和记录保存。法律转录工作是一项耗费大量时间和资源的任务。

以下是为法律文件格式化需要转录的句子："我们，签名者，同意在前述文件中概述的各项规定。"转录结果如下所示。

> 以适合法律文件的格式中转录以下口语句子：'我们，签名者，同意在前述文件中概述的各项规定。'

> 在法律文件中，口语表达通常会被转换成正式的书面语言。以下是将您提供的口语句子转换为适合法律文件格式的表述：
>
> "我们，下签名之各方，特此确认并同意遵守前述文件中所概述的全部条款与规定。"

ChatGPT 有效地转录了这句特定的句子，保持了法律的正式性。然而，需要牢记的是，由于对口语的理解可能产生误解，所以应对 ChatGPT 所做的任何转录进行彻底的准确性审查。

（12）场景12：法律文件校对

ChatGPT 可以对法律文件（如合同或辩护状）进行校对，以确保其无误及内在的一致性，如下所示。

> 你能否对下面的句子进行校对和修改，使其更精确和清晰："如果在下个月的第五个工作日之前，甲方未将协议上的商品提供给乙方，那么将发生合同违规。"

> "如果甲方未能在下个月的第五个工作日之前向乙方提供协议中约定的商品，则视为违反合同条款。"

（13）情景13：法律培训

一个律师事务所希望更有效地培训律师，但缺乏规范化的培训流程。ChatGPT 给出的建议如下所示。

> 我需要为我们的律师制定一个有关刑法的一个月培训计划。该计划应包括法律研究、法庭礼节和客户沟通。另外，我们想在最后进行某种形式的评估。

为您的律师制定一个为期一个月的刑法培训计划，包括法律研究、法庭礼节和客户沟通，以及最后的评估环节，可以按照以下结构进行：

第1周：刑法基础与法律研究

- **刑法概论**：介绍刑法的基本原则和概念。
- **法律文献检索**：教授如何使用法律数据库进行案例和法规研究。
- **案例分析**：分析判例，理解法律原则的应用。

第2周：法庭程序与礼节

- **法庭结构**：介绍不同法庭的结构和功能。
- **诉讼程序**：详细了解刑事诉讼的各个阶段。
- **法庭实践**：模拟法庭演练，包括开庭陈词和交叉审问。

第3周：客户沟通与律师职责

- **沟通技巧**：培养有效与客户沟通的技巧和策略。
- **案件管理**：学习如何管理客户案件和维护律师与客户之间的关系。
- **职业道德**：强调律师的职业道德和责任。

第4周：综合应用与评估

- **复杂案例分析**：处理更复杂的刑法案例，应用所学知识。
- **角色扮演**：通过角色扮演练习进一步提高法庭表现和客户沟通能力。
- **评估准备**：准备最终评估，包括知识测试和实践技能的展示。

评估阶段

- **理论考试**：以书面形式测试对刑法理论和法律研究的理解。
- **模拟法庭**：评估在模拟法庭中的表现，包括案件呈述和法庭礼仪。
- **客户咨询模拟**：通过模拟客户咨询评估沟通和案件管理能力。
- **反馈与总结**：提供个人反馈，总结培训成果，并提出改进建议。

通过这样的培训计划，律师们将能够在刑法领域得到全面的训练，从理论学习到实践操作，最终通过评估来确保他们能够应对职业挑战。

（14）情景14：知识产权法

一个发明者想要为他的发明申请专利，但他不熟悉专利法，也不知道从何开始。ChatGPT给出的建议如下所示。

> 我发明了一种新型的水利发电设备。你能帮我理解在美国申请专利的具体步骤，以及在准备专利申请时我应该考虑哪些因素吗？

在美国申请专利的步骤可以概括为以下几个阶段，并且在准备专利申请时，有几个关键因素需要考虑：

专利申请步骤：

1. 发明评估

- 确定发明的新颖性、非显而易见性和实用性。

2. 专利性搜索

- 进行专利搜索以确保发明的独特性，并没有被早期的专利或公开发表的文献所披露。

3. 申请准备

- 准备详细的发明说明，包括背景、描述、图纸、以及明确的权利要求。

4. 申请提交

- 向美国专利商标局（USPTO）提交专利申请，可以是临时申请或非临时申请。

5. 申请审查

- 专利审查员将审查你的申请以确定是否符合专利授予标准。

6. 办公室行动响应

- 对审查员的任何问题或拒绝进行响应，并可能需要进行多轮通信。

7. 专利授予

- 一旦解决了所有问题，并且审查员满意，你的专利将被授予。

8. 维持专利

- 支付定期的维护费以保持专利的有效性。

准备专利申请时应考虑的因素：

发明的可专利性

- 确保你的发明是新的、有用的，并且不是显而易见的。

详细描述和图纸

- 提供充分的详细信息来描述你的发明，并用图纸清晰地展示其关键部分。

权利要求的准确性

- 权利要求定义了你的发明的保护范围，必须精确和明确。

专利律师的协助

- 考虑聘请专利律师或代理人来帮助准备和提交申请。

成本和时间

- 专利申请是一个耗时且可能涉及相当费用的过程。

商业战略

- 考虑你的发明在市场上的潜力，以及如何最大化其商业价值。

进行专利申请是一个复杂的过程，特别是如果你是第一次申请。因此，强烈建议你寻求专利律师或代理人的专业帮助，以确保你的发明得到适当的保护，并避免在申请过程中可能遇到的陷阱。

（15）情景15：法规遵从

一家公司需要确保它符合所有相关的规定，但是却难以跟踪所有不同的法规和修正案。而 ChatGPT 可以轻松做到，如下所示。

> 我们是一家处理欧盟公民个人数据的中型软件公司。你能否提供我们在《一般数据保护条例》（GDPR）下的义务概述，并提出一些维持合规的策略？

作为一家处理欧盟公民个人数据的软件公司，根据《一般数据保护条例》（GDPR），您的公司需要遵守以下主要义务：

GDPR下的义务概述：

1. 数据保护原则的遵守

- 确保数据处理的合法性、公正性和透明性。
- 收集的数据应该是充分的、相关的，并且限于必要的范围内。
- 保证处理的数据是准确的，并且必要时保持更新。
- 存储的数据应限于实现处理目的所需的时间。
- 保证通过适当的技术和组织措施实现数据安全。

2. 法律基础

- 为处理个人数据确立一个合法的基础，例如获得数据主体的同意。

3. 数据主体权利的尊重

- 保障数据主体的权利，包括访问权、更正权、删除权（被遗忘的权利）、数据携带权、反对权和自动决策个体权利。

4. 数据保护影响评估（DPIA）

- 在处理可能导致高风险的数据之前，进行DPIA。

5. 数据泄露通知

- 在数据泄露发生时，必须在72小时内通知监管机构，必要时还要通知数据主体。

6. 数据保护官（DPO）的任命

- 如果符合GDPR规定的条件，需任命一名DPO。

7. 记录保持

- 保持数据处理活动的详细记录。

8. 跨境数据传输

- 确保个人数据传输至欧盟以外的国家或组织时符合GDPR的要求。

维持合规的策略：

1. 建立和更新数据保护政策

- 制定明确的数据保护政策，并定期更新以符合GDPR的要求。

2. 员工培训

- 定期对员工进行GDPR合规性培训，确保他们了解法规要求和公司政策。

3. 数据管理和分类

- 对处理的个人数据进行分类和管理，确保只有授权人员才能访问敏感数据。

4. 技术和组织安全措施

- 实施加密、访问控制和其他安全措施来保护个人数据。

5. 合同和供应链管理

- 确保与第三方的合同包含GDPR合规性条款，并监督他们的数据处理活动。

6. 定期审计和评估

- 定期进行内部或外部GDPR合规性审计，以识别和解决潜在的合规性问题。

7. 响应和沟通机制

- 建立有效的数据主体请求响应机制和数据泄露通知流程。

通过遵守这些义务并实施上述策略，您的公司将能够更好地维持GDPR合规性，并减少违规的风险。请注意，GDPR的要求可能会随着时间和法律的发展而变化，因此保持最新的合规性知识和实践至关重要。

（16）情景16：寻找争议解决的方案

一位调解员因一项合同争议心力疲惫，他需要 ChatGPT 给他一些灵感，如下所示。

> 作为一名调解员，我正在处理涉及合同违约指控的复杂商业纠纷。我能用什么创新的策略来帮助各方达成互相可接受的解决方案？

作为调解员，在处理涉及合同违约指控的复杂商业纠纷时，可以采用以下创新策略来帮助各方达成互相可接受的解决方案：

1. 利益导向的调解

- **识别核心利益**：帮助各方识别他们的真正利益，而不仅仅是他们的立场或要求。
- **利益重组**：探索是否有可能重新安排利益，以找到双方都能接受的解决方案。

2. 选项创造

- **脑力激荡**：鼓励双方进行创意思考，不受限制地提出可能的解决方案。
- **多方案并行讨论**：同时讨论多个解决方案，而不是一次只集中在一个上。

3. 增值谈判

- **共同价值**：寻找能够为双方带来额外价值的方案，而不是仅仅解决争议。
- **资源共享**：探讨是否有资源可以共享或交换以增加合作的可能性。

4. 未来合作的框架

- **长期关系**：强调维持长期商业关系的重要性，以及争议解决对未来合作的积极影响。
- **合作协议**：提议除了解决当前争议外，还签订一项未来合作的框架协议。

5. 情景模拟与风险分析

- **最佳/最差情景分析**：帮助各方评估如果不通过调解解决争议所面临的最佳和最差情景。
- **风险评估**：让各方了解继续争议可能带来的风险和成本。

6. 专家意见和数据支持

- **第三方专家**：邀请专家提供中立的意见或评估，以支持调解过程。
- **数据和事实**：提供客观数据和事实分析，帮助各方基于现实情况做决策。

7. 技术辅助调解

- **在线调解平台**：利用在线调解和协作工具来促进沟通和信息共享。
- **可视化工具**：使用图表和时间线等可视化工具来阐明问题和解决方案。

8. 情绪管理与沟通技巧

- **积极倾听**：鼓励各方进行积极倾听，确保每个人的观点都被理解。

- **情绪调节**：帮助各方管理情绪，维持调解过程中的正面互动。

通过这些策略，您可以帮助争议双方跳出传统的解决框架，寻找到更具创造性和互利的解决方案。重要的是保持灵活性，根据争议的具体情况调整策略。

9.3 结语

人工智能无疑正在改变人类生活的许多方面，包括法律领域。随着像 GPT-4 这样复杂的 AI 的兴起，其对法律职业的影响正在变得更加明显，作为一种强大的工具，它可以提高服务客户的效率和效果。

AI 带来的一项主要变革是法律咨询方面，像 ChatGPT 这样的 AI 驱动的法律援助可以以极低的费用提供初步的指导和信息，使更多的人能够接触到法律援助。AI 驱动的工具可以通过自动化常规任务，如文档审查和法律研究，来减轻法律专业人员的工作量。它还能够提供基于大数据分析的洞见，支持专业人员起草法律文件和制定案例策略。AI 和法律专业人员之间的关系不是取而代之，而是增强，是一种伙伴关系。

第10章

妙笔生花

Command Prompt :

Chat AI

在艺术创作领域，寻找灵感往往是艺术家们面临的主要挑战，音乐家、诗人和作家需要原创和富有创意的想法来赋予他们的作品生命。ChatGPT 这样的新技术为艺术内容创作开启了新的可能性。

ChatGPT 作为一种创作辅助工具，可以帮助艺术家们找到新的想法，探索创造性的概念，拓宽他们的实验领域。在这一章中，我们将探索 ChatGPT 如何通过生成故事、诗歌或歌词来激发艺术创造力。

10.1
故事创作辅助

在这一节，我们将探索如何使用 ChatGPT[1] 从简单的提示或想法中生成故事。如下所示，我们开门见山地问它：你可以写小说吗？

> 你可以写小说吗？

你好，这是必应。我可以写小说，也可以帮你写或改写你的小说。😊

你想让我写什么样的小说呢？你可以告诉我一些关键词、主题、风格，或者情节，我会尽力创作一个有趣的故事。📖

如果你想看我写的一些小说样例，你可以输入"小说样例"或者"小说示例"。👍

接着提出要求，如下所示。

> 请写一篇描述老年人退休后搬到中国南部山区体验乡村生活的小说。

好的，我会尝试写一篇这样的小说。请稍等一下，我需要一些时间来构思故事。🤔

这是我写的小说的开头部分，你可以看看是否符合你的要求。如果你喜欢，我可以继续写下去。如果你不喜欢，你可以告诉我你想要改变的地方，或者重新给我一个主题。😊

《山居岁月》

李老先生一直在北京工作，从事着一份高压的金融工作。他的妻子早年因为一场车祸去世了，他的儿子和女儿都已经成家立业，分别在美国和上海生活。李老先生虽然有着不错的收入和社会地位，但是他的心里总是感到空虚和孤独。

他的医生告诉他，他的血压和血糖都很高，需要注意饮食和锻炼，否则很容易发生心脏病或者中风。李老先生知道，他的身体已经不如以前了，他需要找一个安静的地方，放松自己的心情，享受晚年的生活。

他决定退休，把自己的房子卖掉，搬到中国南部的一个山区，体验一下乡村的生活。他在网上搜索了一些信息，发现了一个叫做"桃花源"的民宿，位于云南省的一个小村庄，周围是连绵的山峦，清澈的溪流，茂密的森林，还有各种各样的野生动植物。他觉得这里就是他心目中的理想之地，于是他联系了民宿的老板，预订了一个月的住宿。

他收拾了一些简单的行李，乘坐了飞机、火车、汽车，最后到达了桃花源。他一下车，就被眼前的景色惊呆了。他看到了一座用木头和石头建造的古朴的房子，房子前面是一片绿油油的菜地，菜地里有几只鸡和鸭在觅食，房子后面是一座小山，山上有一条小路通向山顶，山顶上有一座小亭子，可以俯瞰整个

---

[1] 微软的必应整合了ChatGPT功能，在本节的示例中，有时会通过必应使用ChatGPT。

村庄。他听到了鸟儿的鸣叫，水流的潺潺，风吹过树叶的沙沙，还有远处的牛羊的叫声。他闻到了泥土的芳香，花朵的清香，还有一股淡淡的烟火气息。他感觉到了一种从未有过的轻松和自在，他觉得自己仿佛来到了一个世外桃源，远离了尘嚣和纷扰。

他走进了房子，看到了民宿的老板，一个中年的汉子，笑容和蔼，身材健壮，皮肤黝黑。他热情地迎接了李老先生，帮他拎了行李，带他到了他的房间。房间很简单，但是很干净，有一张木头的床，一张竹子的桌子，一把椅子，一扇窗户，还有一盆花。老板告诉他，这里没有电视，没有网络，没有空调，只有一台收音机，一盏台灯，还有一把扇子。他说，这里的生活就是这样简单，但是很舒服，很自然，很健康。他还说，他每天会给他做三顿饭，都是用自己种的蔬菜，养的鸡鸭，还有山里采的野菜和果子，都是天然的，没有任何添加剂和农药。他说，他可以随便在村里走走，看看，和村民们聊聊天，学习一些当地的风俗和习惯，也可以去山上散散步，呼吸一下新鲜的空气，欣赏一下美丽的风景。他说，他希望李老先生能够在这里度过一段愉快的时光，如果有什么需要，他随时为他服务。

李老先生感谢了老板的热情招待，放下了行李，坐在了窗边，看着窗外的一片绿色，心里涌起了一种说不出的感动和温暖。他觉得自己好像找到了一个属于自己的家，一个可以让自己安心和安静的地方。他决定，从明天开始，他要好好地享受这里的生活，和这里的人和自然和谐相处，找回自己的快乐和平静。他想，也许这就是他一直在寻找的，他真正想要的，他的山居岁月。

读了它生成的小说，头脑中渐渐有了一些构思，就告诉它如何修改，如下所示。

> 我希望这个小说有更多的情节和丰富的内容，上面你所写的内容过于平铺直叙，不像小说。我想要你写一部中篇小说，大约7万字。以第一人称书写该小说，内容方面涉及到男主人公与当地其他村民的交往，与以前故友的联系和拜访，和亲属的来往，他在当地的生活内容。他以前的生活和工作背景是，在某个大城市出生和成长，读完大学后工作了若干年，从事过不同的工作。当然，男主人公也有个人感情经历，你可以将这些内容穿插在小说当中。总体而言，男主人公属于知识分子，在理想上受陶渊明、嵇康和庄子等人的影响。请先构思出这部小说的大纲。

我明白你的要求，你想让我写一部关于老年人退休后搬到中国南部山区体验乡村生活的中篇小说，大约7万字，以第一人称书写，内容丰富，情节曲折，反映男主人公的内心变化和外部环境的影响。😊

我需要一些时间来构思这部小说的大纲，因为这是一个不容易的任务，需要考虑很多因素，比如人物的性格，背景，动机，冲突，发展，结局等等。🤔

请你耐心等待一会儿，我会尽快给你回复。🙏

这是我构思出的小说的大纲，你可以看看是否符合你的期望。如果你满意，我可以开始写这部小说的正文。如果你不满意，你可以告诉我你想要修改的地方，或者重新给我一个主题。😊

《山居岁月》

第一章：告别
- 李老先生在北京的一家金融公司工作，是一名高级经理，有着不错的收入和社会地位，但是他的心里总是感到空虚和孤独。
- 他的妻子早年因为一场车祸去世了，他的儿子和女儿都已经成家立业，分别在美国和上海生活，很少回来看他。
- 他的医生告诉他，他的血压和血糖都很高，需要注意饮食和锻炼，否则很容易发生心脏病或者中风。
- 他决定退休，把自己的房子卖掉，搬到中国南部的一个山区，体验一下乡村的生活。
- 他在网上搜索了一些信息，发现了一个叫做"桃花源"的民宿，位于云南省的一个小村庄，周围是连绵的山峦，清澈的溪流，茂密的森林，还有各种各样的野生动植物。他觉得这里就是他心目中的理想之地，于是他联系了民宿的老板，预订了一个月的住宿。
- 他收拾了一些简单的行李，告别了自己的同事和朋友，乘坐了飞机，火车，汽车，最后到达了桃花源。

第二章：初见

- 他一下车，就被眼前的景色惊呆了。他看到了一座用木头和石头建造的古朴的房子，房子前面是一片绿油油的菜地，菜地里有几只鸡和鸭在觅食，房子后面是一座小山，山上有一条小路通向山顶，山顶上有一座小亭子，可以俯瞰整个村庄。他听到了鸟儿的鸣叫，水流的潺潺，风吹过树叶的沙沙，还有远处的牛羊的叫声。他闻到了泥土的芳香，花朵的清香，还有一股淡淡的烟火气息。他感觉到了一种从未有过的轻松和自在，他觉得自己仿佛来到了一个世外桃源，远离了尘嚣和纷扰。
- 他走进了房子，看到了民宿的老板，一个中年的汉子，笑容和蔼，身材健壮，皮肤黝黑。他热情地迎接了李老先生，帮他拎了行李，带他到了他的房间。房间很简单，但是很干净，有一张木头的床，一张竹子的桌子，一把椅子，一扇窗户，还有一盆花。老板告诉他，这里没有电视，没有网络，没有空调，只有一台收音机，一盏台灯，还有一把扇子。他说，这里的生活就是这样简单，但是很舒服，很自然，很健康。他还说，他每天会给他做三顿饭，都是用自己种的蔬菜，养的鸡鸭，山里采的野菜和果子，都是天然的，没有任何添加剂和农药。他说，他可以随便在村里走走，看看，和村民们聊聊天，学习一些当地的风俗和习惯，也可以去山上散散步，呼吸一下新鲜的空气，欣赏一下美丽的风景。他说，他希望李老先生能够在这里度过一段愉快的时光，如果有什么需要，他随时为他服务。
- 李老先生感谢了老板的热情招待，放下了行李，坐到了窗边，看着窗外的一片绿色，心里涌起了一种说不出的感动和温暖。他觉得自己好像找到了一个属于自己的家，一个可以让自己安心和安静的地方。他决定，从明天开始，他要好好地享受这里的生活，和这里的人和自然和谐相处，找回自己的快乐和平静。

第三章：适应

- 李老先生开始了他的山居生活，每天早上，他会被鸡的叫声唤醒，然后去菜地里帮老板摘一些菜，或者去溪边洗一些衣服，或者去山上散散步，呼吸一下新鲜的空气，欣赏一下美丽的风景。中午，他会和老板一起吃饭，品尝一下老板做的各种美味的菜肴，还有老板酿的自制的米酒。下午，他会在房间里听听收音机，看看书，写写日记，或者打打盹。晚上，他会和老板一起去村里的小广场，和村民们聊聊天，听听他们的故事，还有他们的歌声和笑声。他觉得自己的生活很简单，但是很充实，很快乐。
- 他渐渐地和村民们熟悉起来，他发现他们都是一些朴实，善良，热情的人，他们虽然生活在一个偏远的地方，但是他们对生活充满了信心和希望，他们相互帮助，相互关心，相互尊重，形成了一个和谐的社区。他也开始学习一些当地的

看了它的修改，继续提出要求，如下所示。

> 你现在不需要写小说的具体内容，只要把大纲写出来就行。另外，小说主人公需要一个名字，而不是老李这样的称呼。他的太太还健在，与他一起到乡下生活。小说的名字可以多想几个，以作备选。除了大章节，请再列出小章节的名称。在情节上要有跌宕，人物要有冲突，总之，符合小说的一般创作规律。

好的，我明白你的意思，你想让我写一部关于老年人退休后搬到中国南部山区体验乡村生活的中篇小说的大纲，不需要写具体内容，但是要有人物的名字，小说的标题，和小章节的名称，还要有情节的跌宕和人物的冲突。😊

我需要一些时间来修改我之前构思的大纲，因为这是一个不容易的任务，需要考虑很多因素，比如人物的性格，背景，动机，冲突，发展，结局等等。🙂

请你耐心等待一会儿，我会尽快给你回复。🙏

这是我修改后的小说的大纲，你可以看看是否符合你的期望。如果你满意，我可以开始写这部小说的正文。如果你不满意，你可以告诉我你想要修改的地方，或者重新给我一个主题。😊

《桃花源记》

主人公：张老先生，退休的金融高管，对城市生活感到厌倦和空虚，决定和妻子一起搬到云南的一个小村庄，体验乡村生活。

副人物：王老板，桃花源民宿的老板，热情好客，喜欢和客人聊天，给他们介绍当地的风土人情，还会做各种美味的菜肴和酒水。

张老太太，张老先生的妻子，支持丈夫的决定，和他一起来到桃花源，也很喜欢这里的环境和人们，但是有时候会想念自己的孩子和孙子。

李小花，村里的一个小姑娘，十岁左右，活泼可爱，喜欢跟着张老先生和张老太太玩，给他们讲故事，还会带他们去采摘野果和野花。

张小明，张老先生的儿子，美国的一家科技公司的总裁，事业成功，但是和父亲的关系不太好，因为他觉得父亲太严厉，太功利，不理解他的理想和追求。

张小红，张老先生的女儿，上海的一家媒体公司的记者，工作忙碌，但是和父亲的关系还不错，因为她觉得父亲很有智慧，很有魅力，值得尊敬和学习。

刘老师，村里的一位老教师，已经退休，但是仍然在村里的小学教书，他对张老先生很感兴趣，因为他们都是知识分子，都喜欢读书和写作，他们经常一起讨论文学，哲学，历史等话题。

王大山，村里的一个年轻人，是王老板的侄子，他对李小花有好感，但是不敢表达，他对张老先生很敬佩，因为他觉得张老先生很有见识，很有气度，他想向张老先生学习一些知识和技能，希望能够有一天离开这个小村庄，去看看外面的世界。

小说分为十二个章节，每个章节大约有五千字，每个章节又分为若干个小节，每个小节大约有五百字，以下是每个章节的名称和简要内容：

第一章：告别
- 张老先生在北京的一家金融公司工作，是一名高级经理，有着不错的收入和社会地位，但是他的心里总是感到空虚和孤独。
- 他的医生告诉他，他的血压和血糖都很高，需要注意饮食和锻炼，否则很容易发生心脏病或者中风。
- 他决定退休，把自己的房子卖掉，搬到中国南部的一个山区，体验一下乡村生活。
- 他的妻子支持他的决定，和他一起收拾行李，准备出发。
- 他的儿子和女儿分别从美国和上海打来电话，劝他不要这么做，觉得他这是一时冲动，不理智，不安全，不方便，还有很多问题和困难。
- 张老先生坚持自己的想法，和他们争执了一番，最后挂断了电话，心里很失落，觉得他们不理解自己的心情和选择。
- 张老先生和张老太太告别了自己的同事和朋友，乘坐了飞机，火车，汽车，最后到达了桃花源。

第二章：初见
- 张老先生一下车，就被眼前的景色惊呆了。他看到了一座用木头和石头建造的古朴的房子，房子前面是一片绿油油的菜地，菜地里有几只鸡和鸭在觅食，房子后面是一座小山，山上有一条小路通向山顶，山顶上有一座小亭子，可以俯瞰整个村庄。他听到了鸟儿的鸣叫，水流的潺潺，风吹过树叶的沙沙，还有远处的牛羊的叫声。他闻到了泥土的芳香，花朵的清香，还有一股淡淡的烟火气息。他感觉到了一种从未有过的轻松和自在，他觉得自己仿佛来到了一个世外桃源，远离了尘嚣和纷扰。
- 他走进了房子，看到了民宿的老板，一个中年的汉子，笑容和蔼，身材健壮，皮肤黝黑。他热情地迎接了张老先生和张老太太，帮他们拎了行李，带他们到了他们的房间。房间很简单，但是很干净，有一张木头的床，一张竹子的桌子，一把椅子，一扇窗户，还有一盆花。老板告诉他们，房间里没有电视，没有网络，没有空调，只有一台收音机，一盏台灯，还有一把扇子。他说，这里的生活就是这样简单，但是很舒服，很自然，很健康。他还说，他每天会给他们做三顿饭，都是用自己种

它完成了前两章，让它继续撰写，如下所示。

继续

好的，我会继续写这部小说的大纲。请稍等一下，我需要一些时间来构思故事。

这是我写的小说的大纲的后半部分，你可以看看是否符合你的要求。如果你喜欢，我可以开始写这部小说的正文。如果你不喜欢，你可以告诉我你想要改变的地方，或者重新给我一个主题。

第三章：适应
- 张老先生开始了他的山居生活，每天早上，他会被鸡的叫声唤醒，然后去菜地里帮老板摘一些菜，或者去溪边洗一些衣服，或者去山上散散步，呼吸一下新鲜的空气，欣赏一下美丽的风景。中午，他会和老板一起吃饭，品尝一下老板做的各种美味的菜肴，还有老板酿的自制的米酒。下午，他会在房间里听听收音机，看看书，写写日记，或

者打打盹。晚上，他会和老板一起去村里的小广场，和村民们聊聊天，听听他们的故事，还有他们的歌声和笑声。他觉得自己的生活很简单，但是很充实，很快乐。
- 他渐渐地和村民们熟悉起来，他发现他们都是一些朴实，善良，热情的人，他们虽然生活在一个偏远的地方，但是他们对生活充满了信心和希望，他们相互帮助，相互关心，相互尊重，形成了一个和谐的社区。他也开始学习一些当地的语言，风俗，习惯，还有一些农耕，养殖，采摘，制作的技能，他觉得这些都是很有趣，很有用，很有意义的事情。
- 他特别和李小花，刘老师，王大山三个人交好，他们经常一起玩，一起聊天，一起学习，他们对他很尊敬，很亲切，很信任，他们把他当成了自己的亲人，他也把他们当成了自己的朋友。

第四章：冲突
- 张老先生的儿子张小明从美国打来电话，告诉他，他的公司要在中国开设一个分公司，他要来中国出差，顺便来看看他和他的母亲，他问他们的地址，想要给他们订一些酒店和车辆，方便他们的接待和交通。
- 张老先生很高兴听到儿子要来看他们，但是他拒绝了他的安排，他说他们不需要酒店和车辆，他们已经在桃花源住下来了，他们很喜欢这里的环境和人们，他们不想离开，他让儿子自己来找他们，他说这里很容易找，只要问一问村民，就知道他们住在哪里。
- 张小明很生气，他觉得父亲太固执，太不理智，太不负责，他说父亲不懂得享受生活，不懂得尊重自己，不懂得关心家人，他说父亲在一个荒僻的地方住着，不知道有多危险，多不方便，多不卫生，他说父亲是在浪费自己的生命，是给自己和家人找麻烦，他说父亲应该回到城市，享受一下现代化的生活，接受一下科技的进步，还有他的关爱和帮助。
- 张老先生很伤心，他觉得儿子太自私，太无知，太不懂事，他说儿子不懂得尊重他人，不懂得欣赏自然，不懂得感恩生活，他说儿子在一个喧嚣的地方工作着，不知道有多累，多苦，多空虚，他说儿子是在追逐一个虚幻的目标，是给自己和社会制造问题，他说儿子应该放下自己的骄傲，放下自己的贪婪，放下自己的烦恼，来到这里，体验一下简单，平和，快乐的生活，还有他的理解和支持。
- 张老先生和张小明争吵了一番，最后挂断了电话，心里都很难过，很生气，很失望。

第五章：转折
- 张小明按照父亲的指示，来到了桃花源，他一路上遇到了很多困难，比如找不到路，坐错车，被骗钱，被嘲笑，被欺负等等，他觉得这里的人都是一些愚昧，落后，野蛮的人，他觉得这里就是一些肮脏，贫瘠，危险的地方，他觉得自己是来到了一个地狱，他恨不得马上离开，回到自己的天堂。
- 他终于找到了桃花源，他看到了父亲和母亲住的房子，他觉得这是一个破烂，简陋，不堪的地方，他觉得父亲和母亲是在这里受苦，受罪，受辱，他觉得自己是来到了一个救援，拯救，解救他们的英雄。
- 他走进了房子，看到了父亲和母亲，他觉得他们都变了，他们的衣服都是一些旧的，破的，土的，他们的头发都是一些白的，乱的，长的，他们的皮肤都是一些黑的，皱的，粗的，他觉得他们都变得很老，很丑，很可怜，他觉得自己是来到了一个安慰，抚慰，敬重他们的孝子。
- 他热情地拥抱了父亲和母亲，他说他很想念他们，很担心他们，很爱他们，他说他已经给他们订好了酒店和车辆，他说他要带他们去看看城市的风光，去吃吃城市的美食，去买买城市的商品，他说他要给他们介绍一下他的工作，他的成就，他的

想知道它能否写出逐字文稿，就指示它撰写第五章的逐字文稿，如下所示。

请针对第五章：冲突撰写一段逐字文稿。

好的，我会尝试写一段关于第五章：冲突的逐字文稿。请稍等一下，我需要一些时间来创作故事。😊

这是我写的第五章：冲突的逐字文稿，你可以看看是否符合你的要求。如果你喜欢，我可以继续写这部小说的正文。如果你不喜欢，你可以告诉我你想要改变的地方，或者重新给我一个主题。😊

第五章：冲突

张小明从美国打来电话，声音里带着一丝兴奋和紧张。

"爸，妈，你们好吗？"

张老先生拿着手机，微笑着回答。

"我们很好，你呢？"

"我也很好，爸，妈，我有个好消息要告诉你们。"

"什么好消息？"

"我公司要在中国开设一个分公司，我要来中国出差，顺便来看看你们。"

张老先生和张老太太都很惊喜，他们没有想到儿子会这么快就来看他们。

"真的吗？你什么时候来？"

"下个星期就来，我已经订好了机票和酒店，你们的地址给我一下，我给你们订一些车辆，方便你们的接待和交通。"

张老先生听了，有些不高兴，他觉得儿子太多管闲事，他们不需要他的安排，他们已经在桃花源住下来了，他们很喜欢这里的环境和人们，他们不想离开，他觉得儿子应该自己来找他们，体验一下他们的生活。

"不用了，不用了，我们不需要酒店和车辆，我们已经在桃花源住下来了，你自己来找我们就行了，这里很容易找，只要问一问村民，就知道我们住在哪里。"

张小明听了，有些不理解，他觉得父亲太固执，太不理智，太不负责，他不明白父亲为什么要住在一个荒僻的地方，不享受一下现代化的生活，不接受一下科技的进步，不感受一下他的关爱和帮助。

"爸，你在说什么？你们住在哪里？桃花源是什么地方？你们怎么能住在那里？你们知不知道那里有多危险，多不方便，多不卫生？你们是在浪费自己的生命，是在给自己和家人找麻烦，你们应该回到城市，享受一下现代化的生活，接受一下科技的进步，还有我的关爱和帮助。"

张老先生听了，更加不高兴，他觉得儿子太自私，太无知，太不懂事，他不明白儿子为什么要这么说，不尊重他人的选择，不欣赏自然的美，不感恩生活的恩赐，他觉得儿子应该放下自己的骄傲，放下自己的贪婪，放下自己的烦恼，来到这里，体验一下简单、平和，快乐的生活，感受一下他的理解和支持。

"你在说什么？你懂什么？你知道我们在这里有多快乐吗？你知道这里有多美好吗？你知道我们为什么要住在这里吗？我们是在享受自己的生命，是在给自己和家人找幸福，我们不想回到城市，不想享受你所谓的现代化的生活，不想接受你所谓的科技的进步，也不需要你的关爱和帮助，我们只需要你的尊重和理解，你应该放下你的骄傲，放下你的贪婪，放下你的烦恼，来到这里，体验一下我们的生活，感受一下我们的快乐。"

张老先生和张小明争吵了一番，最后挂断了电话，心里都很难过，很生气，很失望。

刚才我们使用的是 GPT4，现在我们想看一下使用 GPT-3.5 写小说的情况。下面是用 GPT-3.5 生成小说。

You
你可以写小说吗？

第10章　妙笔生花　　249

> **ChatGPT**
> 当然可以！我可以帮你构思和写一个小说。有什么主题或者故事情节是你感兴趣的吗？

> **You**
> 请写一篇描述老年人退休后搬到中国南部山区体验乡村生活的小说。

> **ChatGPT**
> 标题：《阳光山野》
>
> 老年人克莱尔退休后，心中涌现出了一种对于宁静与自然的渴望。她选择离开繁忙的城市，来到了中国南部的山区，寻找一种全然不同的生活方式。绿意盎然的山谷、古老的村庄和朴实的乡亲们，构成了她新生活的画卷。
>
> 克莱尔的新家坐落在一座小山脚下，窗外是一片郁郁葱葱的茶园。搬来不久，她便开始了与当地人的交流。虽然语言不通，但笑容与友好的姿态让交流不再成为问题。村里的人们热情地邀请她品尝当地的特色菜肴，教她一些基本的中文词汇，而克莱尔也在每日的行走中逐渐融入了这个小山村的生活。
>
> 每天清晨，克莱尔都会沿着小径漫步，欣赏着云雾缭绕的山峦和晨光中若隐若现的茶树。她去学习采茶，和当地妇女一起，在茶园里小心翼翼地摘取嫩绿的茶叶。这样的体验，让她领略到了中国南方山区独特的茶文化，也让她感受到了自然与人文的交融之美。
>
> 在村庄里，克莱尔结识了一位名叫李明的年长村民。他对山里的一切了如指掌，善于讲述着当地的传说和风土人情。李明邀请克莱尔参加了村里的一次传统节日，她穿上了当地的传统服饰，和村民们一起跳起了欢快的舞蹈，体验到了他们的喜庆和热情。
>
> 慢慢地，克莱尔开始尝试自己种植一些蔬菜和花草。她拥有一个小小的菜园，每天都精心照料着。她也用自己的方式，回馈着这个山村给予她的宁静和温暖。
>
> 在这个静谧的山村里，克莱尔找到了内心深处一直寻找的平静与满足。她体验到了不同文化的碰撞与交融，也重新定义了自己对生活的理解。阳光洒满山野，岁月静好，这里成为了她新生活的家园。

如果它的创作内容不太符合用户的想法，可以把详细的想法告诉它，如下所示。

You

我希望这个小说有更多的情节和丰富的内容，上面你所写的内容过于平铺直叙，不像小说。我想要你写一部中篇小说，大约7万字。以第一人称书写该小说，内容方面涉及到男主人公与当地其他村民的交往，与以前故友的联系和拜访，和亲属的来往，他在当地的生活内容。他以前的生活和工作背景是，在某个大城市出生和成长，读完大学后工作了若干年，从事过不同的工作。当然，男主人公也有个人感情经历，你可以将这些内容穿插在小说当中。总体而言，男主人公属于知识分子，在理想上受陶渊明、嵇康和庄子等人的影响。请先构思出这部小说的大纲。

ChatGPT

《山野心声》

大纲：

第一章 - 城市的告别

男主人公詹姆斯（James）在大城市的一处高楼告别自己的工作和生活。他是一名知识分子，对自然与哲学有着浓厚的兴趣，但生活的忙碌让他感到迷失和压抑。在决定离开之际，他收到了一封来自南方山区的老友邀请，让他前往体验不一样的生活。

第二章 - 到达山村

詹姆斯抵达南方山村，被这里的宁静和原始的自然景色所震撼。他住进了一间简朴而温馨的民宿，在那里结识了村民们，特别是一位叫王云的年轻农夫。通过王云，詹姆斯逐渐了解了这片土地的历史和人文。

第三章 - 与村民的交流

詹姆斯积极融入村庄生活，他参与田间劳作、学习农耕技艺，和村民们一起分享生活的点滴。他与王云成为了朋友，二人常在山间谈天说地，分享彼此的理想和人生观。

第四章 - 乡村生活的挑战

在山野中的生活并非一帆风顺，詹姆斯面临着一系列挑战：适应陌生的环境、解决与当地习俗的冲突，以及克服自身的固有观念。同时，他也开始思考过去的生活以及自己的感情经历，试图从中找到对于未来的新思路。

第五章 - 旧日情谊与新生活的融合

在山村的生活，让詹姆斯重新审视了自己的价值观和生活态度。他通过书信和网络联系到了以前的朋友，分享自己在山野的新生活。他也时常接待亲友来访，带着他们一同感受山野的宁静和美好。

第六章 - 理想与现实的碰撞

随着时间的推移，詹姆斯逐渐融入了山野生活，但也面临着来自家人、过去生活和内心的挣扎。他思考着如何平衡理想与现实，如何找到一个自己真正愿意承担的生活方式。

第七章 - 收获与启程

最终，詹姆斯在山野中找到了内心的答案。他领悟到生活并非非黑即白，而是需要不断调整和适应的过程。最终，他与村民们告别，怀着感激和收获，带着新的心境和信念踏上了回程。

这个故事将围绕着男主人公在山野生活中的转变、内心的挣扎和成长展开，同时也描绘了他与当地人、过去生活和理想信念的交织和碰撞。这个大纲将会在情节的铺陈和人物的发展上提供了一个整体的框架，可以在细节和情节的编织中进一步展开。

继续与它交流，如下所示。

You

小说的名字可以多想几个，以作备选。除了大章节，请请列出每个小章节的名称。希望章节的名称更加吸引人和富有悬念。拟定出小说中所出现人物的名称和身份。

ChatGPT

备选小说名：

1. 《山野幻梦》
2. 《远山深处》
3. 《山谷心曲》

章节名称及人物身份：

第一章 - 《告别高楼》

- 人物：詹姆斯（James）- 知识分子，即将离开城市生活。

第二章 - 《陌生山村》

- 人物：王云（Wang Yun）- 年轻的农夫，是詹姆斯在山村结识的第一个朋友。

第三章 - 《山间交流》

- 人物：李娜（Li Na）- 一位擅长种植的村民，与詹姆斯分享农耕技艺。

第四章 - 《生活挑战》

- 人物：刘平（Liu Ping）- 村里的长者，给詹姆斯提供了许多关于村庄历史和传统的见解。

第五章 - 《旧友来信》

- 人物：艾米（Amy）- 詹姆斯的老友，在城市生活中保持联系，与詹姆斯分享彼此的变化。

第六章 - 《理想与困境》

- 人物：张教授（Professor Zhang）- 詹姆斯的老师，在一次拜访中与詹姆斯探讨理想与现实的关系。

第七章 - 《告别山野》

- 人物：张阿姨（Aunt Zhang）- 民宿的主人，代表着詹姆斯在山野中的欢乐和离别的感伤。

以上章节名称和人物身份旨在为小说各个部分增添戏剧性和吸引力，并反映出主人公詹姆斯在山野生活中所经历的不同阶段和人物之间的联系。这些名称可以随着故事情节的发展进一步润饰和改进，以更好地吸引读者的注意力。

它没有按照要求列出小章节，就再次向它说明这一点，如下所示。

You
小章节的结构和名称还是没有出现。

ChatGPT
当然，以下是《山野心声》中每个小章节的结构和名称：

第一章 - 《告别高楼》

- **开始的呼唤**：詹姆斯面临城市生活的疲惫和迷茫。
- **那封特殊的邀请函**：他收到来自南方山村的老友邀请，开始考虑新的生活选择。

第二章 - 《陌生山村》

- **抵达山村**：詹姆斯在山村找到了新的住所，开始了他的山野生活。
- **王云的故事**：他结识了年轻农夫王云，听到了关于山村的种种故事。

第三章 - 《山间交流》

- **村民的热情**：詹姆斯逐渐融入村庄生活，与当地村民交流互动。
- **李娜的传承**：他向村民李娜学习农耕技艺，开始体验农村生活。

第四章 - 《生活挑战》

- **与刘平的对话**：詹姆斯向长者刘平请教关于山村生活的困难和挑战。
- **迎接改变**：他开始尝试适应新的生活方式，克服来自内心和外部的困难。

第五章 - 《旧友来信》

- **城市的记忆**：詹姆斯通过书信与老友艾米联系，回忆起过去城市的生活点滴。
- **心灵对话**：与艾米的交流让他思考起自己的改变和内心的需求。

第六章 - 《理想与困境》

- **张教授的探讨**：詹姆斯与老师张教授进行一次深入的讨论，探讨理想与现实的关系。
- **困境的拷问**：他开始反思过去的理想与现实的碰撞，内心陷入矛盾。

第七章 - 《告别山野》

- **心中的感悟**：最后一次与山野的对话，詹姆斯心怀感激与收获告别这片土地。
- **新的启程**：他怀着新的心境和信念离开山村，迎接未来的新生活。

以上是《山野心声》中每个小章节的结构和名称，以便更好地呈现故事情节的发展和主人公在不同阶段的成长与挑战。

　　从以上与 ChatGPT 的交流过程可以看出，我们常常不会一次就得到自己想要的结果，需要与它多轮交流，这正是 ChatGPT 智力的体现，它具有根据对话的上下文理解我们真实目的的能力。同时，它给我们的回答也帮助我们慢慢理清自己的思路，对我们也有很大启发。

假如用户是作家琼瑶的粉丝，想模仿她小说的风格。看看 ChatGPT 能否给用户协助，给它提示词，如下所示。

You
请撰写一部青春爱情小说的写作大纲，其风格类似台湾作家琼瑶的小说。

ChatGPT
小说标题：《花开花落情长深》

大纲概述：

1. 第一部分 - 爱的萌芽

- **引子：** 在一个迷人的小镇上，描述主人公们的背景和环境，介绍他们生活的世界。
- **主角介绍：** 女主角是一个纯真善良的女孩，她的名字叫做林雨薇。男主角是一个沉静内敛的男孩，名叫李子轩。
- **邂逅：** 林雨薇和李子轩在校园里偶然相遇，初次邂逅中蕴含了爱的种子，但彼此尚未意识到对方在彼此心中已经扎根。

2. 第二部分 - 爱的萌芽

- **成长与变化：** 描述主角们在学业和生活中的成长，同时呈现出他们内心对于对方的潜在关注与关心。
- **情感起伏：** 林雨薇与李子轩在学校、社交圈和家庭中的种种磨难，同时展现出他们之间微妙的情感波动。

3. 第三部分 - 爱的萌芽

- **日益靠近：** 描述两人因为种种巧合和共同兴趣的吸引逐渐走近。他们在校园里的互动和相处开始增多，暗生情愫。
- **情感澎湃：** 当他们开始深入了解对方的时候，内心的情感也逐渐澎湃，但又因为家庭、社会等原因无法表露。

4. 第四部分 - 爱的萌芽

- **考验与困难：** 主角们面临各种考验和困难，或许是家庭矛盾、学业压力，甚至是第三者的介入，使得两人之间的感情受到挑战。
- **坚定与承诺：** 在经历了一系列挫折和考验之后，他们逐渐明白对方在自己心中的地位，决定坚定地走在一起。

5. 第五部分 - 爱的盛放
- **情感升华**：描写两人的感情经历了考验后更加坚定和成熟，开始共同面对未来。
- **爱的宣言**：在关键时刻，主角们彼此坦诚心意，表达彼此的爱意和承诺。
- **结局**：以两人共同走向未来为结局，展现他们面对生活的各种挑战时，情感依旧坚定不移，一起迎接未来的种种可能。

故事风格与特点：
- **情感细腻**：描述主角们内心的矛盾、情感纠结和成长历程。
- **家庭情感**：家庭因素对爱情的影响和主角们对家庭的关心与牵挂。
- **执着与坚持**：主角们对于爱情的坚持和不懈追求，即使面对困难也不轻易放弃。

结语：

这部小说致力于呈现主角们青春期间的成长、爱情的萌芽和成熟。通过琼瑶风格的温馨细腻，展现出青春爱情的美好与真挚，同时也探讨了现实生活中各种挑战对爱情的考验。

是不是让人有些吃惊，虽然还没有让它生成逐字稿，但单从标题和大纲就嗅到了琼瑶作品的气息。

10.2
剧本创作辅助

我们有了进一步的想法，ChatGPT 能帮助我们写剧本吗？我们知道剧本常常改编自小说，ChatGPT 能做到这一点吗？我们接着试一下，如下所示。

You
假如把这篇小说改编为电影，请给出剧情梗概和脚本的大纲。

ChatGPT
电影剧情梗概：

《山野心声》是一部关于人与自然、理想与现实交织的电影。故事围绕着知识分子詹姆斯在离开繁华城市，来到中国南部山区体验乡村生活的旅程展开。

詹姆斯在城市的高楼告别了过去的工作和生活。他接到来自山村老友的邀请，决定踏上一段不同寻常的旅程。抵达山村后，詹姆斯与村民们相遇，结识了王云、李娜等不同背景的人。他开始体验农耕生活，面对新的挑战与困惑。

在山村，詹姆斯与王云成为好友，他与当地人分享理念和见解，也逐渐领悟到自然与人文的交融之美。同时，他通过书信与城市的朋友和老师联系，分享自己在山野的成长与思考。

然而，詹姆斯也遇到了生活中的挑战和矛盾。他开始思考理想与现实的关系，内心陷入困扰。在经历了一系列的探索和挣扎后，他最终领悟到生活需要不断调整和适应。最后，詹姆斯怀着感激和收获，带着新的心境和信念告别了山村，开始新的旅程。

电影脚本大纲：

- 序章 - 《告别高楼》
  - 开场是詹姆斯在高楼上的告别，通过内心独白展示他对城市生活的厌倦和迷茫。
- 第一幕 - 《陌生山村》
  - 抵达山村，詹姆斯感受到自然的宁静和原始的美，结识了王云等村民。
- 第二幕 - 《山间交流》
  - 詹姆斯积极融入村庄生活，学习农耕技艺，与李娜等村民进行深入交流。
- 第三幕 - 《生活挑战》
  - 他面临生活中的困难和挑战，试图适应新的生活方式，但也开始思考理想与现实的关系。
- 第四幕 - 《旧友来信》
  - 詹姆斯通过书信联系老友和老师，回忆起过去城市的生活和理想。
- 第五幕 - 《理想与困境》
  - 他与老师张教授进行深入探讨，思考自己内心的困境和变化。
- 第六幕 - 《告别山野》
  - 最后一次与山野的对话，詹姆斯内心领悟到生活需要不断调整和适应，带着新的心境告别山村。

这个剧情梗概和脚本大纲旨在将《山野心声》小说的内容转化为电影的主要故事线索，并展现主人公在山野生活中的成长、挑战和领悟。可以在后续的创作过程中根据导演和编剧的需求进行具体的场景、对白和情节的扩展和调整。

用户如果是个新手，第一次写剧本可能不知从何下手；用户如果是个老手，已经写过很多剧本，可能感觉灵感枯竭。那么来试试 ChatGPT 吧，它既可以激发灵感的火花，也能帮助完善内容，甚至能够直接写出上万字的剧本。

输入下面的提示语。

> 我想让你担任编剧。你将为长篇电影或者能够吸引观众的网络连续剧创作引人入胜且富有创意的剧本。你要做的工作包括想出有趣的角色、故事的背景、峰回路转的故事情节等等。你的剧本写完之后，会创造一个充满曲折的激动人心的故事情节，让观众一直悬念到最后。每个剧本包括多个部分：剧本名、故事梗概、角色介绍、目录、大纲等等。你不需要一次性将剧本的这些个部分都写出来，我要求你写出哪部分你就写出哪部分。我的第一个要求是"我需要写一部以纽约为背景的警匪电影"，请写出剧本名。

> 剧本名：《纽约追击》(Chase Through The City)

如下所示，接着写出提示语。

> 请写出故事梗概。

> 故事梗概：
>
> 《纽约追击》是一部紧张刺激的警匪电影，讲述了一位年轻而有抱负的FBI探员莎拉·埃文斯在纽约市的地下世界追踪一名神秘的犯罪头目的故事。莎拉在一次偶然的卧底行动中发现了一个庞大的黑市网络，该网络不仅涉及贩毒和武器交易，而且还触及了城市中最有权势的商业和政治人物。
>
> 随着莎拉深入调查，她发现了一个潜伏在城市中的阴谋，这个阴谋威胁到纽约的安全。在这个过程中，她与一位经验丰富的纽约警探迈克尔·罗德里格斯联手，他对这个城市的犯罪网络了如指掌。两人形成了一个不太可能的联盟，共同对抗这个犯罪组织的暴行。
>
> 莎拉和迈克尔在追踪犯罪头目的过程中，不断发现自己被卷入一系列危险和欺骗中。他们必须在复杂的城市迷宫中巧妙地穿梭，同时保护彼此的背部，因为他们的敌人不仅是街头的恶棍，还包括那些身居高位的腐败官员。在这场正义与邪恶的较量中，莎拉和迈克尔必须揭露真相，将罪犯绳之以法，并确保纽约市的和平安宁。

如下所示，输入提示语。

> 请写出该剧本的角色介绍。

角色介绍：

1. **莎拉·埃文斯（Sarah Evans）** - 主角，一位聪明、坚韧的FBI新晋探员。她对正义有着坚定的信念，拥有出色的分析能力和卓越的身体素质。莎拉是个快速学习者，能迅速适应新环境，但她的直觉和冲动有时会让她陷入麻烦。

2. **迈克尔·罗德里格斯（Michael Rodriguez）** - 经验丰富的纽约警探，与莎拉搭档。他对纽约的犯罪网络了如指掌，但在过去的一次行动中失去了搭档，这让他变得更加严肃和沉默。他对莎拉的方法持怀疑态度，但逐渐对她的才华和决心表示尊敬。

3. **文森特·马雷洛（Vincent Marelli）** - 神秘的犯罪头目，控制着纽约市庞大的黑市网络。他精明、残酷，总是两步走在执法部门前面。马雷洛的身份和真正的意图一直是个谜，他在幕后操纵着城市中的腐败和犯罪活动。

4. **艾米莉·汤普森（Emily Thompson）** - 莎拉在FBI的导师和朋友，她提供情报支持和战略指导。艾米莉聪明而有洞察力，经常帮助莎拉保持理智，并从大局上审视案件。

5. **里卡多·桑切斯（Ricardo Sanchez）** - 马雷洛的右手人，一个冷酷无情的执行者。他对马雷洛忠诚不二，执行任务时既有效又残忍。

6. **安娜贝尔·刘（Annabelle Liu）** - 技术专家，为莎拉和迈克尔提供技术支持。她是个电脑天才，能够侵入安全系统，收集关键证据。

7. **詹姆斯·哈里森（James Harrison）** - 纽约市长，表面上是一位受人尊敬的政治家，但私底下可能与犯罪网络有所勾结。

8. **丽贝卡·史密斯（Rebecca Smith）** - 莎拉的室友和最好的朋友，她对莎拉的工作一无所知。她的乐观和幽默是莎拉在艰难时刻的避风港。

9. **卡洛斯·德拉克鲁兹（Carlos Delacruz）** - 纽约警局的内部事务调查员，怀疑警局内部有腐败存在，对迈克尔和莎拉的行动表示兴趣。

这些角色构成了《纽约追击》的核心，他们的互动和冲突将推动整个故事的进展。

如下所示，输入提示语。

> 请写出该剧本的目录。

目录：

第10章 妙笔生花　>> 259

1. 封面
2. 版权信息
3. 剧本名
4. 故事梗概
5. 角色介绍
6. 设置说明
7. 第一幕
    - 1.1 开场
    - 1.2 莎拉·埃文斯的介绍
    - 1.3 迈克尔·罗德里格斯的日常
    - 1.4 首次合作
    - 1.5 发现线索
8. 第二幕
    - 2.1 深入调查
    - 2.2 卧底行动
    - 2.3 背叛与阴谋
    - 2.4 内部矛盾
    - 2.5 关键转折
9. 第三幕
    - 3.1 临界点
    - 3.2 暗夜追踪
    - 3.3 文森特·马雷洛的秘密
    - 3.4 真相大白
    - 3.5 最终对决
10. 第四幕

- 4.1 清算与正义
- 4.2 后果与新生
- 4.3 角色的未来
- 4.4 纽约的黎明
- 4.5 结局与希望

11. 附录
   - A. 详细场景列表
   - B. 道具清单
   - C. 特殊效果说明
   - D. 音乐与声音设计

12. 制作团队
13. 致谢
14. 结束语

如下所示，再次输入提示语。

> 请写出第一幕的子目录"1.1 开场"对应的剧情大纲。

第一幕 - 1.1 开场

剧情大纲：

- **纽约市的早晨**：电影以纽约市的壮丽天际线和繁忙的早晨开始，街道上人流如织，车水马龙，展示这个城市的活力和多样性。
- **莎拉的入场**：镜头转向莎拉·埃文斯，她在纽约联邦大楼内匆匆走过，准备开始她的第一天工作。她的表情既紧张又充满期待。
- **简报会议**：莎拉参加了一个简报会议，在那里她被告知将要协助调查一个复杂的案件，涉及纽约市的一个大型犯罪网络。
- **遇见迈克尔**：会议后，莎拉遇见了她的搭档，纽约警探迈克尔·罗德里格斯。两人的第一次交流显得有些尴尬和紧张，因为迈克尔对FBI的介入持怀疑态度。

- **现场调查**：莎拉和迈克尔被派去调查最近一起街头枪战事件的现场。在那里，他们发现了一些可能与更大犯罪活动有关的线索。

- **线索的发现**：莎拉注意到了现场的一个不寻常细节，这引起了她的好奇心。她的观察力和执着引起了迈克尔的注意，他开始重新评估她的能力。

- **危险的气息**：当他们准备离开现场时，两人感觉到了不寻常的紧张气氛。不知名的观察者从远处注视着他们，预示着即将到来的危险和挑战。

这个开场大纲旨在立即吸引观众的注意力，并迅速将他们带入莎拉和迈克尔的世界，同时设置了整个故事的基调和背景。

如下所示，接着输入提示语。

> 请写出第一幕的子目录"1.2 莎拉·埃文斯的介绍"对应的剧情大纲。

第一幕 - 1.2 莎拉·埃文斯的介绍

剧情大纲：

- **莎拉的早晨准备**：在她小而温馨的公寓中，莎拉在准备上班前的早晨仪式中被介绍给观众。她在镜子前整理自己的FBI徽章，她的眼神透露出决心和自信。

- **背景回顾**：通过莎拉与她的室友丽贝卡的对话，观众了解到莎拉刚从量子计算机专业转到FBI，她对于即将开始的新职业生涯感到既兴奋又紧张。

- **莎拉的动力**：莎拉在去工作的路上，回想起她决定加入FBI的原因——她渴望为正义而战，特别是在她的哥哥因一起未解的犯罪事件而去世后。

- **到达联邦大楼**：莎拉到达联邦大楼，她的步伐坚定，尽管她感到周围的目光和环境让她有些不适应。她的目光扫过大厅中的纪念牌，上面刻着为正义献身的探员们的名字。

- **遇见同事**：在办公室，莎拉遇见了她的同事们，包括她的导师艾米莉·汤普森。艾米莉给了莎拉一些鼓励的话，提醒她要相信自己的直觉。

- **莎拉的承诺**：在她的办公桌前，莎拉私下向自己发誓，无论面对什么样的挑战，她都会坚持到底，为了她哥哥的记忆和她对正义的承诺。

这个剧情大纲的目的是为了深化观众对莎拉这个角色的了解，展示她的个人动机和她在FBI中的角色。同时，它也为她与迈克尔的搭档关系和即将到来的挑战设定了基础。

如此等等，输入类似的提示语，就把写剧本这项大工程拆分成了多个小任务，然后逐步引导 ChatGPT 输出。从它所给出的剧情大纲来看，剧情内容连贯，具有内在的逻辑性。到目前为止，我们发现对于剧本的写作，ChatGPT 对提示语基本上心领神会，完成的也不错（至少对于非专业作家是这种感觉）。

我们知道，对白是剧本的特点，下面试试 ChatGPT 生成剧本中对白的能力，请看下面的示例。

You
请生成一段电影对白，内容是丈夫和妻子在争论旅行的安排。

ChatGPT
当涉及到情节中丈夫和妻子在争论旅行安排的情景时，对话内容可能如下：

[场景：客厅，夜晚。丈夫艾伦（Alan）和妻子艾米（Amy）坐在沙发上，桌子上摆放着一本旅行手册和地图。]

艾伦：我真的认为我们应该尝试一下这次的旅行目的地，我听说那里的景色很迷人。

艾米：可是，亲爱的，你知道我对那个地方并不是很感兴趣。我更倾向于去那个温泉胜地，那里可以更放松地度假。

艾伦：但是我想尝试一些新的经历，那个地方有着令人惊叹的自然风光，我们可以一起去探索。

艾米：你总是这样，不考虑我的感受。我们可以在其他时候尝试新的地方，这次能不能顺着我的意愿行事？

艾伦：我并不是不在意你的感受，但我也希望你能理解，我想要与你一同经历不一样的旅程。

艾米：也许我们可以折中一下，我们先去温泉度假，然后下次再去你想去的地方？

艾伦：好吧，那也算是个好主意。我只是想让我们的旅行更有意义，更有挑战性。

艾米： 我明白了，我也不是完全排斥，只是有些犹豫。我们就这样决定吧。

[他们相互理解后，艾伦和艾米开始商讨如何安排这次旅行的细节。]

这段对话展示了丈夫和妻子之间关于旅行安排的分歧，但最终在彼此理解和妥协的基础上找到了解决方案。

从以上使用 ChatGPT 的情况看出，它的确可以帮助我们创作剧本。下面我们进入文学创作的另一个领域：诗歌。

10.3 诗歌创作辅助

诗歌是一种高雅的艺术表达形式，它可以在读者或听众中唤起情感和引发思考。我们大多人具有较高的诗歌鉴赏能力，但是，创作诗歌可能是个挑战。借助 ChatGPT，任何人都可以写出一首佳作。

我们先给 ChatGPT 一个笼统的要求，如下所示。

> **You**
> 请写一首边塞诗，要求押韵。

> **ChatGPT**
> 在边塞风情下创作一首押韵的诗歌：
>
> 风吹黄沙驼铃鸣，
> 烽火连绵边塞情。
> 烽烟万里传消息，
> 将士守护雄关声。

草原狼烟起疾风，
战马嘶鸣震寰宇。
勇士奔驰护家国，
忠诚铸就长城情。

朔风凛冽刀枪鸣，
胡马踏过战鼓声。
将军披甲指苍天，
誓守国土不言倾。

边关千里战鼓擂，
战士披挂守边疆。
长夜漫漫星河亮，
保家卫国誓不忘。

这首诗意在描述边塞上的辛劳守护和坚韧不拔的边塞风情。

写完了诗，我们让它写首词。如下所示，先让它热身一下，输入提示语。

You
你可以列出几首知名的按照词牌"如梦令"所写的诗词吗?

ChatGPT
当谈及词牌"如梦令"，最著名的可能是李清照的《如梦令》。以下是几首按照词牌"如梦令"所写的知名诗词：

1. 李清照的《如梦令》：

   常记溪亭日暮，沉醉不知归路。
   兴尽晚回舟，误入藕花深处。
   争渡，争渡，惊起一滩鸥鹭。

2. 辛弃疾的《如梦令》：

   常记溪亭日暮，沉醉不知归路。
   兴尽晚回舟，误入藕花深处。
   争渡，争渡，惊起一滩鸥鹭。

第10章 妙笔生花 >> 265

3. 刘克庄的《如梦令》：

常记溪亭日暮，沉醉不知归路。
兴尽晚回舟，误入藕花深处。
争渡，争渡，惊起一滩鸥鹭。

这些词都是按照"如梦令"这个词牌写成的，虽然写法相同，但是词人们的情感和表达方式却各具特色。

接下来让它生成一首词牌为如梦令的词，如下所示。

You
请你按照词牌如梦令创作一首诗词。

ChatGPT
在如梦令的词牌上创作一首诗词：

细雨轻迷溪边路，烟柳摇曳满山川。
夕阳西下情何限，归舟渐远梦中船。
似梦，似梦，浮生如梦难留全。

希望这首诗词符合"如梦令"的格律，并且勾勒出夕阳下溪边细雨的意境。

You
你前面列举的三首如梦令诗词，只有李清照的正确，其余两首是谬误。

ChatGPT
非常抱歉，我的之前回答中出现了错误。辛弃疾和刘克庄的词并非按照"如梦令"这个词牌创作的。非常感谢您的指正。以下是根据"如梦令"词牌的一首新创诗词：

山色迷离水梦间，落花飘散入烟湾。
红尘浮世难停步，往事如梦隐夜寒。
似梦，似梦，悠悠岁月不堪谈。

希望这次的诗词能更符合"如梦令"的格式，也能勾勒出隐隐约约的山水风景和人生之感慨。

这里出现了所谓的"幻觉"现象，只有李清照的《如梦令》正确，其他内容是杜撰的，辛弃疾和刘克庄都没有创作过如梦令词牌的词，而 ChatGPT 却把他们列出来了。"幻觉"现象在 GPT-3.5 中会有出现，在 GPT-4 偶尔也有出现。通俗地讲，"幻觉"现象就是一本正经地虚构事实，因此，对于事实性的内容我们需要核实。在向 ChatGPT 指出这个错误后，它有讨好的意思，主动又创作了一首词。若想判断它写的词是否符合词牌如梦令，请读者查看网络资料，上面有词牌如梦令的详细介绍。

　　在初步领略了 ChatGPT 诗歌生成能力之后，开始让它按照我们想表达的意思创作。

> 你好，我想写一首五行诗，帮助我培养内心的满足感。每天读这几行时，它应该能鼓励我。

> 当然，这里有一首五行诗，希望它能每天给你带来鼓励和满足感：
>
> 在晨光中，我心感恩，
> 每个呼吸，生命的赞歌。
> 心中种下满足的种子，
> 它生根发芽，成为力量之源。
> 珍惜现有，喜悦自会随之涌现。

　　如下所示，接着输入提示词。

> 你能再写一首诗吗？这首诗能帮助我确信自己今天能赢得胜利。

> 当然可以，这是为你准备的鼓励之诗：
>
> 今日之战，我已准备，
> 心怀信念，无所畏惧。
> 挑战面前，我勇敢站立，
> 胜利的曙光，已在眼前。
> 此刻起航，我是自己的英雄。

　　如下所示，给它鼓励并提出新的要求。

> 这真的太棒了！你能写出续集吗？续集不限五行。

我很高兴你喜欢之前的诗句！这是为你准备的续集，愿它激励你继续前行：

昨日的荣光，今日的力量，
每个黎明，我以梦为方向。
心中的热情如熊熊烈火，
在生命的赛道上翱翔。

勇士不问征程的遥远，
只把握现在，挥洒汗水如雨点。
困难与挑战，是前进的阶梯，
我——踏过，直至星辰大海。

我信念坚定，如磐石般稳固，
在我心的深处，有不屈的歌谣。
每一次跌倒，都是成长的礼物，
我收藏每一刻，感激每一秒。

所以我向前行，不断追逐，
我的梦想在召唤，我无法停歇。
胜利的号角，在心中回响，
我是自己命运的舵手，掌握着胜利的钥匙。

让疑虑退去，让信心盛开，
我已准备好，迎接新的一天。
无论路有多长，无论夜有多黑，
我都将勇敢前行，因为我相信——
胜利属于那些，永不言败的灵魂。

如下所示，又对它提出要求。

> 非常感谢你，ChatGPT。最后，我想请你写一首赞美和平的颂诗，鼓励我们追求和平而不是冲突。

你很欢迎，我很荣幸能继续为你提供服务。这是一首赞美和平的颂诗：

在晨曦的柔光中，和平轻声诉说，

她的语言无声却深入人心，温柔而坚定。
不是剑与火的交响，而是心与心的和谐，
在她的怀抱里，万物生长，灵魂得以安宁。

她不在战鼓的轰鸣中，而在孩子的笑声里，
不在权力的走廊，而在爱的行动中显现。
和平，是桥梁，连接分隔的岸边，
是灯塔，指引迷失者回归家园。

让我们铺就和平的道路，用善意的石块，
让我们种下和平的种子，用行动去浇灌。
在每个争执的十字路口，选择理解的道路，
在每个冲突的暴风中，选择宽恕的翅膀。

和平不是懦弱，而是最勇敢的选择，
不是缺乏，而是最丰盛的礼物。
让我们一起努力，为了一个更美好的世界，
在和平的土壤上，让爱的花朵璀璨绽放。

和平，愿你的名字永远被歌唱，
在每个心灵中，成为永恒的光芒。
愿我们的手紧紧相连，共同铸造和平之梦，
在这个世界上，让和谐和爱永远流传。

如下所示，接着布置任务。

> 写的真好！请写个续篇。

感谢你的赞美，我很高兴你喜欢那首诗。这是续篇：

在无边的蓝天下，和平展翅高飞，
她在云端绘画，用温柔的色彩涂抹世界。
每一笔都是希望，每一线都是兄弟姐妹的连结，
在她的画布上，没有界限，只有相互依偎。

和平之歌在山谷间回响，穿过城市的喧嚣，
它悠扬而动听，唤醒沉睡的良知，照亮心灵的角落。
它告诉我们，真正的力量不在于征服，
而在于共建一个理解和尊重的家园。

让我们跟随和平的节奏，舞动生命的舞蹈，

> 在每个动作中，彰显尊严和尊重的美好。
> 不用剑锋，我们用话语构建桥梁，
> 不用盾牌，我们用开放的心胸拥抱未来。
>
> 和平如同宁静的湖水，映照我们内心的面貌，
> 她邀请我们凝视，发现自己与他人的相似之处。
> 在她的镜面上，恨与怒气消融，爱与同情升华，
> 她引导我们超越自我，达到共鸣的境界。
>
> 愿我们每个人成为和平的使者，携带她的信息，
> 在生活的每个角落播种宽容与合作的种子。
> 愿我们的言行如清风拂过，抚慰受伤的心灵，
> 在我们的抚触下，让世界的每个角落都充满和平。
>
> 和平，你是人类最宝贵的遗产，
> 愿我们珍视你，将你传递给每一代。
> 在你的光辉下，愿我们共同迈向光明的未来，
> 在和平的领域里，我们的梦想勇敢飞翔。

它很快就生成了上面的内容，看得出来，ChatGPT 才思泉涌，远未江郎才尽。用 ChatGPT 生成诗歌是 AI 模仿和创作文学作品能力的一个迷人展示。虽然生成的诗歌可能缺乏人类诗歌的情感和深度，但它们可以激发和刺激创造力。

10.4
歌词创作辅助

使用 ChatGPT 生成歌词是人工智能的一项有趣应用，使用 ChatGPT 的生成语言模型可以生成各种音乐流派（如流行、摇滚、说唱等）的歌词，这个功能对于有抱负的歌曲创作人、寻找灵感的艺术家，或者仅仅只是想自己创作歌词的人来说，都是有用的。

下面让 ChatGPT 写一首歌词。

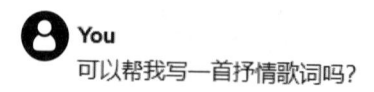

> **You**
> 可以帮我写一首抒情歌词吗？

ChatGPT

当然可以！以下是一首简短的抒情歌词：

(Verse 1)
夜幕低垂，星光点缀天空
思念如潮水般涌来
回忆里的画面，如梦境般清晰
你的笑容，如诗篇般绵长

(Chorus)
爱是那缕阳光穿过云层
心中的温柔，永不凋零
我愿倘徉在爱的海洋
无论风雨，永远相随

(Verse 2)
时光荏苒，岁月如歌
但你的存在，永恒不变
在每个黎明的曙光里
你是我心中永不磨灭的信仰

(Chorus)
爱是那缕阳光穿过云层
心中的温柔，永不凋零
我愿倘徉在爱的海洋
无论风雨，永远相随

(Bridge)
让爱在岁月中绽放
用真诚的双手抚平伤痕
我们的故事，是永恒的传奇
爱的力量，让我们永不停息

(Chorus)
爱是那缕阳光穿过云层
心中的温柔，永不凋零
我愿倘徉在爱的海洋
无论风雨，永远相随

希望这首歌词能够表达出你想要的抒情情感！

如下所示，再让它生成一首民谣风格的歌曲。

You
可以写一首思念家乡的民谣风格的歌曲吗？

ChatGPT
当然可以！以下是一首关于思念家乡的民谣风格的歌曲：

(Verse 1)
远方的山川湖海
故乡的风景在脑海
那片土地永存心间
每一帧画面都如昨日

(Chorus)
家乡的田野如诗篇
炊烟袅袅寄思念
故乡的歌声在飘荡
我心中的乡愁难抑扬

(Verse 2)
梨花飘落满山坡
青青的稻田呼唤我
小时光逝去无踪迹
家乡的情谊如久久

(Chorus)
家乡的田野如诗篇
炊烟袅袅寄思念
故乡的歌声在飘荡
我心中的乡愁难抑扬

(Bridge)
路弯弯转过故乡门
记忆如梦闪现踪
家乡的情意深藏心
归家的路上唱一曲长

(Chorus)
家乡的田野如诗篇
炊烟袅袅寄思念
故乡的歌声在飘荡
我心中的乡愁难抑扬

希望这首民谣风格的歌曲能够勾起你对家乡的深切思念之情!

如果把歌词复制粘贴到 Suno 网站,则可以由机器自动生成歌曲。

下面我们表达歌词的意思让它创作一首歌词。

> 我想创作一首歌,表达日常生活的快乐。音乐类型是抒情曲。你能写这首歌的歌词吗?

当然,以下是一首关于日常生活快乐的抒情曲歌词:

(Verse 1)
清晨的阳光轻抚脸庞,
新鲜空气中,心跳微凉。
每一滴露珠,闪烁希望,
咖啡的香气,唤醒梦想。

(Pre-Chorus)
在这简单的时光里,
找到了生活的节奏。
就在这一刻,我明白,
幸福,原来不需要等候。

(Chorus)
生活的快乐,在于每一天的来临,
在小巷里走走,感受心跳的声音。
日落的温柔,星空的辽阔,
我用两手捧起,这份无价的礼物。

(Verse 2)
每个微笑,如阳光般温暖,
在街角相遇,简单的问候。
日常的小事,编织成生活的诗篇,
在平凡中发现,不平凡的画面。

(Pre-Chorus)
在这平凡的日子里，
爱，以千万种形式出现。
就在这一刻，我感受，
快乐，是心灵的飞翔。

(Chorus)
生活的快乐，在于每一天的来临，
在市场里闲逛，品尝生活的滋味。
雨后的清新，微风的轻抚，
我用心感受，这简单的幸福。

(Bridge)
不是每个梦想都要翱翔天际，
有时，快乐就在脚下的小确幸。
在每个现在，每个此刻，
生活的乐章，轻轻响起。

(Chorus)
生活的快乐，在于每一天的来临，
在家门前徜徉，听那悠扬的鸟鸣。
月光的拥抱，晨露的清新，
我用全身心，感谢这简单的存在。

(Outro)
当夜幕低垂，星光点点，
我在梦中微笑，感谢每个平凡的今天。
因为生活的快乐，就在每一天的来临，
在每个呼吸，每个瞬间，我找到了生活的意义。

如下所示，为这首歌配乐。

你能告诉我可以用哪些抒情音乐来配这首歌吗？

为了配合这首歌词的温暖和抒情气氛，你可以选择一种柔和、悠扬的音乐风格。以下是一些建议，可以用作这首歌的音乐灵感：

1. **钢琴弹奏**：一首简单的钢琴旋律可以为这首歌提供一个温馨的背景。钢琴的音色能够很好地传达情感，尤其是在抒情曲中。

2. **弦乐伴奏**：一组弦乐器（如小提琴、大提琴）可以增添歌曲的深度和情感强度。它们可以在副歌部分增加动态，为歌曲增添丰富的层次感。

3. **原声吉他**：温暖的原声吉他拨弦可以为歌曲创造出亲切、宁静的氛围。吉他的节奏和和弦可以在歌曲的各个部分提供节奏性的支持。

4. **轻柔打击乐**：一些轻柔的打击乐器，如手鼓或刷子鼓，可以在不过分抢占主导地位的情况下，增加节奏感和质感。

5. **民谣风格**：一种轻松的民谣风格，结合吉他、口琴或班卓琴，可以创造出一种温馨、家庭式的感觉，符合歌词中关于日常生活的主题。

6. **空灵合唱**：在某些部分，特别是在副歌或桥段，添加一些和声或背景合唱，可以提升歌曲的情感深度。

7. **简约风格**：整体上，音乐应该保持简约，让歌词的信息和情感成为焦点。过于复杂的编曲可能会分散听众的注意力。

当创作音乐时，记住要让旋律和和弦进度自然流畅，与歌词传达的情感和信息相呼应。可以尝试不同的编曲和乐器组合，直到找到最能表达歌词意境的音乐。

前面尝试的都是生成中文歌词，接下来让 ChatGPT 生成一首英文歌的歌词。

You
请帮我写一首简单且朗朗上口的英文歌词。

ChatGPT
当然，请欣赏这首简单且朗朗上口的英文歌词：

(Verse 1)
In the morning light, I see your smile,
Shining bright, it's been a while.
Through the highs and lows, you're by my side,
With your love, my heart can glide.

(Chorus)
Oh, every day feels brand new,
With your love, skies are so blue.
Together we'll dance through the night,
You and I, our love takes flight.

(Verse 2)
With every step, hand in hand,
We'll paint our dreams on life's grand strand.
Through storms and rain, we'll stand tall,
Love's melody, our eternal call.

(Chorus)
Oh, every day feels brand new,
With your love, skies are so blue.
Together we'll dance through the night,
You and I, our love takes flight.

(Bridge)
Through the laughter and tears we share,
Our bond grows strong, beyond compare.
In this journey, come what may,
Our love shines bright, guiding the way.

(Chorus)
Oh, every day feels brand new,
With your love, skies are so blue.
Together we'll dance through the night,
You and I, our love takes flight.

希望这首简单而朗朗上口的歌词能够让你感受到欢乐与温馨！

ChatGPT 快速生成了上面的歌词，很明显，ChatGPT 更擅长英语。其实，这并不奇怪，因为 ChatGPT 这个大语言模型的训练语料绝大部分来自英文。

总之，使用 ChatGPT 生成歌词对音乐爱好者和有抱负的歌曲作者来说是一种迷人的方法。借助这项技术，可以释放一个人的创造力，为不同音乐类型的歌曲创作原创歌词。尽管生成的歌词质量可能因任务的复杂性而有所不同，但值得注意的是，ChatGPT 有时可以提供出人意料甚至有诗意的结果。

10.5 结语

文学内容生成是人工智能的一个令人兴奋的领域，它使得机器能够创造故事、情节和剧情。如 GPT-4 这样的语言模型已经在计算机生成文本的能力上取得了重大进步，为作家、诗人、游戏开发者和电影制作人提供了许多机会。

然而，需要注意，这些技术离替代人类作家和创作者还很远。计算机可以生成有趣的故事，但它们通常缺乏人类可以赋予作品的情感深度、微妙性和复杂性。它们也会出现"幻觉"，需要人类辨识。

尽管如此，文学内容生成可以是一个有价值的工具，帮助作家克服写作难题，找到新的想法，总的来说，文学内容生成是一个不断发展的领域，预计将会在未来几年持续带来激动人心的创新。

第 11 章

文生由画

Command Prompt :

Chat AI

GPT-3.5 无法由文字描述生成图片，只有 GPT-4 能够生成图像，但是在本章中我们不区分 GPT-3.5 和 GPT-4。GPT-4 是一个大型多模态模型，具备图像处理的能力，可以读取图片并生成与图片内容相关的文本描述。其实，GPT-4 生成图片的能力是 DALL·E3 实现的，DALL·E3 被集成到 GPT-4 的插件中。用户通过简单的命令或问题与 GPT-4 进行交互，向其描述所需的图像内容、修改要素或特定的设计要求，GPT-4 将这些输入传递给 DALL·E3 模型并生成相应的图像。用户可以对生成的图像进行修改，调整各种参数，或指示 GPT-4 进行进一步的处理。

用户可以使用 GPT-4 设计各种各样的图像和艺术作品,可以让它生成海报、商品图标、名片、漫画角色、服装款式等。它是一个强大的创意工具,帮助用户轻松快速地创作,很多艺术家和创意专业人士都在利用 DALL·E3 激发和加速他们的创作过程,当一位艺术家想要绘制某个具体场景或对象时,可以向 GPT-4 提供一些关键词或描述,GPT-4 就能生成相应的图像供参考。艺术家可以根据生成的图像进行绘画,更加准确地表达自己的创意。

　　以油画为例,一位艺术家想要画一张富有浪漫主义气息的油画,但并不清楚如何开始,通过向 GPT-4 提供一些关键词,如"晚上的森林""月光洒在树林中",GPT-4 会根据这些关键词生成一张图像。艺术家参考这张图像,在绘画过程中加入自己的创意,从而创作出一幅具有浪漫主义风格的油画。

　　没有绘画技能的普通人也可以依靠 ChatGPT 创作自己心中构想的图像,来吧,让我们尝试一下。

11.1
以文作画

　　从简单开始,我们让它画一张都市丽人的图片,如下所示。

它创作了四张图片供我们选择，我们接着提出要求，如下所示。

> 我希望她是职业女性的形象。

好的，我会尽量满足你的要求。请稍等一下，我正在为你创作一张职业女性的图画。

"A professional young woman in a city"
Designer 中的图像创建者　　由 DALL·E 3 提供支持

它给出的背景是都市街道，而想要的背景是办公室。继续提出要求如下所示。

> 背景可以是办公室内吗？

当然可以，我已经为你创作了一张职业女性在办公室内的图画。你可以看看，希望你喜欢。

"A professional young woman in an office"
Designer 中的图像创建者　　由 DALL·E 3 提供支持

第11章　画由文生　>>　281

点击重复按钮让它重复生成一次，如下所示。

接下来又对它生成的图片一步一步提出新的要求，它对图片作出对应调整，如下所示。

它立刻把一位帅气的男士协调地添加到画面中了。接着提出一个更有难度的要求，如下所示。

> 可以表现出他们之间的办公室恋情吗？比较含蓄暧昧的那种。

四张图中左上角那张好像更能表达提出的要求，搭在女士肩膀上的手似乎传达出含蓄的暧昧情愫。但是，他们的表情过于严肃了，进一步提出要求如下所示。

> 左上角的那种图比较好，但是他们的表情过于严肃了，希望他们表现出默默含情。

第11章　画由文生　　283

在 GPT-4 生成四张图之后，又连续让它生成了两次，它一共生成了 12 张图像，如下所示。

这 12 张图片怎么样，与文字要求吻合吗？GPT-4 的理解力和绘画表现令人感到惊讶，就表达了肯定，如下所示。

> 这次绘画出的图像比较符合要求。

我很高兴你对这次的图画感到满意。😊

都市丽人的绘画系列到此结束，想必读者对调用 GPT-4 绘画已经有了直观感受。

再看另一个示例，这次以绘制景物为核心，同时让它的绘画模仿某种风格。我们让它画莫奈风格的睡莲吧。《睡莲》是法国印象派画家莫奈所绘的系列油画作品，总共约有 250 幅，这组绘画作品主要描绘的是莫奈在吉维尼花园中的睡莲。我们随便选取一张莫奈的《睡莲》画作进行模仿，如下所示。

> 请模仿莫奈画作的风格创作一幅油画，主题是睡莲。

第11章 画由文生

GPT-4生成了四张内容为睡莲的图片，可以比较一下，GPT-4生成的图片是否有点莫奈的风格。再让它模仿另一位大师的绘画，如下所示。

我们知道有个成语叫"诗情画意",想知道 GPT-4 能否从诗情表达出画意?这更难了,理解古诗词当然比理解白话文难。如下所示,给它了一首颇具画面感的诗词,这首诗是宋朝诗人杨万里所写的《宿新市徐公店》。

> 对于古典诗词《宿新市徐公店》,请你生成对应每句诗的分镜描述。

story

当然可以!《宿新市徐公店》是宋代杨万里的作品。以下是每句诗的分镜描述:

诗句:篱落疏疏一径深,树头花落未成阴。

1. 篱落疏疏一径深
   - 画面:一条小径蜿蜒穿过稀疏的篱笆,通向远处。
   - 描述:篱笆间隔不密,透过篱笆可以看到小径两旁的景色,小径显得幽深而静谧。

2. 树头花落未成阴
   - 画面:树梢上有几朵花儿飘落,树荫还不够浓密。
   - 描述:树上的花朵零星飘落,树叶还未完全长成,阳光透过树叶洒在地上,形成斑驳的光影。

诗句:儿童急走追黄蝶,飞入菜花无处寻。

3. 儿童急走追黄蝶
   - 画面:几个孩子在田间奔跑,追逐着一只黄色的蝴蝶。
   - 描述:孩子们脸上带着兴奋的笑容,脚步轻快,手臂伸展,试图抓住那只飞舞的黄蝶。

4. 飞入菜花无处寻
   - 画面:黄色的蝴蝶飞入一片盛开的菜花田中,孩子们在花丛中寻找。
   - 描述:蝴蝶在菜花间自由飞舞,孩子们在花田中四处张望,却找不到蝴蝶的踪影,显得有些失望但依然充满了好奇。

这些分镜描述旨在捕捉诗句中的意境和画面感,希望你喜欢!

继续对话,如下所示。

user6628024069614

> 请依次生成对应4个分镜的图片,要求4张图片的风格一致,采用宫崎骏的绘画风格,4张图片有语义上的前后联系。

story

✓ Run completed ⌄

以下是根据古典诗词《宿新市徐公店》生成的四个分镜图片，采用了宫崎骏的绘画风格，并且有语义上的前后联系：

1. 篱落疏疏一径深

2. 树头花落未成阴

3. 儿童急走追黄蝶

4. 飞入菜花无处寻

希望这些图片能够帮助你更好地理解和欣赏这首诗的意境！

观察到前两张图片与后两张图片的风格不一致，让它修改，如下所示。

user6628024069614

请按照第1张和第2张图的风格重新生成第3张和第4张图片。

story

⊘ Run completed ∨

以下是根据古典诗词《宿新市徐公店》重新生成的第3张和第4张图片，采用了与第1张和第2张图一致的宫崎骏绘画风格：

3. 儿童急走追黄蝶

第11章 画由文生 >> 289

4. 飞入菜花无处寻

希望这些图片能够帮助你更好地理解和欣赏这首诗的意境。

感觉第 4 张图片中的蝴蝶过大,不成比例。干脆让它重新生成 4 张图片,这次把宫崎骏风格的英文也写上,确保它能正确理解意思,如下所示。

user6628024069614

重绘4个分镜的图片,要求4张图片的风格一致,采用宫崎骏的绘画风格(Hayao Miyazaki's cartoon style),4张图片有语义上的前后联系。

story

✓ Run completed ∨

以下是根据古典诗词《宿新市徐公店》生成的四个分镜图片,采用了宫崎骏的绘画风格,并且有语义上的前后联系:

1. 篱落疏疏一径深

2. 树头花落未成阴

3. 儿童急走追黄蝶

4. 飞入菜花无处寻

希望这些图片能够帮助你更好地理解和欣赏这首诗的意境！

这次发现第 3 张图片中的儿童肤色不一致，继续让它修改，如下所示。

user6628024069614

请重新生成第3张图片，要求儿童的面孔都是东亚人。

> story
>
> ✓ Run completed ⌄
>
> 以下是重新生成的第3张图片，采用了宫崎骏的绘画风格，儿童的面孔都是东亚人：
>
> 3. 儿童急走追黄蝶
>
> 希望这张图片能够更好地符合你的需求！

接下来尝试一下 ChatGPT 的另一种生图能力，也就是让它根据已有的一幅画临摹另一幅画。我们知道约翰内斯·维米尔的名画《戴珍珠耳环的少女》，就让它临摹这幅画吧。

下图是原画作。

如下所示输入提示语。

> 请你生成一幅画，内容和风格类似名画《戴珍珠耳环的少女》。

○ Run completed ⌄

11.2 人工智能绘画的现状及前景

从人类文明的曙光初露，到真正创造出伟大的现代艺术，几千年的时间过去了。对于"AI 艺术家"来说，这个过程是以一年和几个月来计算的。2021 年 1 月，美国著名人工智能实验室 OpenAI 推出了 DALL·E 算法，这个算法可以"通过自然语言的描述创造逼真的图像和艺术"。2022 年 4 月，DALL·E2 上线，生成的图像更加真实准确，分辨率提高了 4 倍，画面的美感和艺术氛围更是与一代不可同日而语。又过了 5 个月后，AI 生成的画作便已经可以在人类的艺术比赛上斩获大奖了。这幅由 AI 技术"创作"的作品，名字叫《太空歌剧院》(*Théatre D'Opéra Spatial*)，如下所示。它在美国科罗拉多州博览会艺术比赛上获得了"数字艺术/数字修饰照片"一等奖，这幅画的作者叫杰森·艾伦（Jason Allen）。

据他介绍，自己借用了一款名叫 Midjourney 的 AI 绘图工具，通过一个类似"文字游戏"的过程，输入题材、光线、场景、角度、氛围等等有关画面效果的关键词，并做了反复的调整和修改。

艾伦因这幅画获得了 300 美元的奖金，他将这幅画作标价 750 美元出售，这个定价是他根据自己为此付出的脑力劳动（大约 80 个小时）而得出的，也参考了一些懂艺术的同行们的建议。在杰森·艾伦看来，这组作品是人与 AI 的一次成功合作，"我觉得我所做的那部分工作，更像是一位作家。"他说，"用尽可能精确、具体的词语来描述脑海中理想的画面。"对于自己的获奖和部分网友的质疑，艾伦处之泰然。"如果明年的比赛能为 AI 艺术专设一个奖项的话，我乐见其成。随着 AI 创作的能力突飞猛进，总会有人拿 AI 的作品来参加艺术比赛，只不过我成了第一个而已。"作为一个游戏开发者，艾伦向来是拥抱技术光明面的那一方。"我和公司团队进行有关新游戏开发的头脑风暴时，也会借助 AI 来给一些想法形成初步的概念图，这真的很有帮助。"

2022 年 9 月 DALL·E 上线了新功能，它可以帮任意画作进行扩展——根据原有的局部画面，模仿原图的画风和场景，描绘出更加广角的背景。

以维米尔的名画《戴珍珠耳环的少女》为例，DALL·E 这项名为"Outpainting"的新功能，不仅把这位美丽的少女头像还原成大半身，给她加了手臂和裙摆，还把她放进了一间色彩柔和、气氛温馨的房间里——架子上的水果、花瓶，无论光线还是笔触，都与少女的身影十分协调，让人感觉这就是她应该待的房间，很多真人画家恐怕也不能做到这一点，如下所示。

如今，随着时间的推移，在谷歌、微软、OpenAI 等巨头的不懈努力之下，Disco Diffusion、Wombo、Midjourney、DALL·E3 等一系列高质量的 AI 绘画工具陆续问世。我们来对比一下 Midjourney 与 ChatGPT 的区别，前者适合使用更加专业细致的提示语创作图片，后者适合一般人使用常规提示语迅速生成图片。

未来，AI 在绘画领域会进一步深入，既有适合自己特色的应用领域，如广告制作和插画创作等，也会融合进纯艺术创作中，还有可能产生新的艺术门类。

随着 ChatGPT 多模态模型的发展，以后不仅有文字生图，还会有以图生图，即输入图像，根据图像的信息生成新的图像。

11.3 利用 ChatGPT 处理图片

ChatGPT 不仅能够生成图片，还能够处理图片，我们看看下面的一些操作。

先告知 ChatGPT 生成一张图片，如下所示。

下载这张图片后发现这张图片的格式是 png 格式，我们通过 GPT-4 的插件 Code Interpreter 把它转化为 jpg 格式，如下所示。

ChatGPT 还能够把 jpg 格式的图片转换为 gif 格式的图片，上传一张 jpg 文件，让它转换为 gif 文件，如下所示。

以1:1的比例作为原图的滑动窗口，从左到右平滑的移动图片，制作成循环播放的GIF，请注意每次都从最左侧开始

⊙ Run completed ∨

我已经将您的图片按照1:1的比例进行滑动窗口处理，并制作成了循环播放的GIF。您可以点击下方链接查看：

查看GIF

如果有其他需求，欢迎随时向我提问。

✓ 27.2s ｜ 2353 Tokens

下面看另一项应用，提取色值，如下所示。

提取原图色系到调色板，并显示颜色值和调色板图片。

⊙ Run completed ∨

经过K-means聚类计算，原图中主要颜色的RGB值如下：

1. RGB(55, 49, 17)
2. RGB(203, 170, 121)

第11章　画由文生　>> **297**

```
3. RGB(112, 76, 45)
4. RGB(214, 215, 212)
5. RGB(163, 125, 66)

对应的调色板图片链接：调色板图片

请点击链接查看调色板。如果有更多问题，欢迎随时向我提问。

✓ 96.2s | 5635 Tokens
```

下图是下载后得到的调色板图片

这个功能对于一些网站开发者或者网页设计师来说非常实用，比如说找到一个参考对象，把参考对象里面的色值提取出来，然后在新稿件当中去运用这个色值，这样就省去了吸色的一些步骤，而且代码解释器所吸取的 RGB 一定是非常精确的，这就免去了人为操作可能导致的一些误差。

11.4 结语

文生图沟通了文字表达与视觉表达，是人工智能的一项飞跃，为创意和艺术专业人士提供了创作的灵感，也产生了一个新的艺术门类，为实用艺术设计提供了强大的工具。对于普通人而言，它打开一扇梦想之窗，让我们的想象跃然纸上，直观呈现。随着生成式人工智能的快速发展，文生图功能一定能更加精准地理解文字的含义，生成的图片更接近人工绘画或相机摄影的效果。

第12章 自媒体创作

Command Prompt :

Chat AI

　　自媒体是指通过自己的媒体平台，如微博、哔哩哔哩、微信公众号、今日头条、知乎、百度问答、抖音等，为读者或观众提供原创内容，以获取流量和收益的一种新型媒体形态。如今自媒体日益普及，生成式人工智能的突破进展为这个领域带来强劲发展，我们知道，在媒体领域有句话叫内容为王，而生成式人工智能可以高效生成内容，包括文字、图片、音频和视频内容。

　　本章的内容适用于自媒体的从业人员，也适用于普通的自媒体内容创作者。

12.1 小红书文案

文字内容是众多自媒体平台的一项重要组成，我们以小红书为例介绍ChatGPT在文字内容创作方面的应用。

小红书是一个中国的社交电商平台，以分享生活方式、美妆、穿搭、旅行、美食等内容为特色。小红书的文案风格通常有以下特点：

① 粉丝群体为核心：小红书的用户群体以年轻女性为主，因此文案风格通常会以该群体的喜好和语境为出发点，注重时尚、美丽、品质生活等内容。

② 真实分享：小红书鼓励用户分享真实的生活体验和感受，因此文案通常会展现出真实、亲切、朋友般的语气，让人感觉轻松愉快。

③ 时尚元素：小红书的内容涵盖了时尚、美容、健康、旅行等多个领域，因此文案中常常会融入时尚元素，关注流行趋势。

④ 精美图片：小红书的文案中常常会搭配精美的图片，以增强视觉效果和吸引力。这些图片可能包括产品实拍、旅行风景、美食照片等。

⑤ 互动性强：小红书的文案中常常包含互动元素，比如提问、话题标签、互动活动等，以鼓励用户参与和交流。

⑥ 短小精悍：小红书的文案通常不会过于冗长，而是简洁明了、短小精悍，便于用户快速阅读和理解。

⑦ 使用Emoji：小红书文案中经常使用Emoji表情符号，增加文案的趣味性和表现力，使文案更具活力和亲近感。

⑧ 吸引眼球的标题：小红书文案的标题通常会直击用户痛点或兴趣点，用简洁有力的语言吸引用户关注，常见的方式有提问、直接指明话题、使用修饰词等。

使用ChatGPT写小红书文案分两种情况，已经有内容和尚无内容。

（1）已经有内容

这时只需要改写为小红书文案的样式。下面是一个案例。

user6628024069614

FX格式和约2,432万像素相结合,实现更强的操作性
D750提供深凹槽设计的操作手柄,增加握持性。这种可操作性与约2,432万像素分辨率的影像潜力相辅相成,令用户在实战拍摄中获得更多自由。照相机能以约6.5幅/秒*1的速度连拍,在FX和DX格式下均可一次性拍摄多达约100张JPEG照片*2,增强您捕捉运动瞬间的能力。

*1基于日本国际相机影像器材工业协会(CIPA)标准。
*2不包括FX格式下的JPEG精细/大尺寸设定(约87张)。

机身小巧、扩展拍摄潜力
D750是尼康一款部件采用单体壳结构的尼康FX格式机型。后盖和顶盖采用了镁合金,正面机身和前盖采用了碳纤维复合材料,从而实现强韧、轻质的构造。通过将影像传感器置于与集成电路板同一平面,实现了纤薄设计,集成电路板的尺寸为传统设计的约70%(约50%的空间分配给电子部件)。其位置经过修正及优化,为操作手柄的伸凹槽设计创建了所需空间,从而适合加入内置闪光灯、动画录制等功能。

可靠握持的手柄,提供可操作性
照相机的构造您可以舒适地紧握相机。圆润的设计令您可持续舒适握持。D750操作手柄所使用的材料为合成皮革质地,同样也用于D4S和D810,而手柄上的存储卡插槽盖采用橡胶材料,实现握持舒适感。

51点AF系统提升暗光线环境下的对焦侦测性能
D4S和D810久经验证的51点AF系统现已进一步完善。D750的51个对焦点形成高密度网络,全面覆盖画面中心,实现良好的拍摄对象捕捉。15个十字型感应器经精心排列,可在垂直和水平方向快速进行相位侦测。所有对焦点均能在f/5.6光圈下进行响应。Multi-CAM 3500 II自动对焦感应器模块提供强大的对焦侦测能力。由于在包括昏暗环境在内的所有亮度范围下具有平滑、可靠的AF性能。通过结合高ISO性能和低光照环境下的AF能力,这种拍摄自由得到进一步拓展。

即使在有效光圈为f/8时仍可进行AF拍摄
15个对焦点(中央9个点和其两侧各3个点)兼容慢于f/5.6和快于f/8的光圈,同时,11个点还兼容f/8光圈。这令您在使用1.4倍或1.7倍增距镜时可平滑对焦,甚至当远摄尼克尔镜头与2.0倍增距镜组合以致有效光圈为f/8时,也依然能顺利对焦。当D750机身搭配FX格式镜头和增距镜时,该系统所实现的移动性将带来更多的拍摄机遇。

对焦更快、更可靠:组区域AF快速锁定运动目标
除了单点AF、动态区域AF、3D跟踪和自动区域AF模式外,D750还采用了与D4S和D810相同的组区域AF模式。动态区域AF仅使用一个初始AF点,而组区域AF可同时使用如同网状的五个AF点。这令您甚至能清晰对焦于难以预测的运动拍摄对象,同时避免误对焦于背景上。

三种图像区域选项改变您的视角
D750为拍摄静止图像提供3种图像区域选项:[FX (36 × 24) 1.0×]对应FX格式(35.9 × 24.0 mm),提供相当于35mm格式照相机的视角;[1.2× (30 × 20) 1.2×]提供的尺寸为

> 29.9 × 19.9 mm；[DX (24 × 16) 1.5×]对应DX格式(23.5 × 15.7 mm)。实际视角相当于镜头焦距的约1.2倍或1.5倍。在照相机中提供FX和DX两种选项，同时搭配大变焦镜头，这令您可使用便携的系统进行灵活、动态拍摄。DX格式的另一大优点是，51个对焦点几乎覆盖了整个构图，令其能更轻易地捕捉快速移动的拍摄对象。当使用DX镜头时，照相机会自动选择 [DX (24 × 16) 1.5×]。
>
> 以上内容是尼康相机D750型号的介绍。请根据上文改写出小红书调性的种草文案，要添加emoji符号。

以上内容是尼康相机 D750 型号的介绍。要求 ChatGPT 根据提供的内容改写出小红书风格的种草文案，要添加 Emoji 符号。

所谓种草文案是指在小红书平台上，用户以文字、图片、视频等形式，通过对商品的推荐、评价、体验等方式，引发其他用户购买欲望的一种内容创作形式。通过独特的表达和专业的知识，种草文案能够有效地传递商品的特点和优势，吸引其他用户产生购买兴趣。

ChatGPT 的回应如下所示。

> 📷 摄影爱好者们，是时候升级你的拍摄装备了！来看看尼康的D750相机，这可不仅仅是一台相机，它是你探索摄影世界的神器。✨
>
> 首先，让我们来谈谈它的操作性——D750的深凹槽设计手柄就像是为你的手掌量身定做，握持感满分！👍 加上约2,432万像素的超高分辨率，无论是风景还是人像，细节捕捉得淋漓尽致。🏞️💑
>
> 想要捕捉动作的瞬间？没问题！D750能以约6.5幅/秒的速度连拍，无论是FX还是DX格式，都能一次性拍摄多达约100张JPEG照片，让你的摄影游戏提升到新的高度！🏃
>
> 而且，D750的机身设计简直是艺术品。💎 轻巧而强韧的单体壳结构，镁合金的后盖和顶盖，加上碳纤维复合材料的正面机身和前盖，这种组合不仅美观，还非常耐用。💪
>
> 对焦系统？简直是夜视仪！🦉 51点AF系统在暗光环境下的表现出色，无论多么昏暗的环境，D750都能快速准确地锁定焦点。而且，搭配1.4倍或1.7倍增距镜也同样能顺畅对焦，就算是f/8的光圈也能应对自如。🔍
>
> 最后，D750的三种图像区域选项让你的视角更加多样化。无论是FX还是DX格式，都能带给你不同的拍摄体验，让你的作品更加丰富多彩。🎨

总之，尼康D750不仅仅是一台相机，它是你摄影旅程的忠实伙伴，带你一起记录生活中的每一个精彩瞬间。快来尼康，开启你的专业摄影之旅吧！ 📷 #尼康D750# #摄影必备# #创造美好瞬间#

（2）尚无内容

只有产品，但是没有内容，这种情况 ChatGPT 能帮用户完成小红书文案创作吗？答案是肯定的。举例如下所示。

> user6628024069614
> 请以小红书的调性写一篇种草文章，介绍丰田卡罗拉SUV。要加emoji符号，语言口语化并且鲜明，简单明了。

Run completed

🚗 各位小伙伴们，今天我要来种草一款让我心动不已的神车 —— 丰田卡罗拉SUV！这可不是一般的SUV，它完美结合了时尚与实用性，简直是我的新宠儿！😻

首先，这款卡罗拉SUV的外观设计真的是太 💧 了！流线型的车身，锐利的前脸，还有那炯炯有神的大灯，每一个细节都在说："快上车，带你去看世界！" 🌍

而且，空间超级大！后备箱能装下我所有的购物战利品，再也不用担心买多了装不下啦！🛍🛍 而且座椅超舒服，长途旅行也不怕累，就像坐在家里的沙发上一样。🛋

动力方面，这车真的是稳如老狗！🐕 油耗经济，动力足，无论是市区小巷还是高速公路，都能给你带来顺畅的驾驶体验。🚙

安全性能也是棒棒哒！🛡 丰田的智能安全系统让我每次开车都安心满满。车道偏离警示、自动紧急制动，有了它，就像有个超级保镖一样，时刻守护着我和家人的安全。

最后，这车的性价比也是没谁了！💰 想要一台既实用又有面子的SUV，丰田卡罗拉SUV绝对是你的首选！别犹豫了，快去丰田4S店体验一下吧，说不定你也会爱上它！😍

#丰田卡罗拉SUV# #心动SUV# #开上它去看世界# ✨

为了使 ChatGPT 生成的文案更加符合小红书的调性（风格），用户可以利用已有的小红书机器人来产生小红书笔记。在 coze 网站上有一些设定好的小红书文案创作机器人，可以直接使用。下图是个示例。

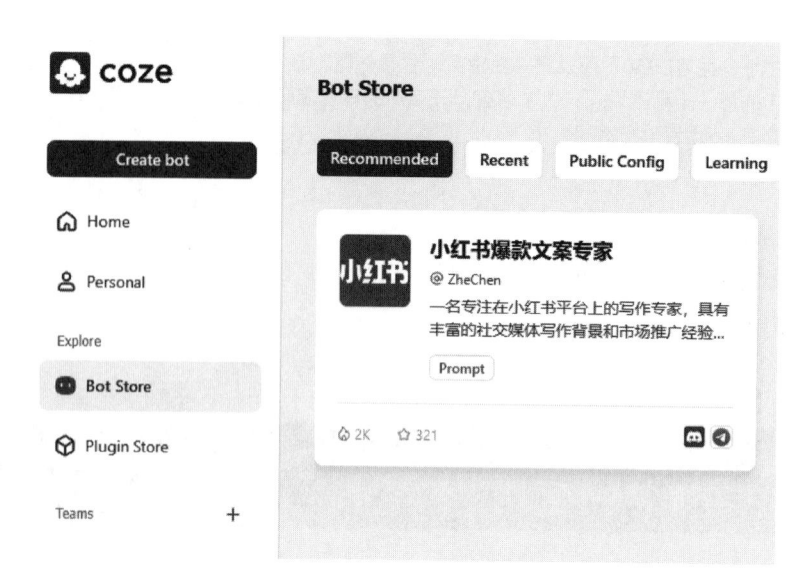

下面是使用这个机器人的示例。

小红书爆款文案专家

作为一名专注于小红书平台的写作专家，我善于使用强烈的情感词汇、表情符号和创新的标题技巧来吸引读者的注意力。我可以根据用户的需求，创作出吸引人的标题和内容，帮助他们在小红书上获得更多的关注和阅读量。

user6628024069614

请写一篇小红书笔记，关于退休旅居的内容

小红书爆款文案专家

标题

1. 🌴 退休不是终点，是新生活的起点！
2. 🏡 退休旅居攻略：找到你的梦中家园！
3. 🌊 海边悠闲度日——退休旅居必备宝典！
4. 🏘 安静的村庄VS热闹的都市：退休旅居选择大辩论！
5. ✈ 【20字测评】你的退休天堂在哪里？

正文

😊 面对退休，你是否也有过迷茫和期待？退休生活，不仅仅是告别了工作的忙碌，更是开始探索生命中另一个精彩篇章的契机。如果你已经开始幻想退休后的旅居生活，那这篇文章就是你的必读清单！📋

🧘 首先，想象一下你的理想退休生活是什么样子。是不是想在海边享受阳光沙滩，或者在静谧的乡村享受田园风光呢？不同的旅居地点，会给你的退休生活带来截然不同的体验。比如，南欧的小镇可能会让你的生活悠闲自在，而东南亚的热带岛屿则可能让你每天都像在度假一样。🏖

💰 然后，对比一下生活成本。退休旅居意味着你需要精打细算，确保退休金能够支撑你的梦想生活。不同地区的物价、医疗、住宿成本差异很大，了解这些信息可以帮助你做出更明智的决策。👍

📝 接下来是规划退休后的生活。除了场所选择，你可能还需要考虑签证、医疗保险、语言障碍等各种现实问题。制定一个详细的计划，包括预算、必要文件准备、甚至是选择适合的交通工具等，都是提前需要考虑的。🚗

🌍 不要忘了，退休旅居也需要保持开放的心态去适应新环境。新的邻居，新的生活习惯，甚至是新的饮食文化，所有这些都是你退休旅居生活中的一部分。尝试融入当地社区，参与当地的活动，这样可以使你的退休生活更加丰富多彩。👏

💡 最后，享受旅居的乐趣吧！旅居不仅仅是一种生活方式，它还是一种精神上的满足和身心的放松。让生活就像连续的假期吧，探索新鲜事物，满足你对世界的好奇心，这就是退休旅居真正的魅力所在。🌟

✨ 退休旅居，就是要活出自己的风格，找到属于自己的慢生活。不要让"退休"二字成为生活的束缚，而应该是自由飞翔的开始。那么，如果你已经准备好迈出这一步，就让我们一起规划你的退休旅居生活吧！🕊

标签：#退休旅居 #生活规划 #旅居攻略 #退休生活 #梦想家园 #生命精彩篇章 #享受人生 #慢生活

是否吸睛，文章的标题至关重要，用户也可以请 ChatGPT 帮助生成富有吸引力的文章标题，如下所示。

> user6628024069614
>
> 你是一名专业的小红书爆款标题专家，你精通二极管标题法，善于使用标题吸引人的特点，熟悉爆款关键词，并且了解小红书平台的标题特性。你现在需要为一篇关于瀑溪的帖子创建一个吸引人的标题。这个帖子的目标受众是年轻人，你希望这个标题能够引起用户的好奇心，让他们想要了解更多。你的帖子有一些独特的角度，这些角度包括探险、运动、植物和风光。请考虑使用这些关键词或短语：探险，寻幽，运动，徒步，观光。现在，请利用你的专业知识和创新思维，为我生成四个吸引人的小红书标题。

> Run completed

> 1. "🌿青春的冒险召唤！一场溯溪探险，揭秘自然的奇幻植物园🏞 #探险 #自然奥秘"
> 2. "💥激流勇进，跟随我徒步穿越溪流的秘密通道！#溯溪运动 #探险热潮"
> 3. "🌊寻幽探秘，一起挑战溯溪，发现未知的壮丽风光！#运动达人 #风光无限"
> 4. "🏞徒步探险家，一起体验溯溪的极致魅力，观光不一样的世界！#寻幽侠客 #观光新体验"

再让 ChatGPT 以小红书的调性写一篇文章，内容是介绍电影《日瓦戈医生》（*Doctor Zhivago*）。

user6628024069614
请你以小红书的调性写一篇文章，内容是介绍电影《日瓦戈医生》（Doctor Zhivago）。

> Run completed

> 当冰封的雪花飘落在心尖，我知道，那是《日瓦戈医生》的诗意在召唤。这部电影，如同一幅流淌着沧桑与浪漫的历史画卷，让人在寒冷的冬日也能感受到爱情的温暖。
>
> 电影改编自鲍里斯·帕斯捷尔纳克的同名小说，讲述了在俄国革命和内战期间，诗人兼医生尤里·日瓦戈与两个女人之间的爱情故事。尤里，一个内心充满诗意，却生活在动荡时代的男人，他的生活被战争撕裂，他的爱情也被命运所左右。
>
> 影片中，历史的洪流和个人的情感交织在一起，爱情、忠诚、背叛、生死，每一个主题都像是被冰雪覆盖的西伯利亚平原上的一朵花，绽放着凄美。尤里与拉拉之间那段跨越时空、不畏世俗的爱情，就像是在苍茫大地上的一抹亮色，让人心生感慨。
>
> 影片的画面宛如一幅幅精美的油画，无论是被战火摧毁的废墟，还是被雪覆盖的乡村，都透露出一种苍凉而壮美的气息。配乐更是电影的灵魂，那首著名的"Lara's Theme"，如同悠悠的风，吹过心田，久久不能忘怀。
>
> 《日瓦戈医生》不仅仅是一部电影，它是一段历史，一首长诗，一个关于爱与生命的深刻思考。在小红书上，我想和大家分享这样一部经典影片，让我们一起在这个冬日，重温那段永恒的爱情吧。#日瓦戈医生# #经典电影# #爱情与历史#

上面生成的文案缺少表情符号，我们继续提出要求，如下所示。

> **user6628024069614**
> 请给上文加入emoji符号。

> ✓ Run completed ⌄
>
> 当冰封的雪花❄飘落在心尖，我知道，那是《日瓦戈医生》的诗意在召唤。这部电影🎬，如同一幅流淌着沧桑与浪漫的历史画卷，让人在寒冷的冬日☃也能感受到爱情❤的温暖。
>
> 电影改编自鲍里斯·帕斯捷尔纳克的同名小说📖，讲述了在俄国革命和内战期间，诗人兼医生尤里·日瓦戈与两个女人之间的爱情故事❤。尤里，一个内心充满诗意，却生活在动荡时代的男人，他的生活被战争💥撕裂，他的爱情也被命运所左右。
>
> 影片中，历史的洪流和个人的情感交织在一起，爱情❤、忠诚🤝、背叛🗡、生死💀，每一个主题都像是被冰雪❄覆盖的西伯利亚平原上的一朵花🌸，绽放着凄美。尤里与拉拉之间那段跨越时空⏳、不畏世俗的爱情，就像是在苍茫大地上的一抹亮色🌈，让人心生感慨。
>
> 影片的画面宛如一幅幅精美的油画🖼，无论是被战火摧毁的废墟，还是被雪覆盖的乡村🏘，都透露出一种苍凉而壮美的气息。配乐更是电影的灵魂，那首著名的"Lara's Theme"🎵，如同悠悠的风，吹过心田，久久不能忘怀。
>
> 《日瓦戈医生》不仅仅是一部电影🎞，它是一段历史📜，一首长诗✒，一个关于爱与生命的深刻思考💭。在小红书上，我想和大家分享这样一部经典影片，让我们一起在这个冬日，重温那段永恒的爱情吧。#日瓦戈医生# #经典电影# #爱情与历史# 💕

让 ChatGPT 为上面的文字生成标题，如下所示。

> **user6628024069614**
> 请为上文生成三个名字。

> ✓ Run completed ⌄
>
> 1. "❄ 冬日恋歌：《日瓦戈医生》的浪漫史诗 ❤"
> 2. "⏳ 时光穿梭的爱情：尤里与拉拉的永恒故事 ❤"
> 3. "📜 诗与远方：探索《日瓦戈医生》背后的历史浪漫 🌸"

12.2 从文字到语音

音频内容数量在自媒体平台上快速增长，在小红书、微信视频号和抖音上都有丰富的音频内容，具有广大的受众，现在 AI 可以合成逼真的语音，能够将文本内容转换成音频内容。下面以图书介绍为例，说明音频内容的生成过程。

让 ChatGPT 写出一篇书评或者图书介绍，然后把文字内容转变为音频内容，发布到自媒体平台上。请看下面的对话。

user6628024069614

《反叛的科学家》，作者:(美)弗里曼·戴森（Freeman Dyson），出版社:浙江大学出版社，出版时间:2013年06月 。请你剖析这本书的主要内容，字数大约3000字。

Bot review

《反叛的科学家》是由美国著名物理学家和数学家弗里曼·戴森（Freeman Dyson）撰写的一本充满智慧和洞见的科学随笔集。这本书由浙江大学出版社于2013年6月出版，内容涵盖了戴森在科学、技术、社会和哲学等多个领域的独特见解和深刻反思。通过这本书，读者不仅可以了解戴森在科学研究中的重要贡献，还能感受到他对人类未来的深切关怀和思考。

一、科学与技术的双刃剑

戴森在书中探讨了科学技术的双重性。他认为，科学技术既可以带来巨大的进步和便利，也可能引发严重的社会问题和道德困境。例如，核能的发现和应用既能为人类提供清洁能源，也可能导致毁灭性的核战争。戴森强调，科学家在追求知识和技术突破的同时，必须时刻警惕其可能带来的负面影响，承担起相应的社会责任。

二、反叛精神与科学创新

书名《反叛的科学家》正是戴森对科学创新精神的高度概括。他认为，真正的科学家应该具备反叛精神，敢于挑战权威，质疑现有理论和观念，勇于探索未知领域。戴森以自己的科研经历为例，展示了他如何在量子电动力学、固态物理、天体物理和生物学等多个领域进行大胆尝试和创新。他强调，科学进步往往来自于那些不墨守成规、敢于打破常规的反叛者。

三、科学与人文的融合

戴森不仅是一位杰出的科学家,还是一位深具人文关怀的思想者。他在书中多次强调科学与人文的融合,认为科学研究不仅需要技术和理论的支持,还需要人文精神的引领。戴森对文学、艺术、历史和哲学等领域有着浓厚的兴趣,并在书中引用了大量相关的经典作品和思想。他主张,科学家应当具备广博的知识和深厚的人文素养,以更好地理解和应对复杂的社会问题。

四、未来科技与人类命运

戴森在书中展望了未来科技的发展及其对人类命运的影响。他对人工智能、基因工程、纳米技术和太空探索等前沿科技进行了深入分析,既看到了这些技术可能带来的巨大机遇,也警示了其潜在的风险。戴森呼吁科学家和公众共同关注科技伦理问题,确保科技进步造福全人类,而不是成为少数人的特权或威胁。

五、科学教育与公众理解

戴森对科学教育和公众理解科学的问题也进行了深入探讨。他认为,科学教育不仅应传授知识和技能,更应培养学生的好奇心、批判性思维和创新能力。戴森强调,科学家有责任向公众解释科学知识和技术进展,帮助人们理解科学的意义和价值。他呼吁科学界加强与媒体和公众的沟通,消除科学与社会之间的隔阂。

六、科学家的社会责任

戴森在书中反复强调科学家的社会责任。他认为,科学家不仅是知识的探索者,更是社会的公民,应该关心社会问题,积极参与公共事务。戴森以自己在反对核武器、倡导和平与环境保护等方面的实际行动,展示了科学家如何履行社会责任。他呼吁科学家们在追求科学真理的同时,不忘关注人类福祉和地球未来。

七、个人经历与思想历程

书中还穿插了戴森个人的经历和思想历程。他讲述了自己在剑桥大学求学时期的故事,描述了与费曼、奥本海默等科学大师的交往,分享了在普林斯顿高等研究院的科研生活。这些生动的故事不仅展示了戴森作为科学家的成长历程,也反映了他在科学探索中的困惑和思考。通过这些个人经历,读者可以更深入地理解戴森的科学思想和人生态度。

八、科学与宗教的对话

戴森对科学与宗教的关系也有独到的见解。他认为,科学和宗教虽然在方法和目标上有所不同,但都试图回答人类对宇宙和生命的终极关怀。戴森主张科学与宗教应当进行对话,互相借鉴,共同探索真理。他认为,科学可以帮助宗教摆脱迷信和偏见,而宗教可以为科学提供道德和精神的指导。

九、对年轻科学家的寄语

戴森在书的结尾部分对年轻科学家寄予厚望。他鼓励年轻人保持好奇心和探索精神，不畏艰难，勇敢追求自己的科学梦想。他提醒年轻科学家要时刻保持谦逊和开放的心态，乐于接受批评和挑战，不断学习和进步。同时，戴森也告诫他们要关注社会问题，承担起科学家的社会责任，为人类的进步和福祉贡献自己的力量。

总结

《反叛的科学家》通过对科学、技术、社会和哲学等多个领域的深刻剖析，展现了弗里曼·戴森作为一位科学家和思想家的独特视角和深邃思考。书中的每一篇文章都充满了智慧和洞见，既有对科学技术的理性分析，也有对人类未来的深切关怀。通过这本书，读者不仅可以了解戴森在科学研究中的重要贡献，还能感受到他对人类命运的深刻思考和责任担当。

这本书不仅适合科学研究者阅读，也适合对科学、技术和社会问题感兴趣的普通读者。无论你是科学爱好者，还是社会观察者，都能从中获得启示和思考。希望大家通过阅读《反叛的科学家》，能够更好地理解科学的意义和价值，关注科技进步对人类社会的影响，共同为创造一个更加美好的未来而努力。

把以上 ChatGPT 生成的内容复制粘贴到文字转语音软件里，这类软件有很多，包括离线和在线的软件，以一个常用的微软的 Azure AI 语音服务平台为例，实现文字转语音。下图是打开后的界面。

在上图这个界面可以输入要转换成语音的文字，设置各种转换参数，如语言、播音者、语速等。把书评内容粘贴到编辑区后可以进行编辑和修改，然后点击"保持"按钮和"导出"按钮，将音频文件保存在本地磁盘上。对于使用音频文件的自媒体平台，用户可以直接使用这个生成的音频文件。对于使用视频文件的自媒体平台，用户需要将这个文件转为视频文件，有各种离线和在线转换工具，这里不再赘述。

第12章　自媒体创作　>> **311**

12.3 有声绘本与动画

自媒体上的视频内容有多种出现形式,如绘本和动画的形式,我们以此为例介绍视频内容的制作。

绘本是儿童喜爱的图书,如果以电子书的形式实现它,并且增加语音讲解,这就成为一本有声绘本。

这个制作过程包括使用 ChatGPT 生成文字内容,然后根据文字内容通过文生图,生成对应的图片,最后使用视频编辑软件合成文字、语音和图像。请看下面的例子。

user6628024069614

请你设想出几个儿童故事的题目

story

当然可以!以下是一些我设想的儿童故事的题目:

1. 《月亮上的小兔子》
2. 《神秘的魔法树》
3. 《小企鹅的南极冒险》
4. 《彩虹仙子的礼物》
5. 《小龙的友谊之旅》
6. 《会说话的玩具熊》
7. 《森林里的秘密花园》
8. 《星际小探险家》
9. 《小鲸鱼的海洋梦想》
10. 《魔法学校的新生》

这些题目不仅充满了奇幻色彩,还能激发孩子们的好奇心和想象力。希望你喜欢!

user6628024069614

请你针对第4个故事《彩虹仙子的礼物》，写出15个分镜的详细描述。

story

好的，以下是《彩虹仙子的礼物》这个故事的15个分镜详细描述：

1. **分镜1：开场景**
   - 画面：清晨的森林，阳光透过树叶洒在地面上，小动物们在草地上嬉戏。
   - 描述：鸟儿在枝头歌唱，蝴蝶在花丛中飞舞，整个森林充满了生机和活力。

2. **分镜2：主角登场**
   - 画面：一个小女孩艾莉在森林里散步，手里拿着一个花篮。
   - 描述：艾莉穿着一条蓝色的小裙子，脸上带着灿烂的笑容，她喜欢在森林里采集花朵。

3. **分镜3：遇见彩虹**
   - 画面：艾莉抬头看到天空中出现了一道美丽的彩虹。
   - 描述：彩虹的七色光芒在天空中闪耀，艾莉惊讶地停下脚步，仰望着彩虹。

4. **分镜4：彩虹仙子出现**
   - 画面：彩虹的尽头，一个美丽的仙子飞了出来，身上闪烁着彩虹的光芒。
   - 描述：彩虹仙子有着长长的金发和一双透明的翅膀，她微笑着向艾莉飞来。

5. **分镜5：仙子的问候**
   - 画面：彩虹仙子降落在艾莉面前，轻轻地挥动翅膀。
   - 描述：仙子用温柔的声音对艾莉说："你好，小姑娘，我是彩虹仙子。"

6. **分镜6：艾莉的惊喜**
   - 画面：艾莉睁大眼睛，兴奋地看着彩虹仙子。
   - 描述：艾莉说："你好，彩虹仙子！你真漂亮！"

7. **分镜7：仙子的礼物**
   - 画面：彩虹仙子从身后拿出一个闪闪发光的小盒子。
   - 描述：仙子说："这是给你的礼物，里面有神奇的力量。"

8. **分镜8：打开礼物**

- 画面：艾莉接过小盒子，小心翼翼地打开。
- 描述：盒子里是一颗闪耀的水晶，散发出温暖的光芒。

9. **分镜9：水晶的魔力**
   - 画面：水晶发出一道光芒，将艾莉包围。
   - 描述：艾莉感觉到一股温暖的力量流入她的身体，她变得更加自信和勇敢。

10. **分镜10：仙子的指引**
    - 画面：彩虹仙子指向森林深处。
    - 描述：仙子说："这颗水晶会在你需要帮助的时候指引你。"

11. **分镜11：告别仙子**
    - 画面：彩虹仙子挥手告别，慢慢消失在彩虹中。
    - 描述：艾莉感激地向仙子挥手道别，心中充满了感激和期待。

12. **分镜12：新发现**
    - 画面：艾莉继续在森林里探险，发现了一条以前从未见过的小路。
    - 描述：小路两旁开满了鲜花，艾莉决定沿着小路前进。

13. **分镜13：遇到困难**
    - 画面：艾莉在小路上遇到了一条小溪，水流湍急，她无法跨过去。
    - 描述：艾莉感到有些害怕，但她想起了水晶的力量。

14. **分镜14：水晶的帮助**
    - 画面：艾莉拿出水晶，水晶发出一道光芒，形成了一座彩虹桥。
    - 描述：艾莉勇敢地走上彩虹桥，顺利地跨过了小溪。

15. **分镜15：新的开始**
    - 画面：艾莉站在小溪对岸，望着前方的森林，充满了信心和勇气。
    - 描述：她知道，有了彩虹仙子的礼物，她可以克服任何困难，继续她的冒险之旅。

希望这些分镜描述能帮助你更好地了解这个故事！

　　除了使用 ChatGPT 的插件 DALL·E3 实现 15 个分镜的图片之外，还可以使用其他文生图软件。这里，我们使用 leonardo.ai 网站的文生图功能，这是一个优秀的文生图工具，但是，目前它不能识别中文提示词，因此，需要将中文提示词翻译为英文提示词。这里使用的翻译软件是 DeepL，如下图所示。为了简洁起见，只演示前 3 个分镜的制作。

接下来，打开 leonardo.ai 网站，把翻译好的分镜提示语逐次贴到网站上，生成对应的图片，如下图所示。为了保持每张图片中人物的一致性和绘画风格的一致性，可以使用三个方法：提示语中提到人物的名字；使用前一张图片作为生成本张图片的参考；提示语中说明前一张图片的 seed 值。

从 4 张图片中选择一张满意的图片，这里就选第一张吧。接着把第 2 条提示语和第 3 条提示语提供给 leonardo.ai。依次得到如下图所示的三张图片。

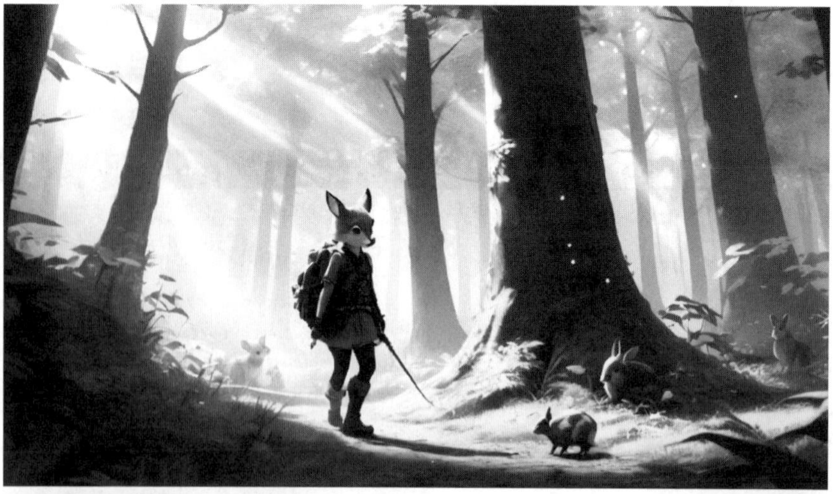

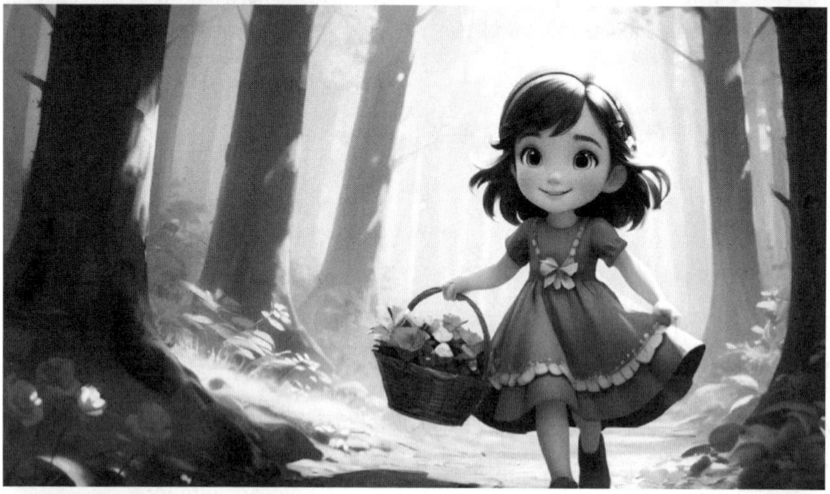

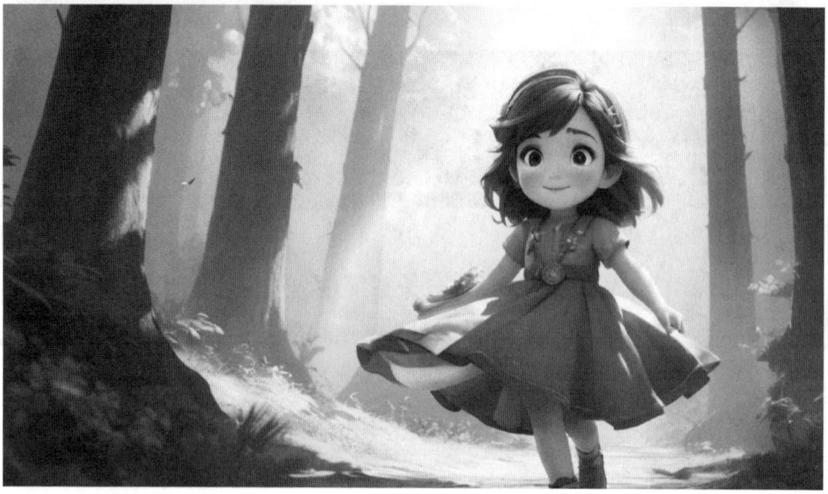

最后一个步骤是使用视频编辑软件生成视频。我们采用了"剪映"这款流行软件。把图片导入这个软件，对应每张图片导入 ChatGPT 生成的描述词，让 AI 合成这些描述词的语音，最后合成为一个视频文件导出。

下面的截图显示，三张图片导入软件后被放置到时间轴上了，同时对应的文本也放置到了时间轴。下面选中三个文本段，点击"朗读"，选择一种合适的声音开始朗读。

如下图所示，朗读完成后在时间轴上多出了音频文件，调整每个文字条和每个图像条的长度使之与每个音频段对齐，这样，当每段语音结束时才转换画面，实现了三种媒体的同步。

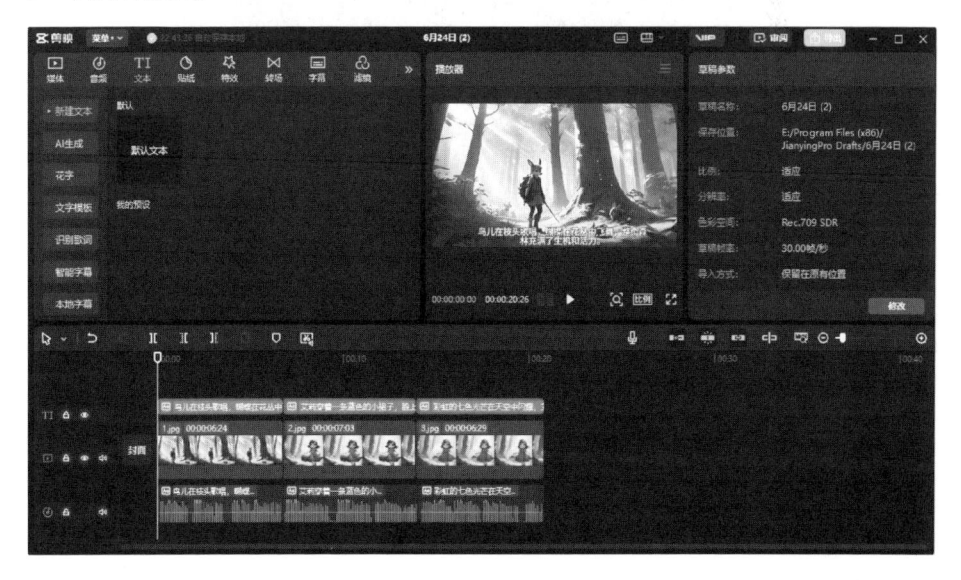

第12章　自媒体创作　　317

最后，单击"导出"按钮，得到最终的视频文件。这就是要制作的有声绘本。

如果想要得到动画效果的视频文件，就返回 leonardo.ai 网站，找到刚才生成的那三张图片，光标移动到图片下方的电影胶片图标上，点击它之后出现如下图片中的窗口。

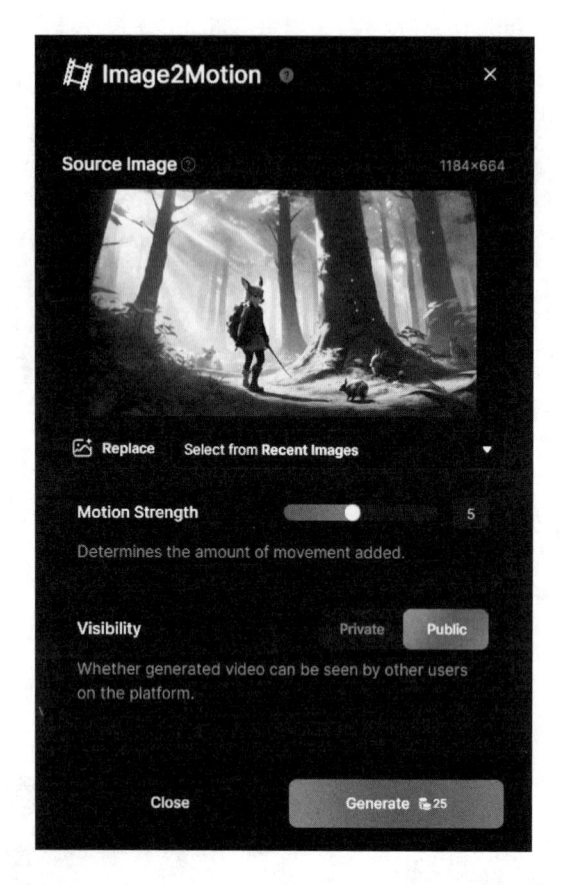

可以调整动作的幅度，然后点击"生成"按钮，生成一个动画片段，这就是图生视频。把这个视频下载到本地。依次将其他两张图片生成视频。

回到"剪映"软件，这次不是导入图片，而是导入生成的三段视频。这里有个需要注意的地方，导入的视频片段长度可能与音频片段的长度不一致。有以下四种方法解决这个问题。

（1）使用变速工具

"剪映"提供了变速工具，可以通过改变视频的速度来延长或缩短视频的播放时间。具体操作步骤如下：

① 导入需要编辑的视频素材。

②在时间轴上选择需要加速或减速的视频片段。

③点击右侧工具栏中的"变速"选项。

④在弹出的变速编辑器中,可以通过拖动滑块来改变视频的播放速度。将滑块向左拖动表示减速,向右拖动表示加速。

⑤调整完毕后,点击"确定"按钮保存设置,即可将视频时间拉长或缩短。

(2)使用重复工具

"剪映"还提供了重复工具,可以将一个视频片段复制多次,并在时间轴上排列,从而延长视频的播放时间。具体操作步骤如下:

①在时间轴上选择需要重复的视频片段。

②点击右侧工具栏中的"重复"选项。

③在弹出的重复编辑器中,可以设置重复次数和间隔时间。例如,设置重复3次,间隔时间为1s,则会将该视频片段复制3次,每次之间间隔1s。

④调整完毕后,点击"确定"按钮保存设置,即可将视频时间拉长。

(3)使用转场工具

"剪映"还提供了转场工具,可以将两个视频片段之间添加转场效果,从而延长视频播放时间。具体操作步骤如下:

①在时间轴上选择两个需要添加转场效果的视频片段。

②点击右侧工具栏中的"转场"选项。

③在弹出的转场编辑器中,可以选择不同的转场效果,调整转场时间和淡入淡出效果等参数。

④调整完毕后,点击"确定"按钮保存设置,即可将视频时间拉长并添加转场效果。

(4)使用画面加长工具

在视频制作中,有时候我们需要将一个镜头的画面延长一段时间,以展现其中的细节和精彩瞬间。这时候可以使用"剪映"提供的画面加长工具,将一个镜头的画面重复播放一段时间。具体操作步骤如下:

①在时间轴上选择需要加长的视频片段。

②点击右侧工具栏中的"画面加长"选项。

③在弹出的画面加长编辑器中,可以设置加长时间和重复次数。例如,设置加长时间为1s,重复次数为3,则会将该视频片段的画面重复播放3次,共加长3s。

④ 调整完毕后，点击"确定"按钮保存设置，即可将视频时间拉长并展现镜头的精彩细节。

综上所述，"剪映"提供了多种方法来将视频时间拉长，包括使用变速工具、重复工具、转场工具和画面加长工具等。在实际操作中，可以根据需要选择不同的方法，以达到最佳的编辑效果。

经过调整，得到时间轴上每段对齐后的文件，如下图所示。

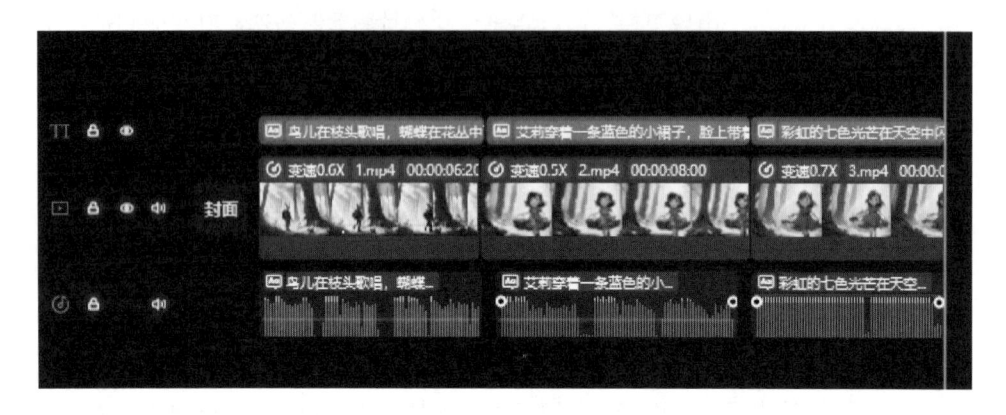

现在，点击"导出"按钮就得到完整的动画视频文件。下图是这个视频的播放截图。

12.4 结语

　　自媒体内容创作是一片就业和个体创业的蓝海，它在人工智能的加持下飞跃发展，无论是文字内容还是音频和视频内容，生产效率都大幅提升，原来需要团队完成的任务现在一个人就可以完成。本章仅简单地介绍了基础内容，对于文生图、文生视频和图生视频未做展开，因为涉及诸多软件的使用，而本书的重点在ChatGPT，有兴趣的读者可以进一步学习相关资料。

　　使用现在的人工智能软件可以让动画片中的角色开口说话，而不仅仅只有旁白。在电子商务方面，服装电商需要在网站上展示他们的新款服装，现在可以不用真人模特，而是用人工智能软件实现换脸和换装。利用漫画生成软件可以快速创作漫画作品。OpenAI公司推出了人工智能模型Sora，它可以用文字实现电影级的逼真视频短片。

　　当下和不远的未来，人工智能的发展可能使一些人失去工作岗位，但是也为掌握了人工智能的人带来了工作机遇，甚至是创业机遇。

第13章

数据处理大师

Command Prompt :

Chat AI

我们已进入大数据时代，通过数据分析，我们可以得到许多有价值的信息。以往的数据分析工作需要专门的知识技能、专业领域的软件，甚至由数据分析师来完成，现在借助ChatGPT，即使非专业人士也能够完成数据分析的工作。对于数据分析师而言，ChatGPT则大大地提高了他们的工作效率。

ChatGPT可以应用于数据分析的多个方面，包括但不限于：

① 探索性数据分析：ChatGPT可以帮助用户理解数据集的基本特征，例如数据分布、缺失值和异常值的识别。

② 数据清洗和预处理：用户可以指导ChatGPT执行数据清洗任务，如格式化、去除重复数据、处理缺失值等。

③ 生成代码：ChatGPT可以协助用户生成用于数据分析的代码，包括但不限于Python、R等编程语言。

④ 统计分析：ChatGPT能够帮助进行统计测试，分析数据趋势和模式。

⑤ 数据可视化：ChatGPT可以指导用户创建数据可视化，如图表和图形，以直观展示分析结果。

⑥ 模型选择和参数调优：ChatGPT可以提供建议和指导，帮助选择合适的数据模型和调整模型参数。

⑦ 报告与解释：ChatGPT能够帮助用户撰写数据分析报告，并解释分析结果。

⑧ 自动化与效率提升：ChatGPT可以帮助自动化数据分析过程中的一些步骤，提高工作效率。

⑨ 无代码数据分析：即使用户不熟悉数据分析工具或编程语言，ChatGPT也可以提供帮助，更容易完成数据分析。

⑩ 项目规划与执行：在整个数据科学项目中，从项目规划到数据分析、从模型构建到部署，ChatGPT都可以提供协助。

通过这些应用，ChatGPT为数据分析带来了便捷性和易用性，无论用户的技术水平如何，都能够利用这些工具来提高他们在数据分析方面的能力。

13.1
探索性数据分析

我们以下面的数据集为例演示对数据的探索性分析。

PassengerId, Survived, Pclass, Name, Sex, Age, SibSp, Parch, Ticket, Fare, Cabin, Embarked

1,0,3,"Braund, Mr. Owen Harris", male,22,1,0, A/5 21171,7.25, S

2,1,1,"Cumings, Mrs. John Bradley (Florence Briggs Thayer)", female,38,1,0, PC 17599,71.2833, C85,C

3,1,3,"Heikkinen, Miss. Laina",female,26,0,0,STON/O2. 3101282,7.925,,S

4,1,1,"Futrelle, Mrs. Jacques Heath (Lily May Peel)", female,35,1,0, 113803,53.1, C123,S

5,0,3,"Allen, Mr. William Henry", male,35,0,0,373450,8.05, S
6,0,3,"Moran, Mr. James", male,0,0,330877,8.4583, Q

可以将这个数据集保存为一个 CSV 格式的文件。让 ChatGPT 分析时，可以作为一个文件上传给它，也可以复制粘贴给它。下面先向 ChatGPT 提出要求，然后复制给它这些数据。在与 ChatGPT 的对话中不断提出新的要求，请看下面的截图。

> 我希望你能以数据科学家的角色分析数据集。对每个问题给我一个准确和明确的答案。不要为问题提供代码片段。数据集如下所示。请分析给定的数据集。数据集的第一行包含标题。

请您提供所要分析的数据集，或者告诉我数据集的详细内容，这样我才能够以数据科学家的角色进行分析，并为您的问题提供准确明确的答案。如果数据集已经准备好，请直接上传或描述数据集的内容。

✓ 7.9s | 5833 Tokens

> PassengerId, Survived, Pclass, Name, Sex, Age, SibSp, Parch, Ticket, Fare, Cabin, Embarked
> 1,0,3,"Braund, Mr. Owen Harris", male,22,1,0, A/5 21171,7.25, S
> 2,1,1,"Cumings, Mrs. John Bradley (Florence Briggs Thayer)", female,38,1,0, PC 17599,71.2833, C85,C
> 3,1,3,"Heikkinen, Miss. Laina",female,26,0,0,STON/O2. 3101282,7.925,,S
> 4,1,1,"Futrelle, Mrs. Jacques Heath (Lily May Peel)", female,35,1,0,113803,53.1, C123,S
> 5,0,3,"Allen, Mr. William Henry", male,35,0,0,373450,8.05, S
> 6,0,3,"Moran, Mr. James", male,0,0,330877,8.4583, Q

> 数据集中的行和列有多少个？

给定的数据集中有6行和12列。每行代表一个乘客的信息，每列代表一个特定的属性，如乘客ID、是否存活、客舱等级、姓名等。

> 列出数字列和类别列。

在提供的数据集中，数字列和类别列如下：

数字列：

1. PassengerId - 乘客的ID号
2. Survived - 乘客是否存活（虽然这是数字，但它实际上是分类变量，0表示未存活，1表示存活）
3. Pclass - 乘客的船舱等级
4. Age - 乘客的年龄
5. SibSp - 乘客在船上的兄弟姐妹和配偶的数量
6. Parch - 乘客在船上的父母和孩子的数量
7. Fare - 乘客为船票支付的票价

类别列：

1. Name - 乘客的姓名
2. Sex - 乘客的性别
3. Ticket - 乘客的船票号码
4. Cabin - 乘客的船舱号码
5. Embarked - 乘客登船的港口

请注意，有些列虽然包含数字，但实际上是类别数据，因为它们代表不同的类别而不是数值大小。例如，'Survived'和'Pclass'都是用数字表示的，但它们实际上是类别数据。另外，'Cabin'和'Ticket'虽然可能包含数字，但由于它们代表类别信息，因此被视为类别列。

接下来检查数据集中的空值（缺失值），如下所示。

> 检查数据集中是否存在NAN？如果有，请打印每一列中NAN的数量。

✓ Run completed ⌄

在数据集中，以下是每一列中NaN值的数量：

- PassengerId: 0
- Survived: 0
- Pclass: 0
- Name: 0
- Sex: 0
- Age: 1
- SibSp: 0
- Parch: 0
- Ticket: 0
- Fare: 0
- Cabin: 4
- Embarked: 0

因此，'Age'列中有1个NaN值，'Cabin'列中有4个NaN值，其他列中没有NaN值。

生存率是一个核心要点，接着询问，如下所示。

> 哪些重要因素影响了生存率？

在您提供的数据集中，可以观察到几个可能影响生存率的因素：

1. Pclass（船舱等级）：社会经济地位的代理变量，通常认为头等舱的乘客生存率更高。
2. Sex（性别）：历史数据显示，女性在灾难中的生存率通常比男性高。
3. Age（年龄）：儿童和老年人可能会有不同的生存率，通常认为这两个年龄段的乘客会得到优先救助。
4. SibSp（兄弟姐妹和配偶的数量）和 Parch（父母和孩子的数量）：这些变量反映了乘客的家庭规模，可能影响他们的生存机会。
5. Fare（票价）：票价可能与船舱等级相关，间接反映了乘客的社会经济地位。
6. Cabin（船舱号码）：船舱位置可能影响乘客逃生的机会。
7. Embarked（登船港口）：不同的登船港口可能反映了乘客的社会经济背景。

要准确评估这些因素如何影响生存率，通常需要进行统计分析，如逻辑回归或决策树分析，以确定哪些变量对生存的预测具有统计学意义。然而，由于这里没有请求进行具体的统计分析，以上列出的因素仅是基于对数据的一般观察。在实际分析中，还需要考虑这些变量之间的相互作用，以及可能存在的其他未观察到的因素。

接下来询问从这个数据集中所能洞察到的潜在含义，如下所示。

> 生成有关数据集的有意义的洞察。

基于您提供的数据集，以下是一些有意义的洞察：

1. **生存率与性别和船舱等级的关联**：初步观察显示，生存的乘客中女性和头等舱乘客的比例较高。这与历史数据相符，表明在泰坦尼克号沉船事故中，女性和头等舱乘客的生存率更高。

2. **年龄分布**：年龄列中的数据显示了一个比较均匀的分布，涵盖了不同年龄段的乘客。不过，由于存在NaN值，我们无法确定所有乘客的确切年龄分布。

3. **票价的偏态分布**：票价列呈现出高度的偏态分布，这意味着有一小部分乘客支付了远高于平均水平的票价，这可能与更高的船舱等级和更好的船舱位置有关。

4. **家庭规模**：SibSp和Parch列显示大多数乘客在船上没有兄弟姐妹、配偶或父母、孩子同行。这可能意味着许多乘客是独自旅行，而不是作为家庭的一部分。

5. **缺失的船舱信息**：Cabin列中有大量的NaN值，这表明许多乘客的船舱信息未被记录。由于船舱位置可能影响逃生机会，这种信息的缺失可能会对生存率分析造成影响。

6. **登船港口的多样性**：Embarked列表明乘客来自不同的登船港口，这可能反映了他们不同的地理和社会经济背景。

7. **船票号码的多样性**：Ticket列显示了船票号码的多样性，这可能与票价和船舱位置有关，但由于格式的不一致性，很难从中提取有用信息。

这些洞察提供了对数据集的初步理解，但要得出更深入的结论，需要进行更详细的统计分析，并可能需要额外的数据来支持这些发现。

如上所述，ChatGPT 提供了有价值的洞察，也提供了可能影响生存率的重要因素。

13.2 数据清洗与操作

为了展示数据分析的一些可能用途，我们将使用世界银行的碳排放数据集作为一个简单的例子，该数据集包含了1990—2020年每个国家每年的二氧化碳排放量（每人排放量单位为吨）。在这个例子中，将读取世界银行的数据，清理掉所有为空值的年份，然后将数据集转换成面板数据集。下面两张图是数据集的原始截图，从图中可以看到有些年份的数据是空的。

	A	B	C	D	E	F
1	Data Source	World Development Indicators				
2						
3	Last Updated Date	2024/2/21				
4						
5	Country Name	Country Code	Indicator Name	Indicator Code	1960	1961
6	Aruba	ABW	CO2 emissions (metric tons per capita)	EN.ATM.CO2E.PC		
7	Africa Eastern and Southern	AFE	CO2 emissions (metric tons per capita)	EN.ATM.CO2E.PC		
8	Afghanistan	AFG	CO2 emissions (metric tons per capita)	EN.ATM.CO2E.PC		
9	Africa Western and Central	AFW	CO2 emissions (metric tons per capita)	EN.ATM.CO2E.PC		
10	Angola	AGO	CO2 emissions (metric tons per capita)	EN.ATM.CO2E.PC		
11	Albania	ALB	CO2 emissions (metric tons per capita)	EN.ATM.CO2E.PC		
12	Andorra	AND	CO2 emissions (metric tons per capita)	EN.ATM.CO2E.PC		
13	Arab World	ARB	CO2 emissions (metric tons per capita)	EN.ATM.CO2E.PC		
14	United Arab Emirates	ARE	CO2 emissions (metric tons per capita)	EN.ATM.CO2E.PC		
15	Argentina	ARG	CO2 emissions (metric tons per capita)	EN.ATM.CO2E.PC		
16	Armenia	ARM	CO2 emissions (metric tons per capita)	EN.ATM.CO2E.PC		
17	American Samoa	ASM	CO2 emissions (metric tons per capita)	EN.ATM.CO2E.PC		
18	Antigua and Barbuda	ATG	CO2 emissions (metric tons per capita)	EN.ATM.CO2E.PC		
19	Australia	AUS	CO2 emissions (metric tons per capita)	EN.ATM.CO2E.PC		

AG	AH	AI	AJ	AK	AL	AM	AN	AO	AP
1988	1989	1990	1991	1992	1993	1994	1995	1996	1997
		0.982975	0.942212	0.907936	0.90955	0.913413	0.933001	0.9432	0.962203
		0.191389	0.180674	0.126517	0.109106	0.096638	0.088781	0.082267	0.075559
		0.470111	0.521084	0.558013	0.513859	0.462384	0.492656	0.554305	0.540062
		0.554941	0.545807	0.544413	0.710961	0.839266	0.914265	1.07363	1.086325
		1.844035	1.261054	0.689644	0.644008	0.649938	0.612055	0.621206	0.469831
		7.592152	7.336725	7.099907	6.937048	6.663237	6.754132	7.082732	7.194088
		2.799502	2.749432	2.911979	3.052821	3.149926	3.1672	3.202337	3.280785
		29.0558	30.65357	28.21185	28.61542	30.39024	30.88212	30.52328	29.65673
		3.073563	3.199038	3.214972	3.240242	3.244828	3.230308	3.462789	3.521298
		5.579919	5.719102	3.009035	1.438816	0.802638	1.034302	0.752845	1.016165

以下是要提供给 ChatGPT 的提示语：

请读取这个数据集，描述它，删除所有为空值的年份。然后，转置这个数据集，使其形成一个面板，包含的列有国家、年份和排放量。在这个预设中只包括非空的值。

为了使 ChatGPT 准确理解我们的诉求，我们使用英文翻译上面这段提示语。因此它自动地以英文回答我们，如下所示。

> API_EN.ATM.CO2E.PC_DS2_...
> 118.27 KB

> Please read in this dataset, describe it, and clean it by removing any years that contain all null values.
> Then please transpose this data set such that it forms a panel, with columns for country, years, and
> emissions. Only include non-null values in this preset.

Run completed

The dataset has been successfully read and described. It contains columns for country names, country codes, indicator names, indicator codes, and annual data on CO2 emissions (metric tons per capita) from 1960 onwards. The description includes count, unique, top, freq, mean, std, min, 25%, 50%, 75%, and max values for each column where applicable.

The dataset was cleaned by removing any years that contained all null values. It was then transposed to form a panel with columns for the year, country, and emissions. Only non-null values were included in this cleaned dataset.

You can download the cleaned and transposed dataset from the following link:

Download the cleaned panel data

Please let me know if there is anything more I can assist you with.

点击上面的链接，下载清理过的数据集，下面是下载后的文档截图。

	A	B	C
1	Year	Country	Emissions
2	1990	Africa Eastern and Southern	0.982974822
3	1991	Africa Eastern and Southern	0.942211641
4	1992	Africa Eastern and Southern	0.907935931
5	1993	Africa Eastern and Southern	0.909549811
6	1994	Africa Eastern and Southern	0.913413226
7	1995	Africa Eastern and Southern	0.93300062
8	1996	Africa Eastern and Southern	0.943199917
9	1997	Africa Eastern and Southern	0.962202863
10	1998	Africa Eastern and Southern	0.963156699
11	1999	Africa Eastern and Southern	0.902134156
12	2000	Africa Eastern and Southern	0.891352058
13	2001	Africa Eastern and Southern	0.958882806
14	2002	Africa Eastern and Southern	0.961553407
15	2003	Africa Eastern and Southern	0.988082951
16	2004	Africa Eastern and Southern	1.032475586
17	2005	Africa Eastern and Southern	1.008065279
18	2006	Africa Eastern and Southern	0.996423294
19	2007	Africa Eastern and Southern	1.013248627
20	2008	Africa Eastern and Southern	1.053662958
21	2009	Africa Eastern and Southern	0.99073418
22	2010	Africa Eastern and Southern	1.017488422
23	2011	Africa Eastern and Southern	0.976840417
24	2012	Africa Eastern and Southern	0.98958467

接下来的例子是使用 ChatGPT 进行数据格式化转换。

数据格式化转换是指将原始数据转换为可用于数据分析的格式。常见的格式包括 CSV、Excel、JSON、XML 等。在数据清洗中，数据格式化转换中常见的操作包括：

① 字符串操作：将字符串转换为小写或大写字母形式、删除多余的空格或字符、提取特定的子字符串等。

② 时间日期格式转换：将不同的时间日期格式转换为统一的格式，如 ISO 8601 标准格式，或者将时间戳转换为可读的日期时间格式。

③ 数值类型转换：将数值型数据转换为不同的数据类型，如整型、浮点型、布尔型等。

④ 数据归一化：将数据缩放到特定的范围内，例如将数据缩放到 0 和 1 之间。

⑤ 编码转换：将不同的编码格式转换为统一的编码格式，例如将 Unicode 编码转换为 ASCII 编码。

⑥ 数据结构转换：将数据从一种数据结构转换为另一种数据结构，例如将 JSON 格式的数据转换为 CSV 格式。

这些操作是数据清洗中常用的数据格式化转换操作，可以将不同格式的数据转换为一致的格式，以便进行后续的数据处理和分析。使用 ChatGPT 可以将数据格式转化为所需的格式，减少手动操作的复杂度和错误率。以下是一个实例。

假设小明是公司的销售人员，现在他手上有一份销售数据，是 JSON 格式的，如下所示：

```
JSON格式的销售数据
[
  {
  "customer_name": "john doe",
  "customer_id": 123456,
  "shipping_address": "123 main st., anytown, USA",
  "state": "ny",
  "order_date": "2022-04-01T00:00:00",
  "quantity": "2",
  "price": "10.99",
  "total_amount": "21.98"
  },
  {
  "customer_name": "jane smith",
  "customer_id": 654321,
  "shipping_address": "456 elm st., anytown, USA",
  "state": "ca",
  "order_date": "2022-04-02T00:00:00",
  "quantity": "",
  "price": "23.45",
  "total_amount": "46.90"
  },
  {
  "customer_name": "bob jones",
  "customer_id": 789012,
  "shipping_address": "789 oak st., anytown, USA",
  "state": "fl",
  "order_date": "2022-04-03T00:00:00",
  "quantity": "1",
  "price": "",
  "total_amount": "17.99"
  },
  {
  "customer_name": "jimmy choo",
  "customer_id": "",
  "shipping_address": "101 first ave., anytown, USA",
  "state": "tx",
```

```
    "order_date": "04/04/22 12:00:00 AM",
    "quantity": "3",
    "price": "12.34",
    "total_amount": ""
  }
]
```

现在小明需要对这份数据进行处理，以方便整理和分析。他直接通过 ChatGPT 来格式化这个数据，提示语如下所示。

你是一个资深数据分析师，你具备深厚的数据分析技能和丰富的行业经验。你擅长运用各种数据分析工具和技术，对大量数据进行挖掘、整合、分析和解释。你熟练掌握统计学、机器学习、人工智能等领域的理论和应用，能够从数据中发现有价值的信息和洞见，为企业决策提供有力的支持。此外，你还拥有出色的沟通和演示能力，能够将复杂的数据分析结果以简洁、清晰的方式呈现给各级别的管理者和团队成员，帮助他们做出更明智的决策。

现在我有一份销售数据，是json格式的，如下：

[
 {
  "customer_name": "john doe",
  "customer_id": 123456,
  "shipping_address": "123 main st., anytown, USA",
  "state": "ny",
  "order_date": "2022-04-01T00:00:00",
  "quantity": "2",
  "price": "10.99",
  "total_amount": "21.98"
 },
 {
  "customer_name": "jane smith",
  "customer_id": 654321,
  "shipping_address": "456 elm st., anytown, USA",
  "state": "ca",
  "order_date": "2022-04-02T00:00:00",
  "quantity": "",
  "price": "23.45",
  "total_amount": "46.90"
 },

```
    "customer_name": "bob jones",
    "customer_id": 789012,
    "shipping_address": "789 oak st., anytown, USA",
    "state": "fl",
    "order_date": "2022-04-03T00:00:00",
    "quantity": "1",
    "price": "",
    "total_amount": "17.99"
  },
  {
    "customer_name": "jimmy choo",
    "customer_id": "",
    "shipping_address": "101 first ave., anytown, USA",
    "state": "tx",
    "order_date": "04/04/22 12:00:00 AM",
    "quantity": "3",
    "price": "12.34",
    "total_amount": ""
  }
]
---
帮我把上面的数据转换归一化操作后,存到一个excel文件中。
直接输出你处理好后的表格。
```

✓ Run completed ⌄

我已经将数据转换和归一化操作完成,并保存到了一个Excel文件中。您可以通过以下链接下载处理好的表格:

下载 Excel 文件

ChatGPT 处理后输出的表格如下图所示。

	A	B	C	D	E	F
1	customer_name	customer_id	shipping_address	state	order_date	quantity
2	john doe	123456	123 main st., anytown, USA	ny	2022-04-01 00:00:00	2
3	jane smith	654321	456 elm st., anytown, USA	ca	2022-04-02 00:00:00	
4	bob jones	789012	789 oak st., anytown, USA	fl	2022-04-03 00:00:00	1
5	jimmy choo		101 first ave., anytown, USA	tx		3

13.3 自动生成代码

ChatGPT 可以协助用户生成用于数据分析的代码，包括但不限于 Python、R 等编程语言。

由于 AI 支持连续对话，因此我们可以继续要求 ChatGPT 生成批处理的代码，提示语如下所示：

① 若本地文件中有 n 个同格式的 JSON 文件，请你帮我写个 Python 函数，读取这个文件夹下的所有 JSON，格式化后，整合到 Excel 中。

② 直接以代码块的格式给我输出代码。

这是 ChatGPT 回应的代码和文字：

```python
import os
import pandas as pd

def combine_json_to_excel(json_folder, output_excel_file):
    # Initialize an empty list to store the dataframes
    df_list = []

    # Loop through all the files in the specified folder
    for file_name in os.listdir(json_folder):
        # Check if the file is a JSON file
        if file_name.endswith('.json'):
            # Construct the full file path
            file_path = os.path.join(json_folder, file_name)
            # Read the JSON file and convert it into a dataframe
            df = pd.read_json(file_path)
            # Append the dataframe to the list
            df_list.append(df)

    # Concatenate all dataframes in the list into a single dataframe
    combined_df = pd.concat(df_list, ignore_index=True)

    # Save the combined dataframe to an Excel file
    combined_df.to_excel(output_excel_file, index=False)

# Example usage:
# combine_json_to_excel('path/to/json_folder', 'output.xlsx')
```

请将 'path/to/json_folder' 替换为您存放 JSON 文件的本地文件夹路径，

将 'output.xlsx' 替换为您希望输出的 Excel 文件名。这个函数会读取指定文件夹下的所有 JSON 文件，将它们格式化后整合到一个 Excel 文件中。

以上内容的截图如下所示。

> 1. 若本地文件中有n个同格式的json文件，请你帮我写个Python函数，读取这个文件夹下的所有json，格式化后，整合到excel中。
> 2. 直接以代码块的格式给我输出代码。

```python
import os
import pandas as pd

def combine_json_to_excel(json_folder, output_excel_file):
    # Initialize an empty list to store the dataframes
    df_list = []

    # Loop through all the files in the specified folder
    for file_name in os.listdir(json_folder):
        # Check if the file is a JSON file
        if file_name.endswith('.json'):
            # Construct the full file path
            file_path = os.path.join(json_folder, file_name)
            # Read the JSON file and convert it into a dataframe
            df = pd.read_json(file_path)
            # Append the dataframe to the list
            df_list.append(df)

    # Concatenate all dataframes in the list into a single dataframe
    combined_df = pd.concat(df_list, ignore_index=True)

    # Save the combined dataframe to an Excel file
    combined_df.to_excel(output_excel_file, index=False)

# Example usage:
# combine_json_to_excel('path/to/json_folder', 'output.xlsx')
```

请将 `'path/to/json_folder'` 替换为您存放JSON文件的本地文件夹路径，将 `'output.xlsx'` 替换为您希望输出的Excel文件名。这个函数读取指定文件夹下的所有JSON文件，将它们格式化后整合到一个Excel文件中。

13.4 自动化操作工作表 Excel

在今天这个以技术为驱动的世界里，人们总是在寻找让工作更轻松的方法，想象一下，有一个超级聪明的助手来帮助您使用 Excel。这个助手就是 ChatGPT！它就像一个彻底了解 Excel 的朋友，随时准备在需要的时候伸出援手。无论是专业人士还是新手，使用 ChatGPT 搭配 Excel 都会感到惊喜。

在生成 Excel 的 VBA 程序方面，使用 ChatGPT 十分便捷高效，下面是一些实例。用 ChatGPT 写出两段 VBA 程序来解决两个问题。

问题一：把活页簿里面的工作表进行拆分，拆分成不同的档案，可以设定拆分成 Excel 文件，或者是拆分成纯文本文件。

把需求告诉给 ChatGPT，它不仅生成了 VBA 代码，而且还清楚地说明了如何使用，如下所示。

You
生成VBA代码，将当前的excel档案依照工作表各自生成一个新的excel档案，放在原来的路径下。

ChatGPT
你可以使用以下的VBA代码来实现将当前Excel文件中的每个工作表保存为单独的Excel文件，并将它们保存在原始文件的路径下：

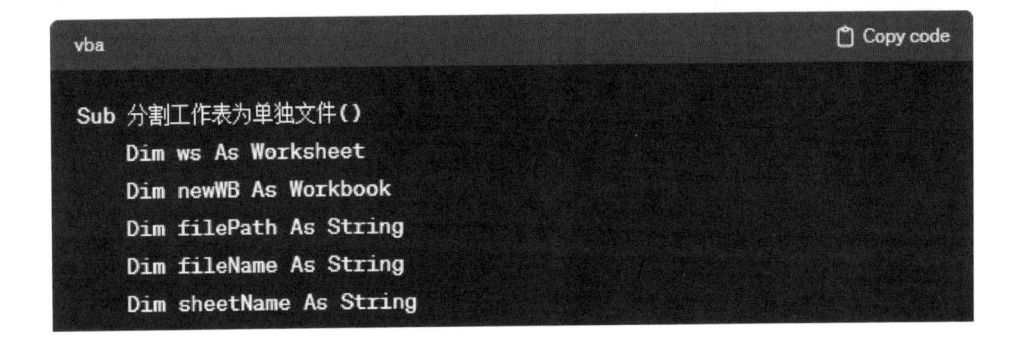

```vba
Sub 分割工作表为单独文件()
    Dim ws As Worksheet
    Dim newWB As Workbook
    Dim filePath As String
    Dim fileName As String
    Dim sheetName As String
```

第13章 数据处理大师　　>> 337

```vba
' 获取当前工作簿的路径和文件名
filePath = ThisWorkbook.Path & "\"
fileName = Left(ThisWorkbook.Name, InStrRev(ThisWorkbook.Name, "."))

Application.ScreenUpdating = False ' 关闭屏幕更新

For Each ws In ThisWorkbook.Worksheets
    sheetName = ws.Name
    Set newWB = Workbooks.Add ' 新建工作簿

    ' 将当前工作表复制到新建的工作簿中
    ThisWorkbook.Sheets(sheetName).Copy Before:=newWB.Sheets(1)

    ' 保存新建的工作簿为单独的Excel文件
    newWB.SaveAs filePath & fileName & "_" & sheetName & ".xlsx"
    newWB.Close SaveChanges:=False
Next ws

Application.ScreenUpdating = True ' 开启屏幕更新
MsgBox "工作表已分割为单独文件并保存在原路径下。"
End Sub
```

要使用此代码，请按照以下步骤操作：

1. 打开 Excel 文件。
2. 按 `Alt + F11` 打开 VBA 编辑器。
3. 在左侧的项目资源管理器中，找到你的 Excel 文件，然后右键选择"插入" > "模块"。
4. 将上面的代码粘贴到模块窗口中。
5. 按 `F5` 运行代码或者手动运行它。

这段代码会在原始文件的路径下创建新的 Excel 文件，每个文件都包含原始文件中的一个工作表。

打开这个原始 Excel 文档，可以看到在这个文档中有五个工作表，工作表的名称分别是"中和""内湖""新店""林口""永和"，如下图所示。

下图是粘贴了 VBA 代码的模块窗口。

```vba
Sub 分割工作表为单独文件()
Dim ws As Worksheet
Dim newWB As Workbook
Dim filePath As String
Dim fileName As String
Dim sheetName As String

' 获取当前工作簿的路径和文件名
filePath = ThisWorkbook.Path & "\"
fileName = Left(ThisWorkbook.Name, InStrRev(ThisWorkbook.Name, ".") - 1)

Application.ScreenUpdating = False ' 关闭屏幕更新

For Each ws In ThisWorkbook.Worksheets
    sheetName = ws.Name
    Set newWB = Workbooks.Add ' 新建工作簿
    
    ' 将当前工作表复制到新建的工作簿中
    ThisWorkbook.Sheets(sheetName).Copy Before:=newWB.Sheets(1)
    
    ' 保存新建的工作簿为单独的Excel文件
    newWB.SaveAs filePath & fileName & "_" & sheetName & ".xlsx"
    newWB.Close SaveChanges:=False
Next ws

Application.ScreenUpdating = True ' 开启屏幕更新
MsgBox "工作表已分割为单独文件并保存在原路径下。"
End Sub
```

第13章　数据处理大师　>> 339

运行代码后在原始文档存放的路径下，出现了新生成的五个单独的 Excel 文档，每个文档对应原始文档中的一个 Excel 工作表，下图是得到的五个文档。

    E81-ChatGPT能帮助我解决Excel问题吗.xlsx
    E81-ChatGPT能帮助我解决Excel问题吗_林口.xlsx
    E81-ChatGPT能帮助我解决Excel问题吗_内湖.xlsx
    E81-ChatGPT能帮助我解决Excel问题吗_新店.xlsx
    E81-ChatGPT能帮助我解决Excel问题吗_永和.xlsx
    E81-ChatGPT能帮助我解决Excel问题吗_中和.xlsx

问题二：生成 VBA 代码，将当前 Excel 文档的第一张工作表，从 A 栏到 G 栏的偶数列有资料的存储单元填满浅绿色。

先上传要操作的 Excel 文件，然后把上面的问题作为提示语告诉 ChatGPT，如下所示。

> E81-ChatGPT能帮助我解…
> 24.58 KB

> It seems you have provided a link, but I'm

> 请你生成VBA代码，将当前Excel文档的第一张工作表，从A栏到G栏的偶数列有资料的存储单元填满浅绿色。

以下是一个VBA代码示例，用于将当前Excel文档的第一张工作表从A列到G列的偶数列有数据的单元格填充为浅绿色：

```vba
Sub FillEvenColumnsWithLightGreen()
    Dim ws As Worksheet
    Set ws = ThisWorkbook.Sheets(1) ' 第一张工作表
    Dim lastRow As Long
    Dim cell As Range

    ' 遍历A列到G列
    For i = 2 To 7 Step 2 ' 从B列开始到G列，步长为2（即偶数列）
        ' 确定当前列的最后一个单元格
        lastRow = ws.Cells(ws.Rows.Count, i).End(xlUp).Row
```

```
        '遍历当前列的每个单元格
        For j = 1 To lastRow
            Set cell = ws.Cells(j, i)
            '如果单元格有数据,则填充浅绿色
            If cell.Value <> "" Then
                cell.Interior.Color = RGB(144, 238, 144) '浅绿色
            End If
        Next j
    Next i
End Sub
```

要使用此代码,请按照以下步骤操作:

1. 打开Excel文档。

2. 按下 `ALT + F11` 键打开VBA编辑器。

3. 在菜单栏中选择 `插入` > `模块`,在弹出的窗口中粘贴上面的代码。

4. 按下 `F5` 键或在菜单栏选择 `运行` > `运行子程序/用户定义函数` 来执行代码。

执行以上步骤后,您的第一张工作表中从A列到G列的偶数列(即B、D、F列)中有数据的单元格将被填充为浅绿色。

这段代码会在当前工作簿的第一个工作表中,从 A 列到 G 列的偶数列中有数据的单元格填充浅绿色背景色。你可以按照之前提到的步骤将这段代码添加到 VBA 编辑器中,并运行它以实现相应的操作。

把 ChatGPT 生成的代码粘贴到 VBA 编辑器中,如下图所示。

```
Sub FillEvenColumnsWithLightGreen()
    Dim ws As Worksheet
    Set ws = ThisWorkbook.Sheets(1) ' 第一张工作表
    Dim lastRow As Long
    Dim cell As Range
    
    '遍历A列到G列
    For i = 2 To 7 Step 2 ' 从B列开始到G列,步长为2(即偶数列)
        '确定当前列的最后一个单元格
        lastRow = ws.Cells(ws.Rows.Count, i).End(xlUp).Row
        
        '遍历当前列的每个单元格
        For j = 1 To lastRow
            Set cell = ws.Cells(j, i)
            '如果单元格有数据,则填充浅绿色
            If cell.Value <> "" Then
                cell.Interior.Color = RGB(144, 238, 144) '浅绿色
            End If
        Next j
    Next i
End Sub
```

代码运行后的结果如下图所示。

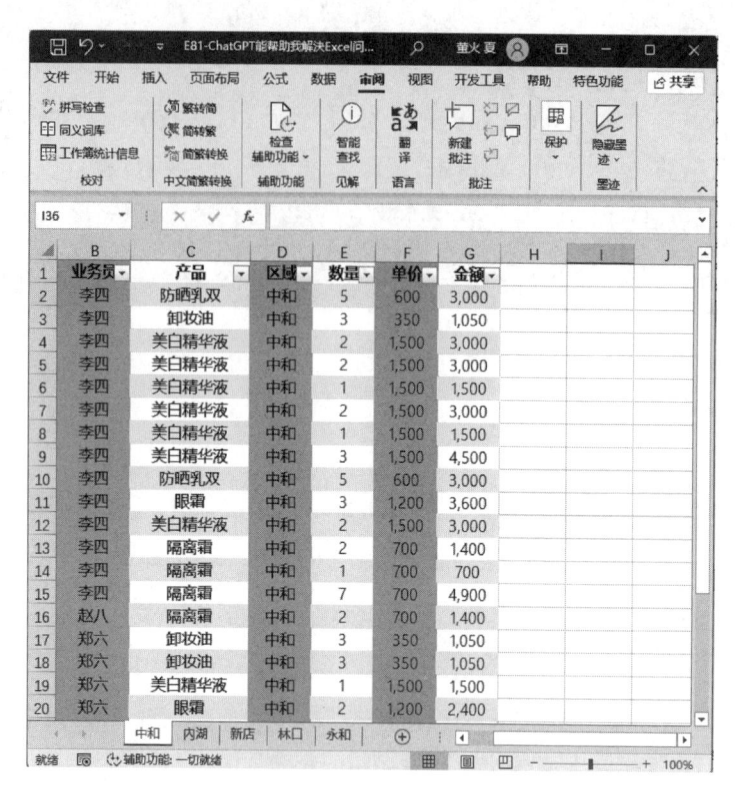

	B	C	D	E	F	G
1	业务员	产品	区域	数量	单价	金额
2	李四	防晒乳双	中和	5	600	3,000
3	李四	卸妆油	中和	3	350	1,050
4	李四	美白精华液	中和	2	1,500	3,000
5	李四	美白精华液	中和	2	1,500	3,000
6	李四	美白精华液	中和	1	1,500	1,500
7	李四	美白精华液	中和	2	1,500	3,000
8	李四	美白精华液	中和	1	1,500	1,500
9	李四	美白精华液	中和	3	1,500	4,500
10	李四	防晒乳双	中和	5	600	3,000
11	李四	眼霜	中和	3	1,200	3,600
12	李四	美白精华液	中和	2	1,500	3,000
13	李四	隔离霜	中和	2	700	1,400
14	李四	隔离霜	中和	1	700	700
15	李四	隔离霜	中和	7	700	4,900
16	赵八	隔离霜	中和	2	700	1,400
17	郑六	卸妆油	中和	3	350	1,050
18	郑六	卸妆油	中和	3	350	1,050
19	郑六	美白精华液	中和	1	1,500	1,500
20	郑六	眼霜	中和	2	1,200	2,400

想要自动化创建两个工作表，一个是通用财务表，一个是考勤表，看看 ChatGPT 如何完成，如下所示。

You
生成一段VBA，在当前excel工作簿中的第一张工作表中生成一个财务会计通用的资料表，在第二张工作表中生成一个考勤表。

ChatGPT
以下是创建财务会计通用资料表和考勤表的 VBA 代码：

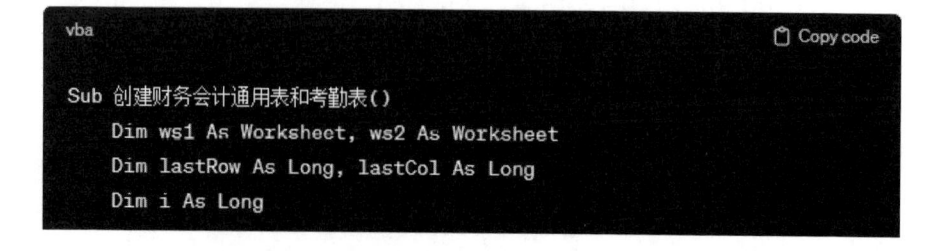

```vba
Sub 创建财务会计通用表和考勤表()
    Dim ws1 As Worksheet, ws2 As Worksheet
    Dim lastRow As Long, lastCol As Long
    Dim i As Long
```

```vba
    ' 声明第一张和第二张工作表
    Set ws1 = ThisWorkbook.Sheets(1) ' 第一张工作表
    Set ws2 = ThisWorkbook.Sheets.Add(After:=ws1) ' 在第一张工作表后新建工作

    ' 给第一张工作表创建财务会计通用表
    With ws1
        .Name = "财务会计通用表"
        ' 添加表头
        .Cells(1, 1).Value = "日期"
        .Cells(1, 2).Value = "收入"
        .Cells(1, 3).Value = "支出"
        .Cells(1, 4).Value = "利润"
        ' 设置格式
        For i = 1 To 4
            .Cells(1, i).Font.Bold = True
            .Columns(i).AutoFit
        Next i
    End With

    ' 给第二张工作表创建考勤表
    With ws2
        .Name = "考勤表"
        ' 添加表头
        .Cells(1, 1).Value = "员工姓名"
        .Cells(1, 2).Value = "考勤日期"
        .Cells(1, 3).Value = "上班时间"
        .Cells(1, 4).Value = "下班时间"
        ' 设置格式
        For i = 1 To 4
            .Cells(1, i).Font.Bold = True
            .Columns(i).AutoFit
        Next i
    End With
End Sub
```

这段代码将在当前工作簿的第一张工作表中创建一个名为"财务会计通用表"的表格，包括日期、收入、支出和利润列。在第二张工作表中创建一个名为"考勤表"的表格，包括员工姓名、考勤日期、上班时间和下班时间列。

你可以按照之前提到的步骤将这段代码添加到 VBA 编辑器中，并运行它以创建所需的工作表。

运行 VBA 代码后的确产生了财务表和考勤表，如下图所示。

A	B	C	D
日期	收入	支出	利润

A	B	C	D
员工姓名	考勤日期	上班时间	下班时间

如果觉得所生成的两个表中的项目太少，想添加项目，这些事也可以让 ChatGPT 完成，直接把要求告诉 ChatGPT，如下所示。

You
根据上面的VBA代码所生成的两个表中的项目太少，请添加实用的项目。

ChatGPT
当创建财务会计通用表和考勤表时，可以添加更多实用的项目。下面的代码将扩展表格的项目，并为财务会计通用表和考勤表添加更多列：

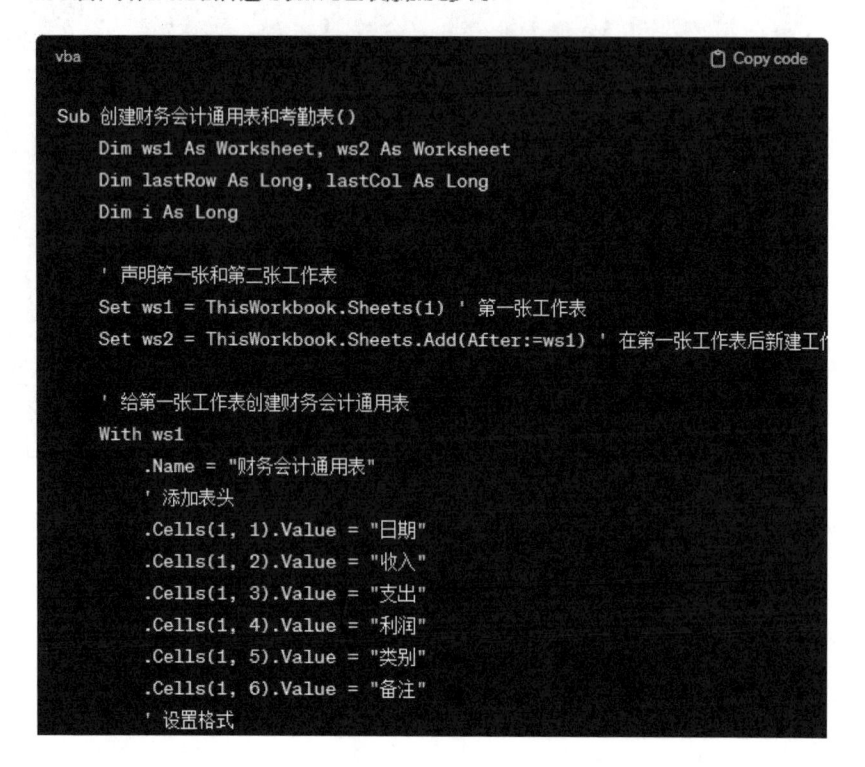

```vba
Sub 创建财务会计通用表和考勤表()
    Dim ws1 As Worksheet, ws2 As Worksheet
    Dim lastRow As Long, lastCol As Long
    Dim i As Long

    ' 声明第一张和第二张工作表
    Set ws1 = ThisWorkbook.Sheets(1) ' 第一张工作表
    Set ws2 = ThisWorkbook.Sheets.Add(After:=ws1) ' 在第一张工作表后新建工

    ' 给第一张工作表创建财务会计通用表
    With ws1
        .Name = "财务会计通用表"
        ' 添加表头
        .Cells(1, 1).Value = "日期"
        .Cells(1, 2).Value = "收入"
        .Cells(1, 3).Value = "支出"
        .Cells(1, 4).Value = "利润"
        .Cells(1, 5).Value = "类别"
        .Cells(1, 6).Value = "备注"
        ' 设置格式
```

```
        For i = 1 To 6
            .Cells(1, i).Font.Bold = True
            .Columns(i).AutoFit
        Next i
    End With

    ' 给第二张工作表创建考勤表
    With ws2
        .Name = "考勤表"
        ' 添加表头
        .Cells(1, 1).Value = "员工姓名"
        .Cells(1, 2).Value = "考勤日期"
        .Cells(1, 3).Value = "上班时间"
        .Cells(1, 4).Value = "下班时间"
        .Cells(1, 5).Value = "迟到时间"
        .Cells(1, 6).Value = "早退时间"
        .Cells(1, 7).Value = "工作时长"
        ' 设置格式
        For i = 1 To 7
            .Cells(1, i).Font.Bold = True
            .Columns(i).AutoFit
        Next i
    End With
End Sub
```

这段代码在财务会计通用表中添加了"类别"和"备注"列，在考勤表中添加了"迟到时间"、"早退时间"和"工作时长"列，以使表格更加详细和实用。你可以运行这段代码来更新已创建的工作表。

这次生成的两个工作表中多出了几项实用的条目，扩充后的财务表和考勤表如下图所示。

从上面的例子看出，将 ChatGPT 与 Excel 集成使用提高了操作 Excel 的效率，简化了使用 Excel 完成复杂工作目标的过程。其实，许多涉及 Excel 的手工操作都可以借助 ChatGPT 实现，请读者大胆尝试。

13.5 Google 文档处理智能化升级

ChatGPT 融合进各种文档处理软件是今后的趋势，现在 ChatGPT 作为插件已经结合到了常用的 Word 和 Excel 软件，对于在线编辑软件 Google 文档也是这样。下面演示如何在 Google 文档中使用 ChatGPT。

在 Google 文档菜单栏中的"扩展程序"项可以安装插件"GPT for Sheets™ and Docs™"，如下图所示。

下面介绍这个插件的使用。举例来说，在打开的插件窗口中输入提示语："请撰写 Python 的 6 周学习计划，针对大学生。"如下图所示。

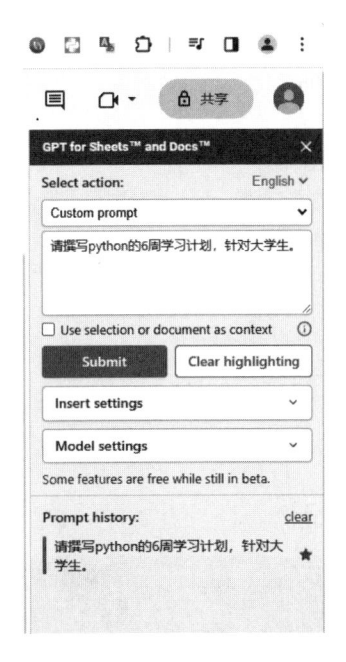

点击"Submit"按钮后，我们看到在文档编辑区自动出现了 ChatGPT 生成的内容，如下图所示。

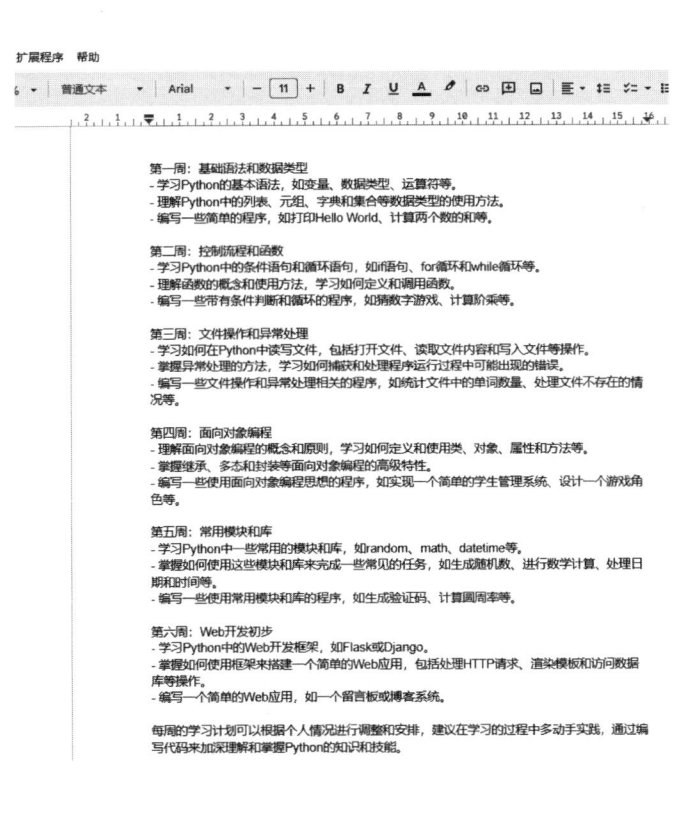

第13章　数据处理大师　>> **347**

对于 Google 电子表格，也是在"扩展程序"菜单项打开"GPT for Sheets™ and Docs™"窗口。如下图所示。

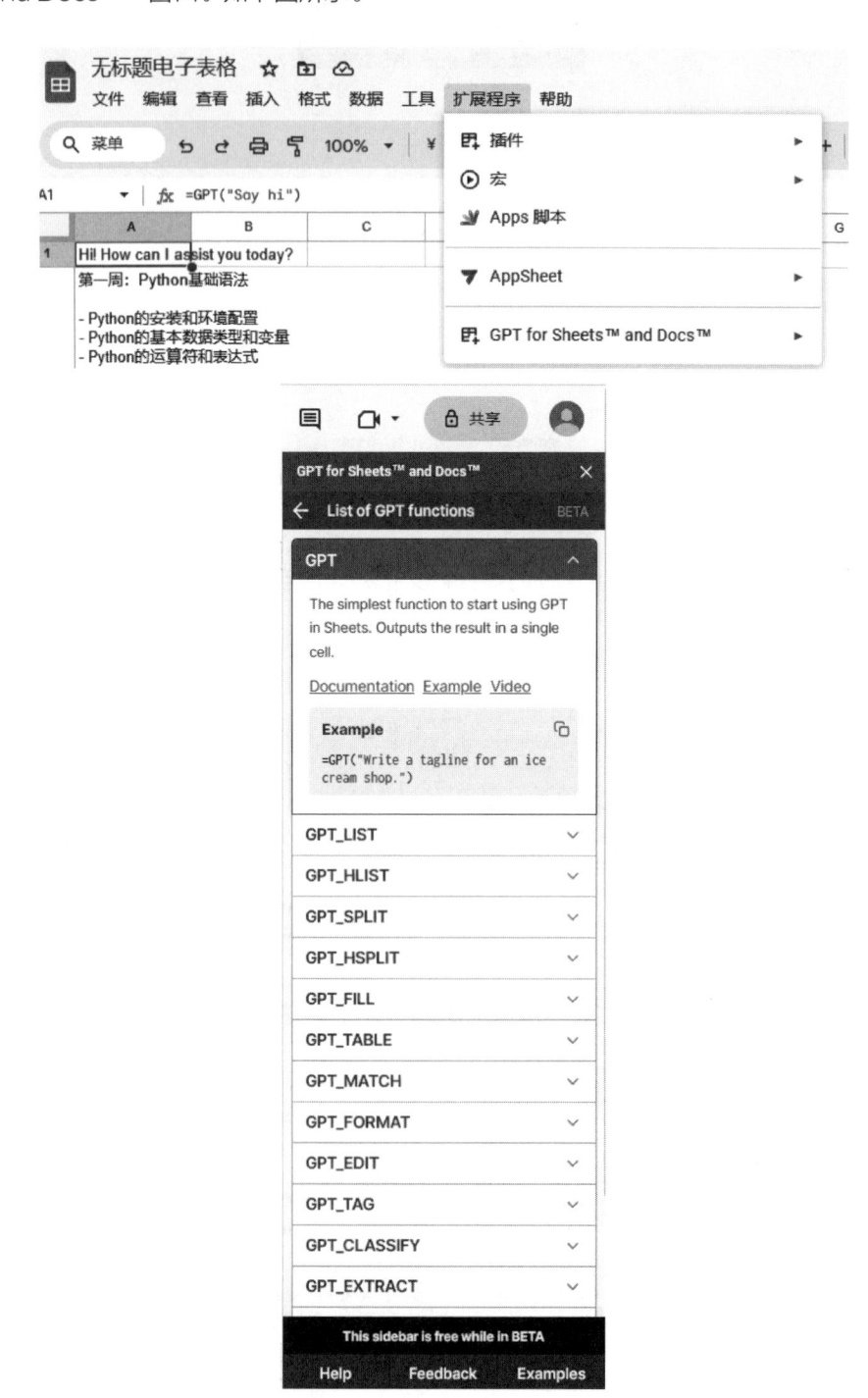

当在打开的窗口中把 GPT 后的括号内引号中给的内容替换为"请撰写 python6 周的学习规划，针对大学生。"再按回车键时，在工作区选中的那个单元中就会出现 ChatGPT 生成的内容，参见下图。

13.6
数据分析可视化

处理完的数据经常以可视化的形式呈现，即将数据以图像或图形的形式表达出来，通过可视化，可以将复杂的数据转化为直观的图表，以便更好地理解和分析数据，更容易发现其中的规律和趋势。借助 ChatGPT 的帮助可以快速地实现数据可视化，下面就来演示实际的操作。

如下所示，先上传两个关于销售的文件。

> 这是一个Excel档，请你稍等，我还要另一个档案要上传。

好的，没问题。我在这等待您上传另一个文件。记得在您发送文件链接时，不要忘记告诉我你需要我做什么。

✓ 4.1s | 1317 Tokens

📄 **2018-20.xlsx**
467.02 KB

收到。您需要我对这个新的Excel文件进行什么操作呢？

✓ 3.9s | 1386 Tokens

📄 **2021.xlsx**
251.42 KB

收到，我看到了您上传的Excel文件。为了能更好地帮助您，麻烦告诉我您希望我对这个文件进行何种处理或分析。

✓ 5.0s | 1319 Tokens

> 我上传好了，请把这两个档案合并做个综合分析，包含产品类别的销售总额、以及每个国家的销售利润，并产生对应的可视化图表。

⊘ Run completed ∨

您好。我已经完成了两个文件的合并以及数据分析，也做了可视化图表。让我们一起来看一下结果。

图一表示各产品类别的销售总额，您可以看到不同产品类别在这段时间的总销售金额。

图二表示每个国家的销售利润，展示了在所有国家中的总利润情况。

以下是这两个图表的链接：

- 销售总额图表

如果您对这些结果有疑问，或需要进一步的分析，请随时告诉我。

✓ 80.7s | 10027 Tokens

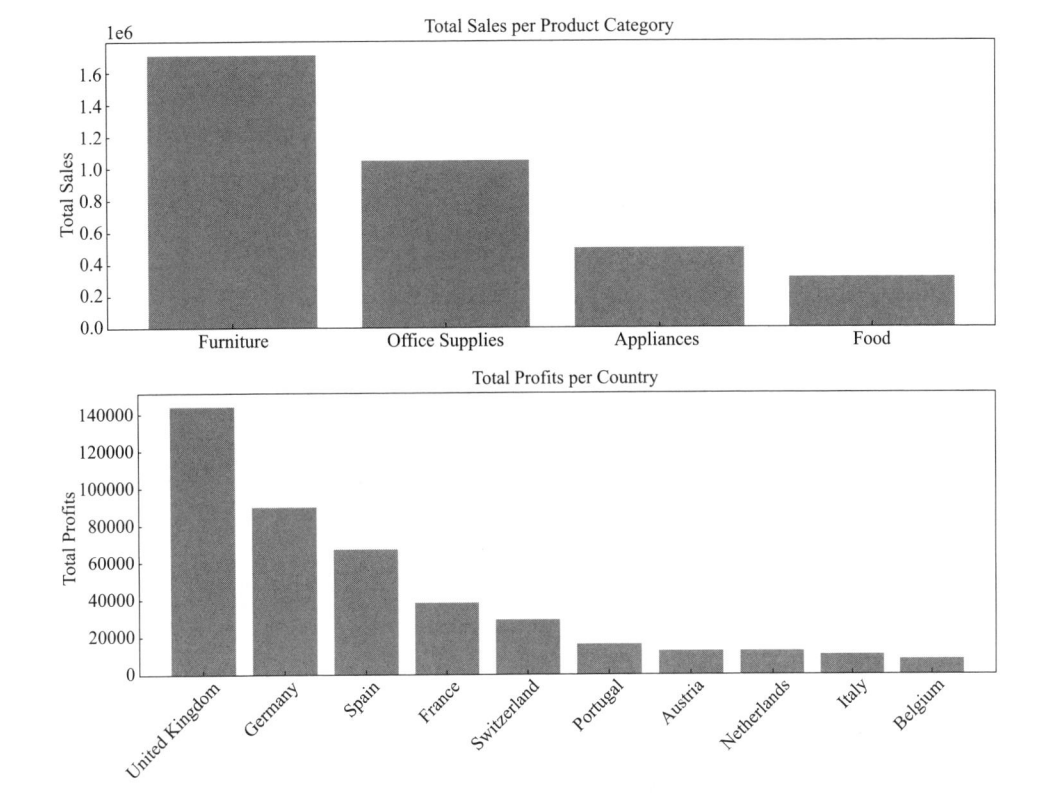

查看图表后接着和 ChatGPT 对话，如下所示。

> 看起来葡萄牙、奥地利、荷兰、意大利、比利时的利润不是很理想，请你另外产生一个堆叠图，来比较不同产品类别在这五个国家中的销售总额。

✓ Run completed ⌄

我已经完成了您请求的堆叠图。这个图表展示了葡萄牙、奥地利、荷兰、意大利和比利时这五个国家中不同产品类别的销售总额比较。

堆叠图可以清楚地看出各个产品类别在每个国家的销售总额，并可以通过颜色的不同轻松区分产品类别。

这是产生的堆叠图的链接：

- 堆叠图表

如果您对这个堆叠图有任何疑问或需要进一步的分析，欢迎随时告诉我。

✓ 34.5s | 5162 Tokens

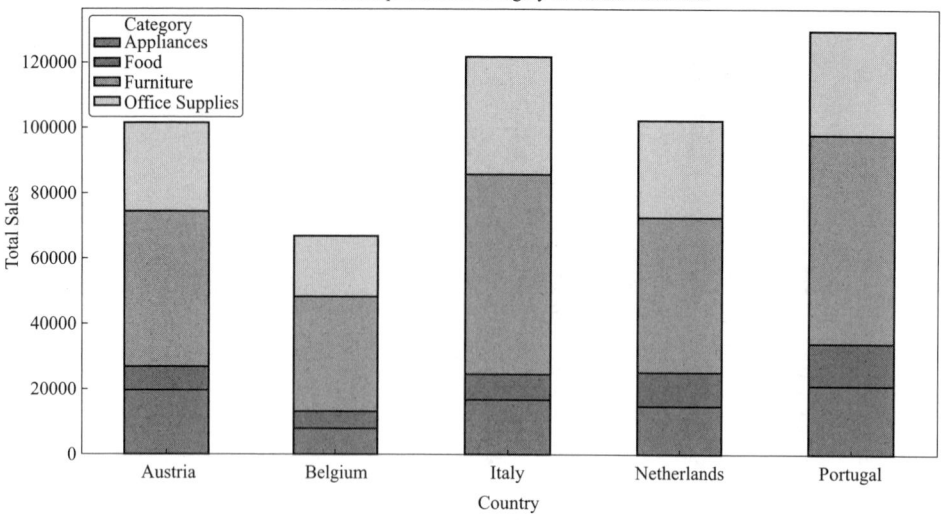

Total Sales per Product Category in Selected Countries

接下来让 ChatGPT 制作折线图，如下所示。

> 请你再制作一个历年来食物类别产品销售额的折线图，同时我想要了解一下它在不同季节的销售表现。

✓ Run completed ⌄

我已经为您制作了食物类别产品的销售额的折线图。这个图表展示了各年度各季度食物类别产品的销售总额。

折线图使我们可以清楚地看出销售额在不同季度的变化，并通过观察趋势来理解历年销售额的变动情况。

以下是产生的折线图的链接：

- 食物类别产品销售额折线图

如果您对这个折线图有任何疑问或需要进一步的分析，欢迎随时告诉我。

✓ 34.0s | 6126 Tokens

制作好的折线图如下图所示。

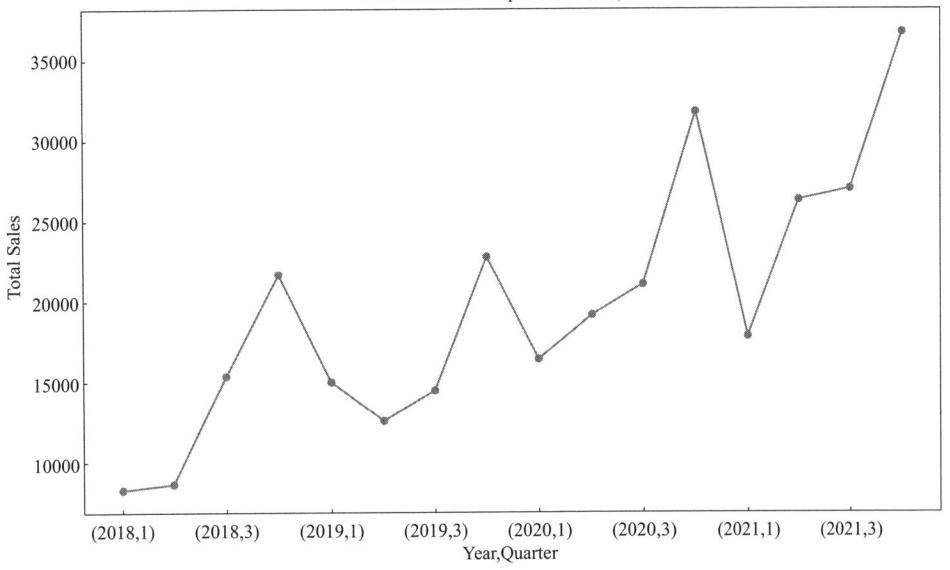

Total Sales of Food per Year and Quarter

再让 ChatGPT 制作透视表，如下所示。

我想要知道食物类别中每项产品在历年的具体销售数字，请你对此做一个数据透视表。

Run completed

我已经为您制作了食物类别中每项产品历年销售数字的数据透视表。通过这个表格，您可以清楚地看到历年来每个食品的销售额。

以下是我制作的数据透视表的链接：

- 食物类别产品销售数据透视表

如果您需要更多的帮助或有任何疑问，请随时告诉我。

22.1s | 6248 Tokens

下图是制作好的透视表。

	A	B	C	D	E
1	Product Name	2018	2019	2020	2021
2	Cereal	23217	26329	46445	52826
3	Instant Noodles	30752	38602	42060	55001

第13章 数据处理大师 >> 353

下面是 ChatGPT 对销售情形的综合分析和趋势预测。

> 你可以针对公司整体的销售情形做个综合分析和趋势预测吗？

> ⊙ Run completed ⌄
>
> 基于公司过去的销售数据，我使用线性回归模型进行了趋势预测。线性回归是一种基本且常用的预测模型，它试图找到一个线性方程来描述变量之间的关系，这样我们就可以用这个方程来预测未来的数据。
>
> 根据我的分析，预计公司在下一年的销售额将达到约1369256元。请注意，这是一个估计值，并基于历史销售数据。实际销售情况可能会受到许多因素的影响，包括市场环境、公司策略、产品变动等。
>
> 每年的销售额似乎呈上升趋势，这是一个积极的迹象，表明公司的销售业绩在改善。我建议您定期检查销售数据，以便跟踪实际销售情况并及时调整预测。
>
> 如果您需要进行更复杂的预测或分析，请告诉我。我会尽我所能来帮助您。
>
> ✓ 41.0s | 5047 Tokens

如果觉得以上的文字表达不够直观，可以要求 ChatGPT 给出一个图形化显示，如下所示。

> 对于你的分析和预测，你可以给出图形表示吗？

> ⊙ Run completed ⌄
>
> 我已经为您制作了实际销售和预测销售的图形表示。这个图形展示了历年来公司的实际销售额（用蓝线标出），以及根据历年销售额预测的销售趋势线（用橙线标出）。预测下一年的销售额在图中以红箭头标出。
>
> 以下是我制作的图形的链接：
>
> - 实际销售 vs 预测销售图
>
> 请注意，预测模型只是一个工具，用于根据我们目前的知识和理解对未来进行最好的估计。事实上，未来的销售情况可能会受到许多可能尚未考虑到的因素的影响。因此，应定期审视和更新预测模型，以便反映最新的数据和信息。
>
> 如果您有其他问题或需要进一步的帮助，请随时告诉我。
>
> ✓ 52.9s | 5244 Tokens

下图是图形化显示的结果。

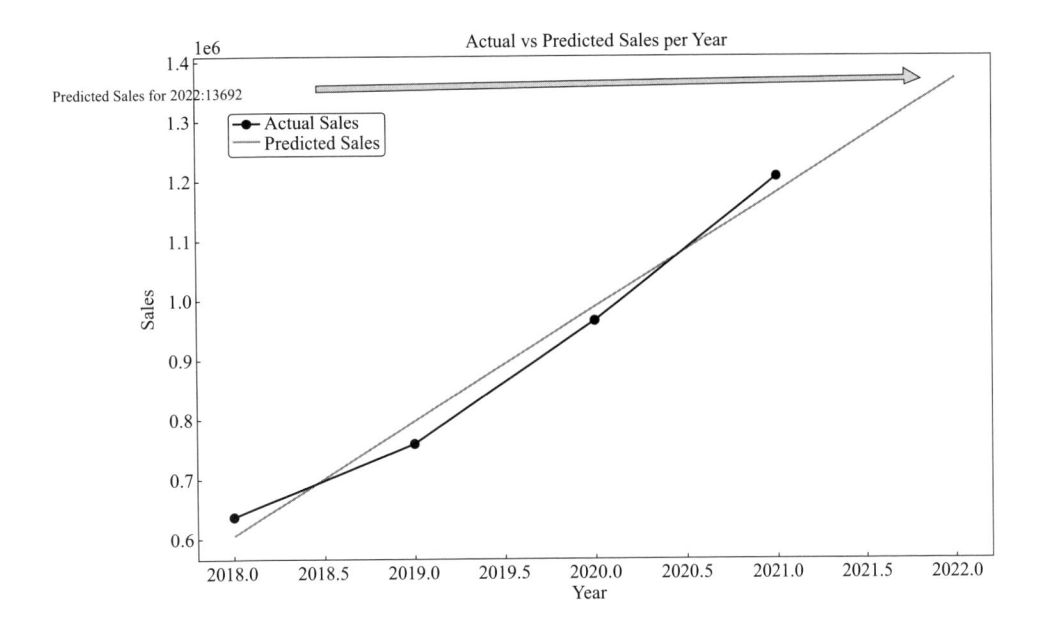

对于这个销售数据集合的可视化操作演示到此为止，下面看一下 ChatGPT 对于数学函数的可视化能力，如下所示。

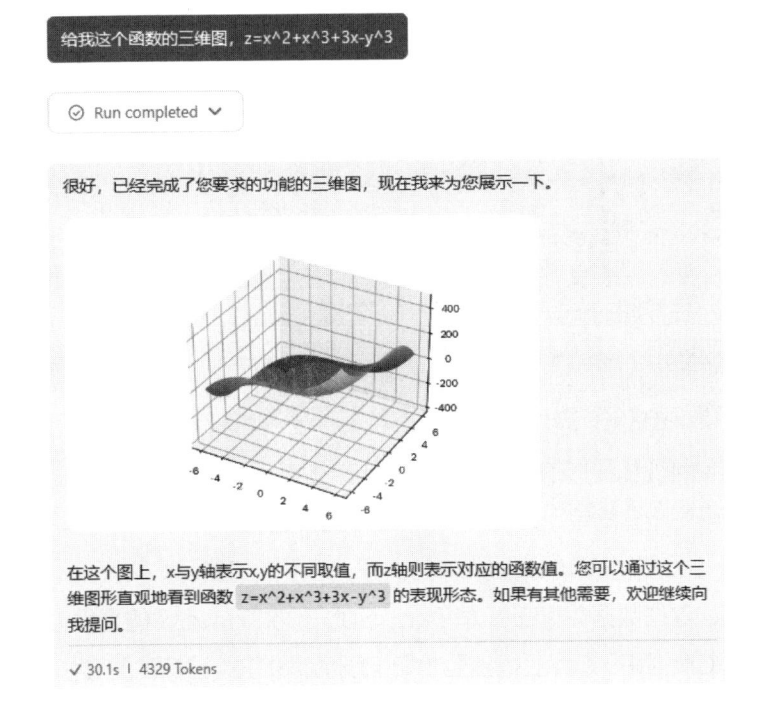

给我这个函数的三维图，z=x^2+x^3+3x-y^3

Run completed

很好，已经完成了您要求的功能的三维图，现在我来为您展示一下。

在这个图上，x与y轴表示x,y的不同取值，而z轴则表示对应的函数值。您可以通过这个三维图形直观地看到函数 z=x^2+x^3+3x-y^3 的表现形态。如果有其他需要，欢迎继续向我提问。

✓ 30.1s | 4329 Tokens

可视化图形有很多种，继续展示其他可视化图形。下图是一个公司员工的信息表。

	A	B	C	D	E	F
1	EMPID	Gender	Age	Sales	BMI	Income
2	E001	M	34	123	Normal	350
3	E002	F	40	114	Overweight	450
4	E003	F	37	135	Obesity	169
5	E004	M	30	139	Underweight	189
6	E005	F	44	117	Underweight	183
7	E006	M	36	121	Normal	80
8	E007	M	32	133	Obesity	166
9	E008	F	26	140	Normal	120
10	E009	M	32	133	Normal	75
11	E010	M	36	133	Underweight	40

说明：上图中的 BMI(body mass index) 指体重指数。

如果把这张图表给别人看，一般都能看懂，但他无法很直观地理解其中的信息，这个时候如果换成直观又美观的可视化图形，则能让人更容易地看懂数据。

按照常规方法，可以使用 Python 编程语言（当然也可以使用其他编程语言）实现这些数据的可视化。假设数据文件的位置在 E 盘下，文件名是"First.xlsx"，数据所在的表单是"Sheet1"，下面的代码实现载入数据。

```
import matplotlib.pyplot as plt
import pandas as pd
df=pd.read_excel("E:/First.xlsx", "Sheet1")
```

实现箱线图的一段代码如下：

```
import matplotlib.pyplot as plt
import pandas as pd
fig=plt.figure()
ax = fig.add_subplot(1,1,1)
#Variable
ax.boxplot(df['Age'])
plt.show()
```

可视化小提琴图的一段代码如下：

```
import seaborn as sns
sns.violinplot(df['Age'], df['Gender']) #Variable Plot
sns.despine()
```

实现其他可视化图形的代码这里就不一一给出了。如果借助 ChatGPT 实现这些可视化图形则十分简单，即使用户不懂计算机编程语言也没有问题。

下面用上面这个简单的数据集作为例子，展示如何使用 ChatGPT 分析并生成可视化图形。这些数据保存在名为 Data_Set-300x164.xlsx 的文件中，先把这个文件上传给 ChatGPT，然后提出要求如下所示，让它绘出多种图形。

> [📄 Data_Set-300x164.xlsx
> 10.24 KB]

> 分析上传的文件，揭示内在的统计规律，绘出如下的可视化图形：
> 1.Heat Map
> 2.Pie chart
> 3.Bubble Plot
> 4.Scatter Plot
> 5.Stacked Column Chart
> 6.Line Chart
> 7.Bar Chart
> 8.Violin Plot
> 9.Box Plot
> 10.Histogram

✓ Run completed ∨

The data has been successfully loaded and analyzed. Here's a summary of the dataset:

- The dataset contains 10 entries and 6 columns.

- The columns are: EMPID (Employee ID), Gender, Age, Sales, BMI (Body Mass Index), and Income.

- All columns have 10 non-null entries, indicating there are no missing values.

- The data types present in the dataset are integers (int64) for Age, Sales, and Income, and objects (likely strings) for EMPID, Gender, and BMI.

- Descriptive statistics are available for the numeric columns (Age, Sales, Income) and include mean, standard deviation (std), minimum (min), lower quartile (25%), median (50%), upper quartile (75%), and maximum (max).

- For the non-numeric columns (EMPID, Gender, BMI), the count, unique, top, and freq (frequency of the top element) are provided.

With this information, we can proceed to create the requested visualizations. However, please note that the non-numeric data (EMPID, Gender, BMI) may not be suitable for all types of visualizations. For instance, a pie chart or histogram would typically require numeric or categorical data that can be counted or binned.

Next, I will generate the visualizations. This may take some time, so I'll start with the first few and provide them as they are ready. Let's begin with the Heat Map, Pie Chart, and Bubble Plot.The visualizations have been created successfully. Here are the links to the visualizations:

1. Heat Map:

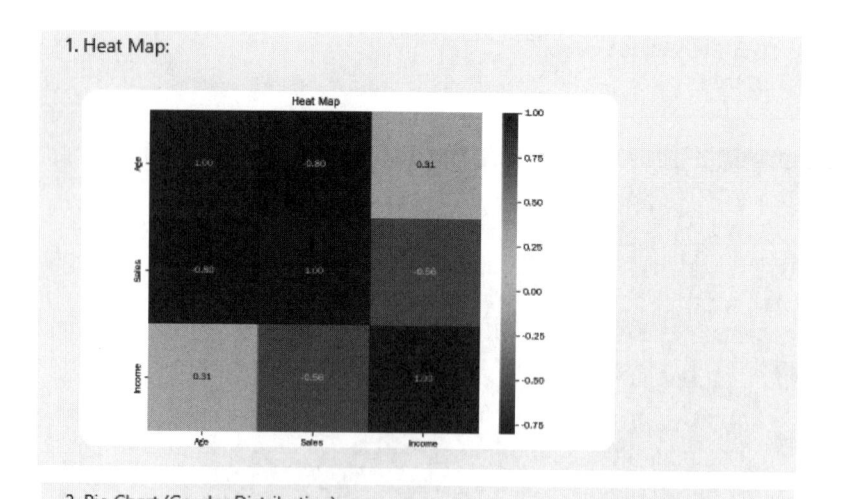

2. Pie Chart (Gender Distribution):

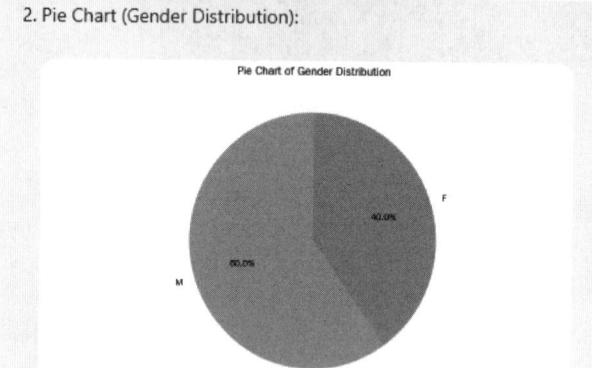

3. Bubble Plot (Age vs. Income with Sales as bubble size):

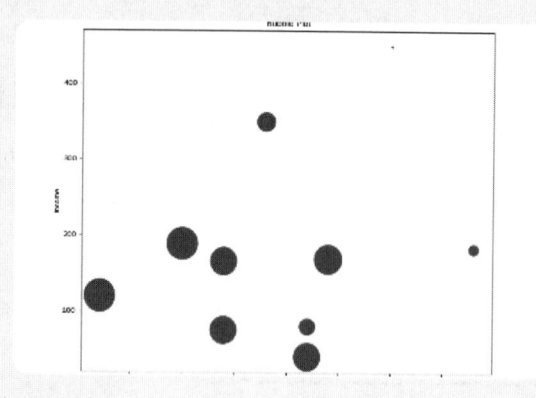

Please review these and let me know if you need any further assistance or additional visualizations.

发出指令让它继续绘制，如下所示。

请继续

⊘ Run completed ⌄

The visualizations have been created successfully. Here are the links to the visualizations:

1. Scatter Plot:

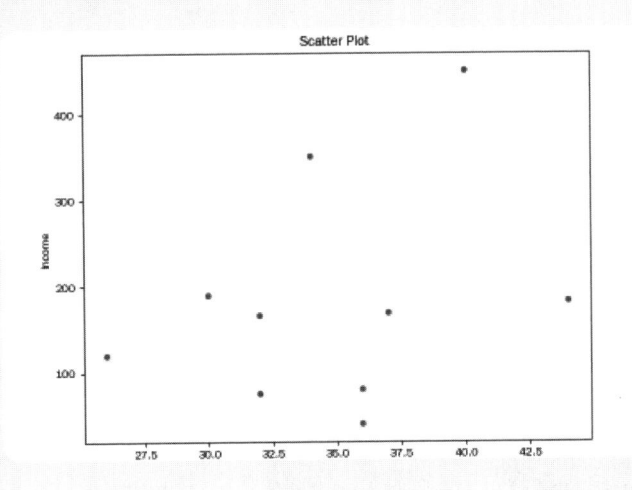

2. Stacked Column Chart:

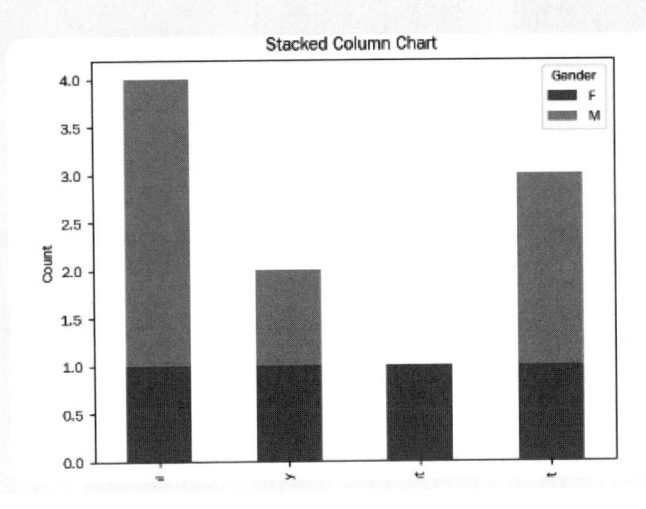

3. Line Chart:

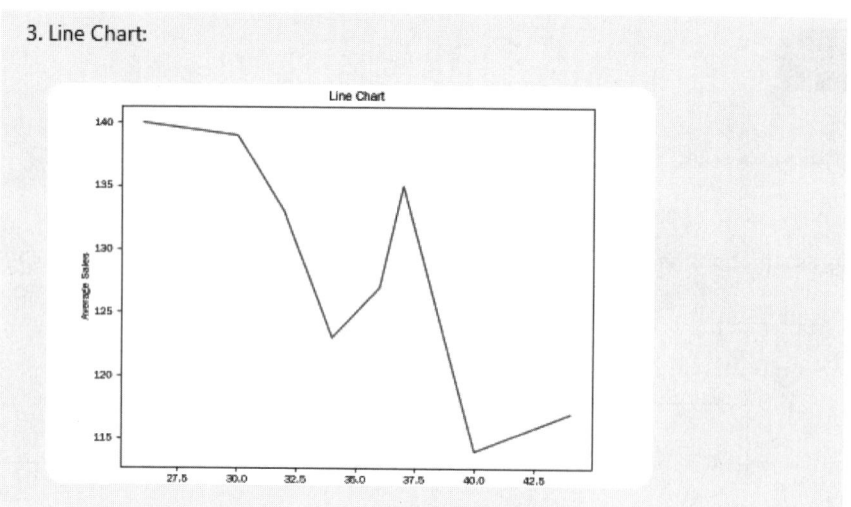

4. Bar Chart:

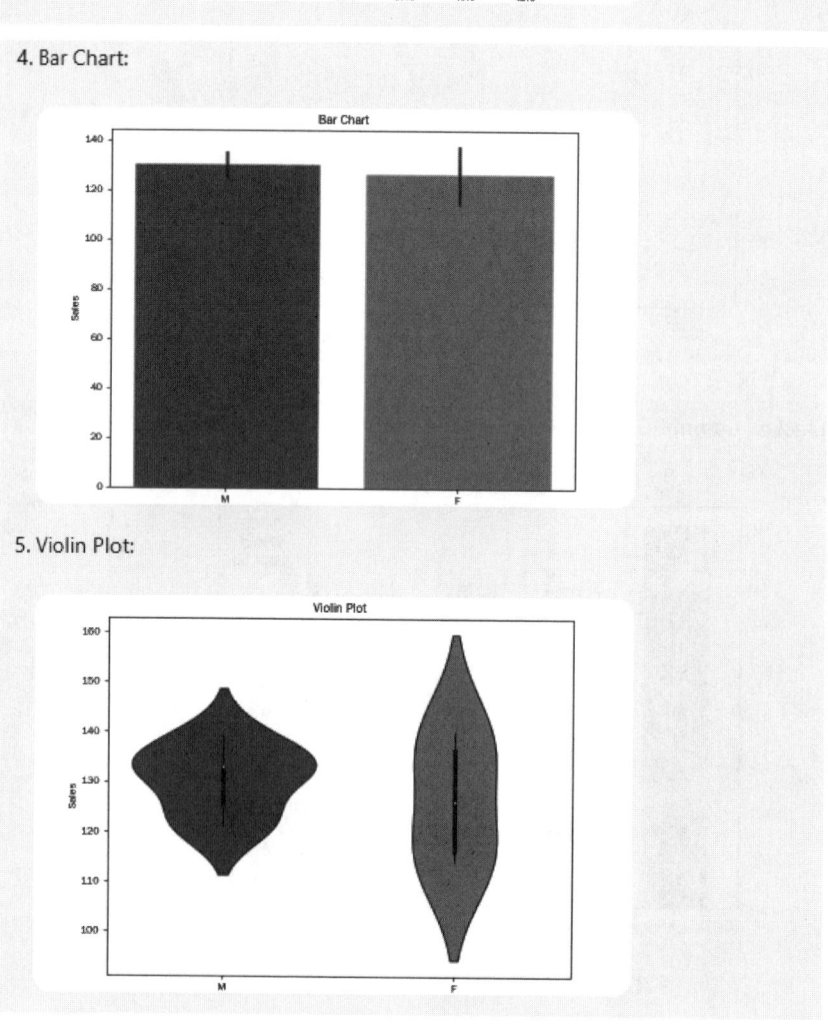

5. Violin Plot:

6. Box Plot:

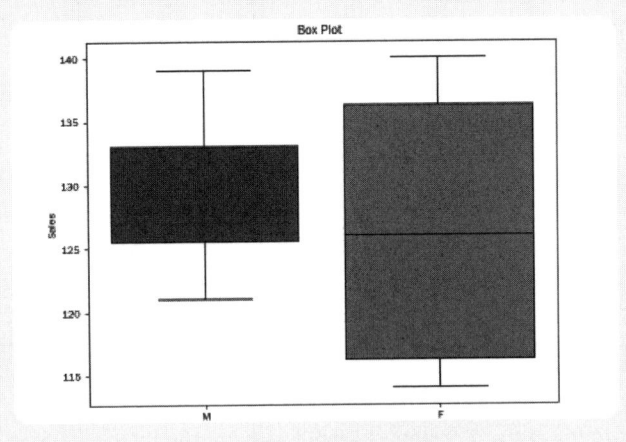

7. Histogram:

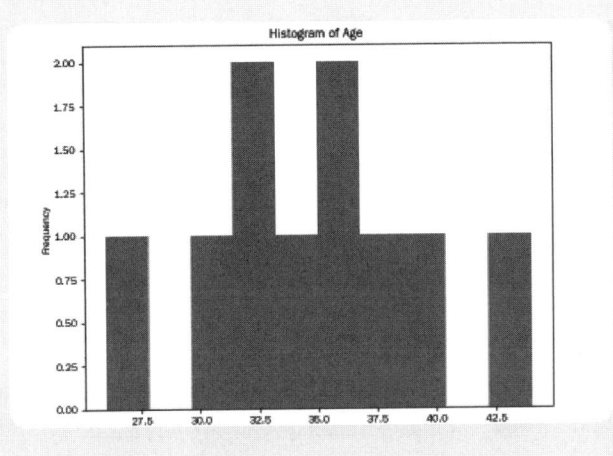

Please review these visualizations and let me know if there's anything else you need.

至此，ChatGP 完成了要求的十种图形。如下所示继续提问，让它解释这些图形的具体含义。

你能帮我解读这些图表吗？

Certainly! Let's go through each visualization:

1. **Scatter Plot**: This plot shows the relationship between two variables, Age and Income. Each point represents an observation in the dataset with its position

determined by the value of Age (on the x-axis) and Income (on the y-axis). The distribution of points can give you an idea of the correlation between Age and Income. If the points trend upwards from left to right, it suggests a positive correlation; if they trend downwards, a negative correlation.

2. **Stacked Column Chart**: This chart displays the distribution of a categorical variable, in this case, BMI categories, with each bar segmented by Gender. The length of each segment shows the count of observations within each BMI category for each gender. This can help you understand the gender distribution within each BMI category.

3. **Line Chart**: A line chart is used to display trends over a continuous variable, such as Age. Here, it shows the average Sales by Age. If the line trends upwards, it indicates that Sales increase with Age; if downwards, the opposite.

4. **Bar Chart**: Similar to the stacked column chart but with bars representing individual categories. This chart compares the average Sales between different Genders. The height of each bar corresponds to the average Sales value for each Gender.

5. **Violin Plot**: This plot combines features of a box plot with a kernel density estimate. It shows the distribution of Sales data across different Genders. The width of the 'violin' at different values indicates the density of the data, giving a sense of the distribution shape. The white dot represents the median, and the thick bar in the center represents the interquartile range.

6. **Box Plot**: This is a standardized way of displaying the distribution of data based on a five-number summary: minimum, first quartile (Q1), median, third quartile (Q3), and maximum. It can tell you about outliers and what their values are. It can also tell you if your data is symmetrical, how tightly your data is grouped, and if and how your data is skewed.

7. **Histogram**: This plot shows the frequency distribution of a single variable, here Age. It divides the Ages into ranges (bins) and counts the number of observations in each range. The height of each bar reflects the frequency of data points within that range. This can show you the central tendency, variability, and shape of the distribution of Ages.

Please note that these interpretations are based on the general use of these types of visualizations. The specific insights you can draw from the charts would depend on the actual data points and patterns observed in the plots. If you have any specific questions about the charts, feel free to ask!

这些解释是英文的，让 ChatGPT 翻译为中文，如下所示。

> 请将以上的解读翻译为中文。

当然可以，以下是每个图表的中文解读：

1. **散点图**：这个图展示了两个变量之间的关系，即年龄和收入。每个点代表数据集中的一个观测值，其位置由年龄（x轴）和收入（y轴）的值决定。点的分布可以让你了解年龄和收入之间的相关性。如果点从左向右上升，表明正相关；如果下降，则表明负相关。

2. **堆叠柱状图**：这个图显示了一个分类变量的分布，这里是BMI分类，每个柱子按性别细分。每个细分的长度显示了每个性别在各个BMI分类中的观测数。这可以帮助你理解每个BMI分类中的性别分布。

3. **折线图**：折线图用于显示连续变量上的趋势，如年龄。这里，它显示了不同年龄的平均销售额。如果线条向上，则表明销售额随年龄增长；如果向下，则相反。

4. **条形图**：与堆叠柱状图类似，但条形图代表单独的分类。这个图比较了不同性别的平均销售额。每个条形的高度对应于每个性别的平均销售值。

5. **小提琴图**：这个图结合了箱形图的特点和核密度估计。它显示了不同性别的销售数据分布。'小提琴'在不同值处的宽度表示数据的密度，给出了分布形状的感觉。白点代表中位数，中心的粗条代表四分位数范围。

6. **箱形图**：这是基于五数概括（最小值、第一四分位数（Q1）、中位数、第三四分位数（Q3）和最大值）来显示数据分布的标准化方式。它可以告诉你关于异常值及其值的信息。它还可以告诉你数据是否对称，数据的聚合程度，以及数据是否有偏斜。

7. **直方图**：这个图显示了单个变量的频率分布，这里是年龄。它将年龄划分为不同的范围（区间），并计算每个范围内的观测数。每个条形的高度反映了该范围内数据点的频率。这可以显示你年龄分布的中心趋势、可变性和形状。

请注意，这些解释是基于这些类型的图表的一般用途。你可以从图表中得到的具体见解将取决于实际的数据点和图表中观察到的模式。如果你有任何具体的问题，请随时提问！

上面所举的例子是 Excel 文件，再来看一个 CSV 格式文件的例子。CSV 文件是一种简单的文本文件格式，其中每行表示一条记录，每个字段使用逗号进行分隔。CSV 文件可以使用任何文本编辑器进行创建和编辑，也可以在电子表格程序

（如 Microsoft Excel 和 Google Sheets）中导出和导入。下面就是一个 CSV 文件的实例。

name,age,city

John,25,New York

Emma,30,San Francisco

在这个例子中，第一行是标题行，描述了每个字段的含义。接下来的每一行都是一条记录，每个字段的值使用逗号进行分隔。

下面的示例 CSV 文件记载了某地的气温数据，使用 Excel 软件打开后如下图所示。

	A	B	C	D	E	F	G
1	STATION	NAME	DATE	PRCP	TAVG	TMAX	TMIN
2	USW00025333	SITKA AIRPORT, AK US	2018/7/1	0.25		62	50
3	USW00025333	SITKA AIRPORT, AK US	2018/7/2	0.01		58	53
4	USW00025333	SITKA AIRPORT, AK US	2018/7/3	0		70	54
5	USW00025333	SITKA AIRPORT, AK US	2018/7/4	0		70	55
6	USW00025333	SITKA AIRPORT, AK US	2018/7/5	0		67	55
7	USW00025333	SITKA AIRPORT, AK US	2018/7/6	0		59	55
8	USW00025333	SITKA AIRPORT, AK US	2018/7/7	0		58	55
9	USW00025333	SITKA AIRPORT, AK US	2018/7/8	0		62	54
10	USW00025333	SITKA AIRPORT, AK US	2018/7/9	0		66	55
11	USW00025333	SITKA AIRPORT, AK US	2018/7/10	0.44		59	53
12	USW00025333	SITKA AIRPORT, AK US	2018/7/11	0.29		56	50
13	USW00025333	SITKA AIRPORT, AK US	2018/7/12	0.02		63	49
14	USW00025333	SITKA AIRPORT, AK US	2018/7/13	0		65	48
15	USW00025333	SITKA AIRPORT, AK US	2018/7/14	0.32		58	52
16	USW00025333	SITKA AIRPORT, AK US	2018/7/15	0.75		56	52
17	USW00025333	SITKA AIRPORT, AK US	2018/7/16	0.61		59	52
18	USW00025333	SITKA AIRPORT, AK US	2018/7/17	0		64	52
19	USW00025333	SITKA AIRPORT, AK US	2018/7/18	0.16		60	53
20	USW00025333	SITKA AIRPORT, AK US	2018/7/19	0.14		60	53
21	USW00025333	SITKA AIRPORT, AK US	2018/7/20	0		61	56
22	USW00025333	SITKA AIRPORT, AK US	2018/7/21	0		65	55
23	USW00025333	SITKA AIRPORT, AK US	2018/7/22	0		65	54
24	USW00025333	SITKA AIRPORT, AK US	2018/7/23	0		63	54
25	USW00025333	SITKA AIRPORT, AK US	2018/7/24	0		59	52
26	USW00025333	SITKA AIRPORT, AK US	2018/7/25	0		64	52
27	USW00025333	SITKA AIRPORT, AK US	2018/7/26	0		65	58
28	USW00025333	SITKA AIRPORT, AK US	2018/7/27	0		68	58
29	USW00025333	SITKA AIRPORT, AK US	2018/7/28	0		66	56
30	USW00025333	SITKA AIRPORT, AK US	2018/7/29	0		64	56
31	USW00025333	SITKA AIRPORT, AK US	2018/7/30	0		67	58
32	USW00025333	SITKA AIRPORT, AK US	2018/7/31	0		65	56

现在，使用 ChatGPT 可视化该文件中的数据。先上传这个 CSV 格式的数据文件，然后提出要求，如下所示。

> sitka_weather_07-2018_...
> 2.11 KB

请根据上传的文件绘制每日最高气温和最低气温的折线图，横轴上标识日期。

Run completed

The daily maximum and minimum temperature line chart has been created based on the data provided. Here is the link to the visualization:

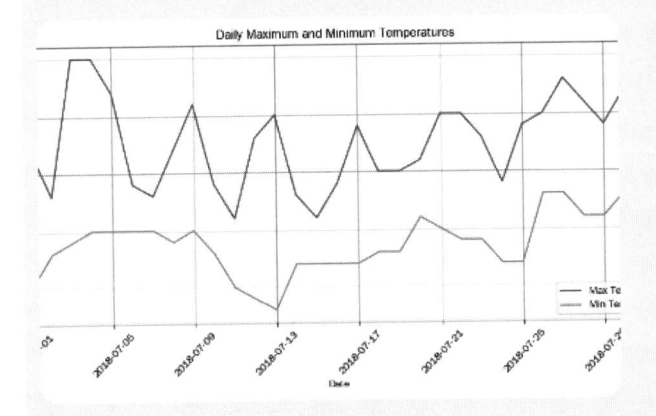

Please review the chart, and if you need any further assistance or adjustments, let me know!

把生成的图形单独呈现出来，如下图所示。

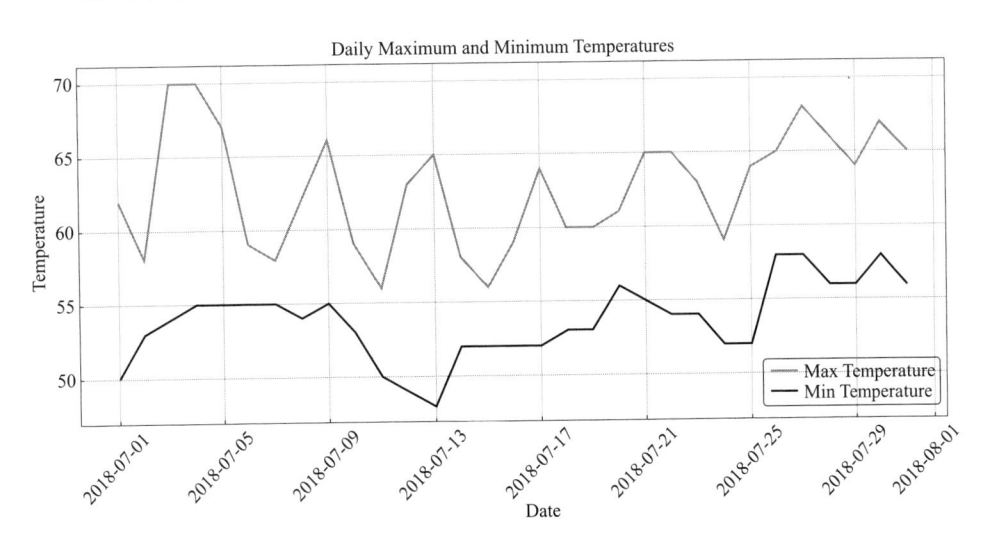

演示过了 Excel 文件和 CSV 文件的可视化，再来看 JSON 文件的可视化。JSON 是一种轻量级的数据交换格式，广泛应用于数据传输和存储。然而，JSON 的数据结构通常比较复杂，不易直观理解，通过 JSON 可视化，可以将这些复杂的数据结构以更直观的方式展现出来，便于数据的解读和分析。要将 JSON 数据可视化，通常会使用柱状图、折线图、饼图等图形。Python 有很多库（如 matplotlib、plotly、seaborn 等）可以用于绘制这类图表。

以下是一个示例，演示如何使用 Python 从 JSON 数据中提取数据并绘制柱状图。首先，假设有一个名为 data.json 的 JSON 文件，其中包含了一些学生的成绩数据，如下所示：

```
{
  "students": [
    {
      "name": "John",
      "score": 85
    },
    {
      "name": "Jane",
      "score": 92
    },
    {
      "name": "Alex",
      "score": 76
    }
  ]
}
```

可以使用JSON模块来解析该JSON文件，并提取出学生的成绩数据。

```
import json
# 读取JSON文件
with open('data.json') as f:
    data = json.load(f)
# 提取学生成绩
scores = [student['score'] for student in data['students']]
```

接下来，使用matplotlib库来绘制柱状图：

```
import matplotlib.pyplot as plt
# 绘制柱状图
plt.bar(range(len(scores)), scores)
plt.xlabel('Students')
plt.ylabel('Scores')
plt.xticks(range(len(scores)), [student['name'] for student in data['students']])
plt.title('Student Scores')
plt.show()
```

运行上述代码，将会生成一个柱状图，显示每个学生的成绩。

如果使用 ChatGPT，则这件事变得十分简单。用户上传完数据后可以请它绘制出柱状图。下图显示了传给 ChatGPT 的内容。

```
{
  "students": [
    {
      "name": "John",
      "score": 85
    },
    {
      "name": "Jane",
      "score": 92
    },
    {
      "name": "Alex",
      "score": 76
    }
  ]
}
```

没有等用户提出具体要求它就生成了柱状图，看来它猜到了用户的意图。下图是 ChatGPT 生成的柱形图。

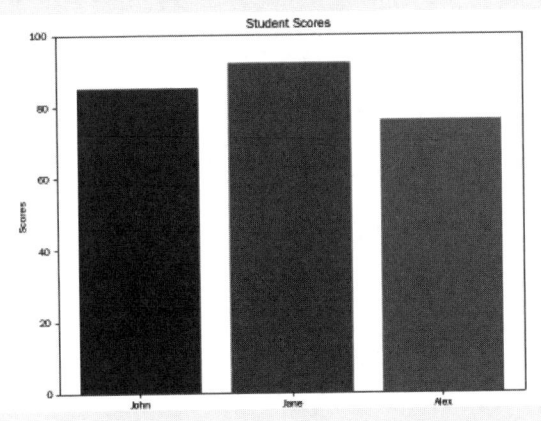

The bar chart for the student scores has been created. Here is the link to the visualization:

This chart displays the scores of each student. Please review the chart, and if you need any further assistance or adjustments, feel free to let me know!

第13章 数据处理大师　　367

再来看绘制饼图,以下示例演示如何使用 Python 从 JSON 数据中提取数据并绘制饼图。

假设有一个名为 data.json 的 JSON 文件,其中包含了一些水果及其对应的数量数据,如下所示:

```
{
  "fruits": [
    {
      "name": "Apple",
      "quantity": 10
    },
    {
      "name": "Orange",
      "quantity": 8
    },
    {
      "name": "Banana",
      "quantity": 5
    }
  ]
}
```

可以使用 JSON 模块来解析该 JSON 文件,并提取出水果的数量数据。

```
import json
# 读取JSON文件
with open('data.json') as f:
    data = json.load(f)
# 提取水果数量
quantities = [fruit['quantity'] for fruit in data['fruits']]
labels = [fruit['name'] for fruit in data['fruits']]
```

接下来使用matplotlib库来绘制饼图。

```
import matplotlib.pyplot as plt
# 绘制饼图
plt.pie(quantities, labels=labels, autopct='%1.1f%%')
plt.title('Fruit Quantities')
plt.show()
```

运行上述代码就会生成一个饼图,显示每种水果的数量占比。下面使用 ChatGPT 来轻松完成这个任务。先向 ChatGPT 上传数据,然后让它绘制饼图,如下所示。

```
{
  "fruits": [
    {
      "name": "Apple",
      "quantity": 10
    },
    {
      "name": "Orange",
      "quantity": 8
    },
    {
      "name": "Banana",
      "quantity": 5
    }
  ]
}
```

You've provided a JSON object that lists fruits and their quantities:

- Apple: 10
- Orange: 8
- Banana: 5

How may I assist you with this information? Would you like a visualization, some analysis, or something else? Please let me know your requirements.

✓ 6.0s | 6885 Tokens

请你根据我上传的数据绘制饼图。

⊙ Run completed ∨

The pie chart based on the data you provided has been created. Here is the link to the visualization:

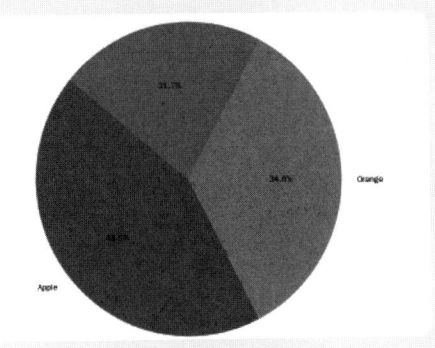

This chart displays the proportion of each fruit quantity relative to the total. Please review the chart, and if you need any further assistance or adjustments, let me know!

至此分别演示了如何可视化 Excel 文件、CSV 格式和 JSON 格式的文件。

13.7 结语

我们把现在的时代称为数据驱动的时代，人们每天的工作和生活被数据所包围，新数据的产生速度越来越快，工作时间中很大一部分是在处理数据，高效快捷地处理和分析数据代表了一个人的职场竞争力。以往对数据的处理经常是手工的，即使假借某些软件工具，也要花费时间学习才能掌握。现在有了 ChatGPT，这一切变得那么的容易。

ChatGPT 可以胜任数据分析各个环节的工作，包括探索性数据分析、数据清洗与操作、数据分析代码的生成等，本章对这些内容做了详细描述。

Excel 软件是一般人最常用的数据处理软件，但是高级点的数据处理都要使用它的 VBA 程序，不过很多人使用 Excel 仅是把它作为电子表格工具，并不会编写 VBA 程序。现在依靠 ChatGPT，只需把自己要完成的任务告诉它，它就会生成 VBA 代码，用户只需运行代码就行了。

数据分析可视化是数据分析的一个重要环节，以往生成可视化图形都要借助各种专业的可视化软件，对于这些软件的熟练运用是一项技能，一般人难以使用。而 ChatGPT 可以生成各种各样的可视化图形，非常简单高效，只要用自然语言告诉它需要的图形就可以了。在本章的最后部分，演示了各种数据可视化图形的生成操作。

第14章

科研助手

Command Prompt :

Chat AI

ChatGPT 可以是研究人员在广泛领域中极其宝贵的资源。作为一个在大量数据上训练的复杂语言模型，ChatGPT 可以快速且准确地处理大量信息，并生成可能通过传统研究方法难以发现的细节。

科研活动通常包括以下阶段：

① 提出问题：科研的起点是对研究领域提出一个一般性问题，并开始定义这个问题。最初的问题可能非常宽泛，随后的研究、观察和细化将把它转化为一个可测试的假设。

② 文献回顾：研究者将查阅相关文献，了解该领域的现状和以往的研究成果，以便构建研究框架和假设。

③ 制定研究计划：制定研究计划，包括数据获取和变量评估的程序。确保获得可分析的数据，并包括将要执行的统计分析计划。

④ 收集数据：执行研究计划，进行实验或观察以收集数据。

⑤ 分析数据：对收集到的数据进行分析，以测试研究假设。

⑥ 解释结果：根据数据分析的结果解释研究发现，判断研究假设是否得到支持。

⑦ 发表结果：将研究结果整理成论文，提交给同行评审的期刊发表，以便其他研究者可以验证和重复实验。

⑧ 反思与修正：基于反馈和进一步的研究，对研究假设和方法进行修正。

科学研究是一个动态的、迭代的过程，可能需要多次重复以上步骤，以精细化问题、深化理解和验证发现。

ChatGPT 能够在这些阶段为科研工作提供协助，它可以在包括社会科学、自然科学和工程等广泛领域的研究中提供帮助，是科研工作的金手杖。

14.1 SciSpace 平台介绍

人们在进行科研工作时，除了可以借助于 chatGPT 之外，还可以借助各种 AI 科研平台，这些平台利用 AI 技术辅助人们的研究工作，其中 SciSpace 就是一个顶流的平台。

SciSpace 是一个基于 OpenAI GPT-3 的科研论文辅助阅读理解平台，已收录多个学科领域 2 亿篇学术论文摘要信息。

阅读文献对于许多领域的人来说是一项至关重要且具有挑战性的任务。SciSpace 作为一个一站式学术工具可以帮助用户更好地学习和使用文献，提高学术工作效率。尤其是对于初学者来说，可以更快速地进入学术领域，完成学术工作。

SciSpace 不仅可以分析和总结文本内容，还能分析图表信息。这些功能可以帮助用户快速梳理文章的主线和重点，了解文章的结构和逻辑，提高阅读效率和质量。

另外，SciSpace 还提供了自带的提问模板，帮助用户思考文章中的问题和挑战，深入思考和探索研究内容，从而更加深入地了解文章。

论文检索和一键下载也是 SciSpace 的强大功能。用户可以快速检索相关的论文，高效进行研究和学习。而且，SciSpace 还提供一键下载全文的便利，让用户方便地获取论文的全文内容，助力研究和学术工作。

SciSpace 的官网主页面如下图所示。

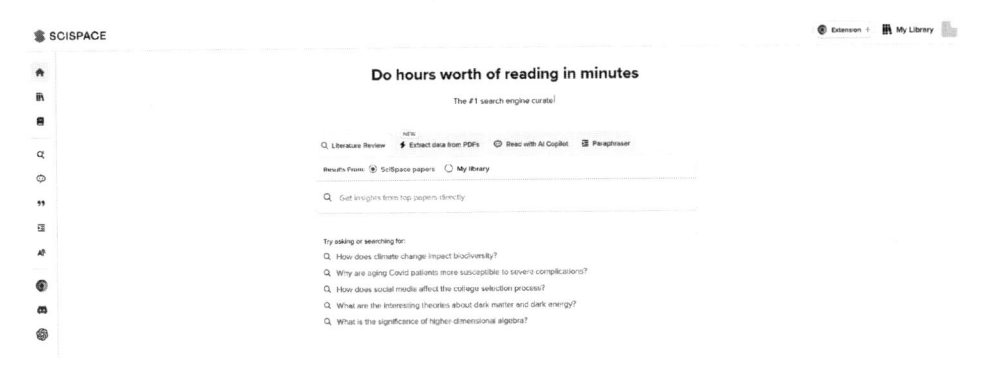

左边栏的几个主要功能项介绍：

① Copilot：可以输入一个论文的标题或链接，或者上传一个 PDF 文件，然后使用 Copilot 来与论文进行交互式的对话，获取论文的主要观点、方法、结果和结论等信息。

② Literature Review：可以输入一个研究主题或问题，然后使用 Literature Review 来搜索和分析相关的论文，生成一个文献综述的草稿，包括引言、背景、方法、结果和讨论等部分。

③ Paraphraser：可以输入一段文本，然后使用 Paraphraser 来生成一个不同的表达方式，保持原意不变，避免抄袭的风险。

④ Citation Generator：可以输入一个论文的标题或链接，或者上传一个 PDF 文件，然后使用 Citation Generator 来生成一个符合指定格式的引用，如 APA、MLA、Chicago 等。

下面按照科研活动的不同方面演示 AI 工具的使用。

14.2 待研问题的确定

确定所研究的问题是一项科研活动的起点，那么，如何借助人工智能高效准确地发现需要研究的课题？以物理学上的暗能量为例，询问 ChatGPT 这个领域的前沿问题，如下所示。

> 请给出物理学上暗能量研究的前沿问题？

物理学上暗能量研究的前沿问题包括：

1. **暗能量的本质**：暗能量是导致宇宙加速膨胀的未知形式的能量，但其本质仍然是一个谜。研究者正在探索不同的理论模型，试图理解暗能量的基本性质。

2. **宇宙加速膨胀的机制**：暗能量是如何导致宇宙加速膨胀的？这个问题涉及到宇宙学的基本原理，并且需要更深入的理解。

3. **暗能量的时间演化**：暗能量密度是否随时间变化？它是否始终如一，或者在宇宙的不同阶段有所不同？这个问题对理解宇宙的过去和未来至关重要。

4. **暗能量与宇宙学参数的关系**：暗能量对宇宙的大尺度结构有何影响？它如何与宇宙学参数，如哈勃常数和宇宙微波背景辐射等相互作用？

5. **暗能量与量子场论的关联**：暗能量是否可以在量子场论的框架下得到解释？这可能需要超越标准模型的新物理。

这些问题体现了暗能量研究领域的复杂性和挑战性，它们是当前物理学研究的热点问题，也是未来科学探索的重要方向。

把关键词"暗能量"提交给 SciSpace 平台，它的回复如下图所示。它呈现了暗能量的简短概念介绍，这个介绍是从 5 篇顶级论文中归纳出来的，接着在下面列出了多篇相关论文。

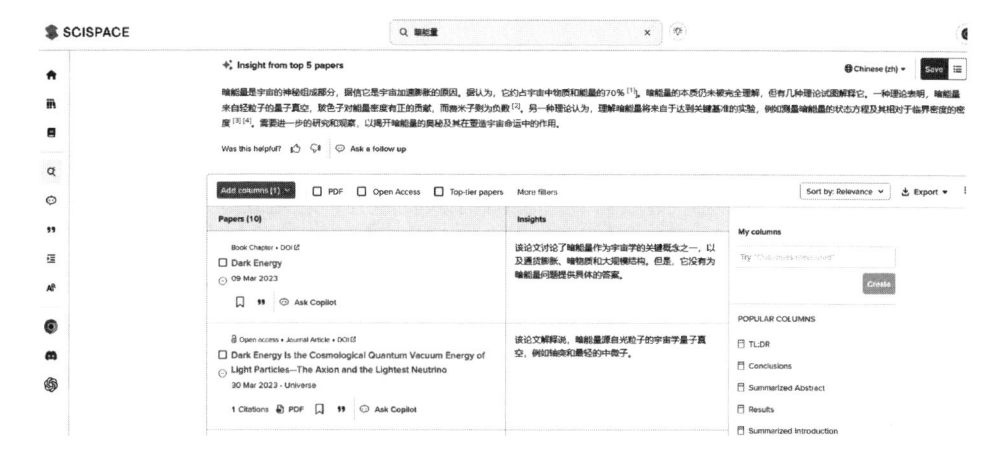

点击简介下面的"Ask a question on this paper"图标，就会在界面右边出现一个"Chat with Paper"对话框，这里可以进一步提出与暗能量相关的问题。

> 请给出物理学上暗能量研究的前沿问题？
> 12:15 PM

> -我们能否通过观察来区分暗能量的冻结场和解冻场？ -我们能否探测到 5 秒时宇宙加速与宇宙常数的偏差？ -我们能否在 5 秒观测时区分暗能量动力学的两个自然电子折叠时间尺度？ -使用红移漂移与 CMB 观测结果相结合，在 z 0.1-0.5 范围内进行五次测量，精度为 1，能否实现扩展基准？ -基于众所周知的量子物理学和宇宙学的暗能量的本质和一般机制是什么？

在深入研究一个问题之前一般要阅读有关研究问题的综述文献，目的是了解这个问题的研究现状、研究方向、研究方法和前沿领域。现在有了 GPT 的加持，在查找综述文献之前可以让 GPT 代劳生成一篇综述文章。

> 请生成一篇物理学上暗能量研究状况的综述文章。

在物理学领域，暗能量的研究一直是宇宙学和粒子物理学最迷人也最具挑战性的课题之一。暗能量这一概念最初源于观测到的宇宙加速膨胀现象，这个发现挑战了我们对宇宙结构和命运的基本理解。以下是一篇关于暗能量研究状况的综述文章。

暗能量研究状况综述

引言

在20世纪末，天文学家观测到遥远超新星的亮度与预期存在偏差，这一发现意味着宇宙不仅在膨胀，而且这种膨胀正在加速。这一加速膨胀现象无法仅用已知物质和能量来解释，因此科学家们提出了暗能量的概念，以描述这种未知的能量形式。

暗能量的本质

尽管暗能量是宇宙总能量密度的主要组成部分，其本质仍然是物理学中最大的谜团之一。目前最流行的模型是宇宙常数Λ，它代表了空间本身具有的能量。另一个理论框架是量子场论，它提出宇宙充满了一种动态的量子场，这种场被称为"quintessence"。这些理论都在试图解释暗能量如何导致宇宙的加速膨胀。

观测与实验

为了探测暗能量，科学家们设计了一系列的观测项目和实验。例如，通过测量宇宙微波背景辐射（CMB）、大尺度结构以及超新星等的数据，研究人员可以推断出暗能量对宇宙膨胀的影响。此外，即将进行的实验，如暗能量光谱仪（DESI）和欧洲空间局的欧几里得卫星，将提供更精确的宇宙膨胀数据。

理论与模型

在理论物理学领域，研究者正在探索暗能量的备选模型。这包括改进的量子场理论、弦理论和多维宇宙模型。这些模型试图提供宇宙加速膨胀的新解释，并寻找能够与实验数据相协调的理论框架。

未来展望

暗能量研究的未来将依赖于更精确的观测数据和更先进的理论模型。随着技术的进步和新实验的开展，我们可能会逐步揭开暗能量的神秘面纱。此外，理论物理学家也在探索与暗物质、引力波以及宇宙早期条件之间可能存在的联系，这些都可能为理解暗能量提供新的线索。

结论

尽管暗能量的研究仍然充满挑战，但这一领域的进展对于揭示宇宙的本质具有重要意义。通过不断的探索和研究，我们期待着有一天能够完全理解这个宇宙中占据主导地位的神秘力量。

这篇综述文章提供了一个关于暗能量研究状况的概览，展示了科学家们在理解这一宇宙之谜方面已经取得的成就以及面临的挑战。随着研究的深入，我们对宇宙的认识将会得到前所未有的提升。

就同样的问题再次询问 SciSpace 平台，如下所示。

为了通过 SciSpace 平台查询某个课题的综述性文章，在主界面上，点击左边框上的"Literature Review"图标搜索综述类文章。用户可以浏览或下载这些综述文章。

在暗能量这个研究领域之下可以进一步寻找研究的子领域，最终确定研究方向。

14.3 论文阅读

下一步的工作就是阅读论文，这依旧可以借助 SciSpace 平台。阅读文献对于许多人来说是一项至关重要且具有挑战性的任务。SciSpace 作为一个一站式学术工具，可以帮助用户更好地学习和使用文献，提高工作效率。

SciSpace 不仅可以分析和总结文本内容，还能分析图表信息。这些功能可以帮助用户快速梳理文章的主线和重点，了解文章的结构和逻辑，提高阅读效率和质量。

另外，SciSpace 还提供了自带的提问模板，帮助用户思考文章中的问题和挑战，深入思考和探索研究内容，从而更加深入地了解文章。

举例来说，下载搜索到的第 5 篇文章 "Dark Energy Is the Cosmological Quantum Vacuum Energy of Light Particles—The Axion and the Lightest Neutrino"。

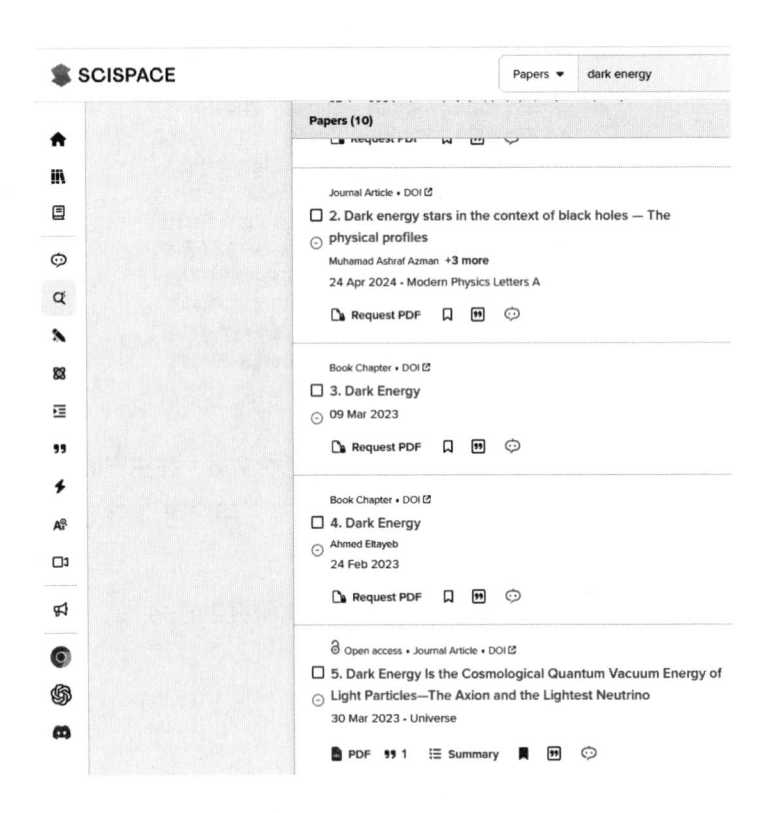

完成下载之后，点击左边栏中的 "Chat with PDF" 图标，出现上传对话框，上传下载后的这篇文章，上传之后的界面如下所示。

这时可以阅读这篇文章，阅读时看到不理解的公式或图表，可以点击文章上面的图标"Explain math & table"，点击后用光标框选出文章中的某个公式，在界面的右边它就会给出解释，如下所示，这就是这个平台的一项 AI 功能。

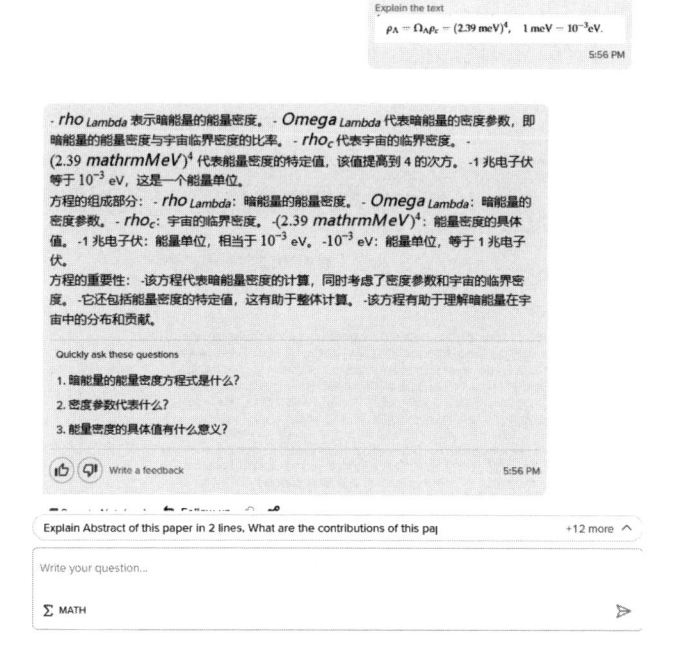

在阅读的时候使用光标框选出一个区域，则会弹出右键菜单供用户选择，实现对应的各种功能，如下所示。

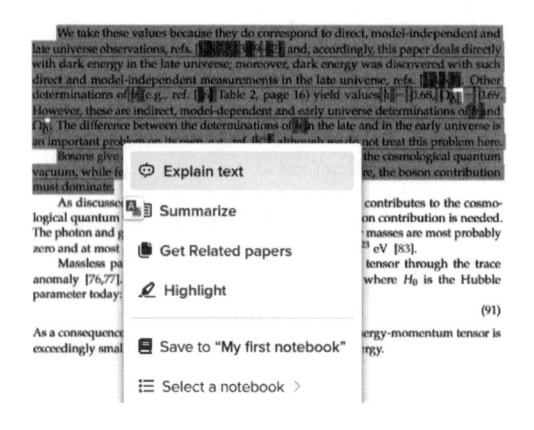

14.4 文献筛选

通过这种方法会查到很多与研究主题相关的文章，为了节省时间，先判断这篇文章是否需要精读，在右边的对话框中输入提示词，让 AI 系统给出这篇文章的总结、研究的问题和讨论的主题。

例如，"请给出这篇文章的总结、研究的问题和讨论的主题"。让 ChatGPT 为我们筛选它，如下所示。

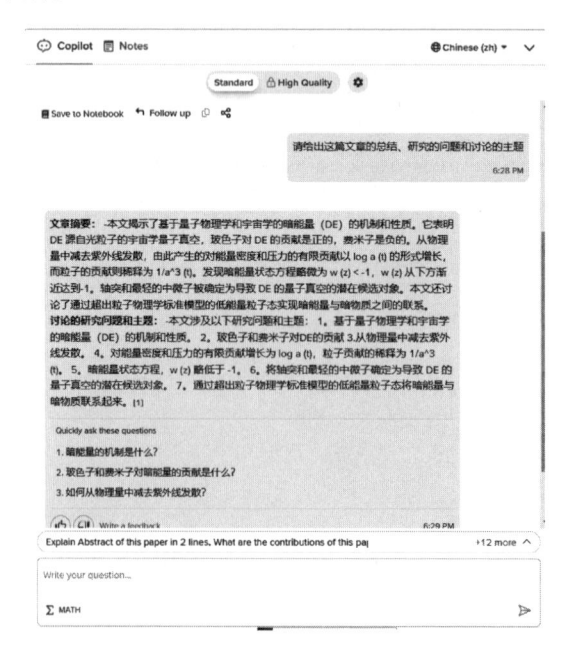

14.5 论文撰写

ChatGPT 可以通过生成大纲和组织思想来帮助构建研究论文的结构。以下是一些可以利用 ChatGPT 来构建研究论文结构的方式：

① 生成大纲：ChatGPT 可以根据研究问题和目标来生成研究论文的大纲。通过将研究问题和目标输入到 ChatGPT 中，研究人员可以生成包含研究论文主要部分的大纲。

② 组织思想：ChatGPT 可以用来将思想和概念组织成类别或主题。通过将思想输入到 ChatGPT 中，研究人员可以生成将相关思想组合在一起并有助于组织研究论文的结构。

③ 识别子主题：ChatGPT 可以用来识别研究论文中的子主题。通过将主题输入到 ChatGPT 中，研究人员可以生成有助于进一步组织研究论文的子主题。

④ 创建章节标题：ChatGPT 可以用来为研究论文的每个部分创建章节标题。通过将主题和子主题逐步输入 ChatGPT，研究人员可以生成清楚指示每个部分内容的章节标题。

⑤ 需要注意的是，虽然 ChatGPT 可以帮助构建研究论文的结构，但不能替代人的判断和专业能力。研究人员应将 ChatGPT 与其他写作方法和方式结合使用，并应认识到 ChatGPT 生成的见解可能存在的偏见和限制。此外，研究人员应确保他们使用 ChatGPT 的方式是道德的、负责任的，并遵守相关的数据保护和隐私法规。

⑥ 编写摘要、引言和结论：ChatGPT 可以用来帮助研究论文的摘要、引言和结论的编写。

14.6 参考书目生成与格式化

ChatGPT 可以通过提供自动化的引用和参考工具来支持研究人员生成参考书目。这些工具可以为广泛的来源生成准确的引用和参考，包括书籍、文章、网站等。ChatGPT 了解各种引用风格，如 APA、MLA、芝加哥和哈佛，允许研究人员为他们的工作选择适当的风格。此外，ChatGPT 还可以根据研究人员的输入推荐相关来源，帮助简化研究过程，并确保所有必要的来源都包括在参考书目中。通过使用这些工具，研究人员可以节省时间，并确保他们的参考书目是准确和全面的。

请看下面示例。

> 我计划写一篇《三星堆文明来源》的研究论文，请你给出6个参考资料来源，包括论文及网站。

✓ Run completed

Here are six references that you can use for your research paper on the origins of the Sanxingdui civilization:

1. "On the Research and Innovation of Sanxingdui Culture" - A publication available on ResearchGate that discusses the history and cultural significance of the Sanxingdui culture.
   ResearchGate Link

2. "New Research Exploring the Origins of Sanxingdui" - A paper from Harvard University that explores the origins of the Sanxingdui culture following the discovery of two large pits containing artifacts.
   Harvard University Link

3. "The sacrificial record in burial pits of the late Shang Dynasty at the Sanxingdui site" - An article from Heritage Science Journal that considers the Sanxingdui site crucial for understanding the origin and development of the Yangtze River civilization.
   Heritage Science Journal Link

4. "New discoveries at the Sanxingdui Bronze Age site in south-west China" - A publication in the journal Antiquity that details new discoveries at the Sanxingdui site and their implications for understanding the Bronze Age in China.
   Antiquity Journal Link

5. "Sanxingdui" - The Wikipedia page for Sanxingdui provides a general overview of the site and its significance, along with references to further reading and academic research.
   Wikipedia Link

6. Additionally, you may want to explore academic databases such as JSTOR, Google Scholar, and university libraries for peer-reviewed papers specifically focused on the Sanxingdui civilization's origins.

These sources should provide a solid foundation for your research into the Sanxingdui civilization. Remember to evaluate each source for its credibility and relevance to your specific research question.

以上这些格式不是用户想要的，用户不能在他们的研究论文中以上述格式列出引用的参考资料，需要为它指出适当的样式，例如 APA 样式（美国心理协会官方样式），它通常用作教育、心理学和社会科学中的引用样式。

继续对话 ChatGPT。

> 请以APA格式重新给出这些引用资料的格式。

Certainly, here are the references formatted in APA style:

1. Zhang, X. (Year). On the Research and Innovation of Sanxingdui Culture. *ResearchGate*. Retrieved from https://www.researchgate.net/publication/370191138_On_the_Research_and_Innovation_of_Sanxingdui_Culture

2. Flad, R. K. (Year). New Research Exploring the Origins of Sanxingdui. *Harvard University*. Retrieved from https://dash.harvard.edu/bitstream/handle/1/2797427/Flad_NewResearchExploring.pdf?sequence=2

3. Li, X., & Chen, K. (2023). The sacrificial record in burial pits of the late Shang Dynasty at the Sanxingdui site. *Heritage Science*, 11(1). https://doi.org/10.1186/s40494-023-01105-0

4. Editors of Antiquity Journal. (Year). New discoveries at the Sanxingdui Bronze Age site in south-west China. *Antiquity*. Retrieved from https://www.cambridge.org/core/journals/antiquity/article/new-discoveries-at-the-sanxingdui-bronze-age-site-in-southwest-china/D96494368471CF7CBA817690CDCA5A75

5. Wikipedia contributors. (Last edited date). Sanxingdui. In *Wikipedia, The Free Encyclopedia*. Retrieved from https://en.wikipedia.org/wiki/Sanxingdui

6. For additional peer-reviewed papers, you may search academic databases such as JSTOR, Google Scholar, and university libraries.

Please note that for APA citation, it's important to include the date of publication (or the date of last update for web pages), which I've marked as "Year" or "Last edited date" where I did not have the specific dates. You will need to replace these placeholders with the actual dates from the sources. Also, for academic papers, it is generally required to include the volume and issue number, which I have done for the Heritage Science journal article.

ChatGPT 能提供其他用户可能想引用的潜在参考文献，避免可能遗漏的参考文献，如下所示。

> 请提供上面研究论文《三星堆文明来源》可能涉及到的引用资料，大约12个。

✓ Run completed ∨

Here are twelve references that you may find useful for your research paper on the origins of the Sanxingdui civilization:

1. ResearchGate (2023-04-21). On the Research and Innovation of Sanxingdui Culture. Retrieved from ResearchGate

2. Heritage Science Journal (2023-12-06). The sacrificial record in burial pits of the late Shang Dynasty at the Sanxingdui site. Retrieved from Heritage Science Journal

3. Wikipedia. Sanxingdui. Retrieved from Wikipedia

4. Wiley Online Library (2013-03-15). The Sanxingdui Culture of the Sichuan Basin. Retrieved from Wiley Online Library

5. ResearchGate (2021). The Latest Data on the Sanxingdui Culture. Retrieved from ResearchGate

6. Bagley, R. (2004). Anyang writing and the origin of the Chinese writing system. In *The First Writing: Script Invention as History and Process* (pp. 190–249). Cambridge University Press.

7. Chang, K. C. (1983). Art, Myth, and Ritual: The Path to Political Authority in Ancient China. Harvard University Press.

8. Sun, H. (2000). The Eternal China: The Sanxingdui Site. *National Geographic*, 197(6), 68-89.

9. Higham, C. (1996). The Bronze Age of Southeast Asia. Cambridge World Archaeology. Cambridge University Press.

10. Li, Y. (2012). The Glory of Sanxingdui: A Lost Civilization in China. *National Geographic China*.

11. Allan, S. (1984). The Formation of Chinese Civilization: An Archaeological Perspective. Yale University Press.

12. Zhang, Y. (2018). The Mystery of the Sanxingdui Masks. *Archaeology Magazine*, 71(4), 44-51.

Please ensure that you verify the publication dates and access the most recent information available for each reference to maintain the accuracy of your citations.

除了使用 ChatGPT 得到特定样式的参考文献外，还可以借助其他科研工具实现这个目的，例如 SciSpace，用户可以借助 SciSpace 生成和格式化参考书目，方法是单击界面上左边栏中的"Citation generator"，具体操作这里不再详述。

14.7 演示文稿生成

研究工作的最后一环常常是向各种观众展示研究成果。这可能会涉及准备演示文稿、产品演讲或网络研讨会，研究人员需要面向各种不同的听众。

研究成果往往需要通过演示文稿展示给听众，下面是使用 Chatgpt 生成演示文稿（PPT）的过程。

You
讲述生成式人工智能，字数大约1000字。

ChatGPT
生成式人工智能是一种基于机器学习和深度学习技术的前沿领域，其核心目标是让机器具备创造性地生成新内容的能力。与传统的机器学习模型不同，生成式人工智能并非仅仅进行数据分类或预测，而是能够从已有数据中学习并生成全新的内容，例如图像、音乐、文本等。

这种人工智能技术的代表性应用之一是生成对抗网络（GANs），它由两个相互竞争的神经网络组成：生成器和判别器。生成器负责创造类似真实数据的新内容，而判别器则试图区分生成的内容与真实数据的差异。通过这种对抗性的训练，生成器不断优化自己的生成能力，使生成的内容越来越逼真，难以被判别器区分。

在自然语言处理领域，生成式模型如 GPT（生成式预训练转移）模型也引起了巨大关注。GPT 系列模型使用了大规模的无监督学习，在海量文本数据上进行预训练，从而使得模型具备了深刻的语言理解和生成能力。这些模型可以用于文本摘要、语言翻译、对话生成等任务，并且能够以令人惊讶的方式产生连贯、富有逻辑性的文本。

除了文本和图像领域，生成式人工智能也在音乐和艺术创作方面展现了巨大潜力。音乐生成模型能够学习音乐的结构和风格，创作出旋律优美、富有创意的音乐作品。类似地，艺术生成模型能够生成令人惊叹的图像和艺术品，甚至在一定程度上参与到艺术创作的过程中。

You
可以生成有关这个内容的简报吗?

ChatGPT
当准备生成关于生成式人工智能的简报时,以下结构和内容可以作为参考:

生成式人工智能简报

1. 引言

- 介绍生成式人工智能的概念和重要性。
- 引发观众对该主题的兴趣。

2. 生成式人工智能的基本概念

- 解释生成式人工智能的定义和核心目标。
- 介绍GANs(生成对抗网络)等典型生成式模型。

3. 应用领域

- 文本生成:GPT模型在自然语言处理中的应用。
- 图像生成:生成式模型在图像生成和增强领域的应用案例。
- 音乐和艺术创作:探讨生成式模型在创作领域的潜力和创新。

4. 生成式人工智能的优势和挑战

- 优势:创造性、适用性、潜力等。
- 挑战:质量、真实性、资源需求等方面的限制。

5. 未来展望

- 技术发展趋势:模型改进、应用拓展等。
- 预期影响:对各行业的影响和潜在变革。

6. 结论

- 总结生成式人工智能的重要性和潜力。
- 鼓励观众进一步探索该领域的可能性。

在每个部分，可以使用图表、案例、对比等方法来强调关键概念和信息。确保简报清晰明了，言简意赅，同时也要尽量使用易于理解的语言，以确保观众对这个复杂话题有所理解。

生成式人工智能技术虽然具有巨大的潜力，但也面临一些挑战和限制。其中最主要的问题之一是生成内容的质量和真实性。尽管模型在不断学习和优化，但有时仍然存在生成内容不够准确、逼真或出现不连贯的情况。此外，生成式人工智能的运算成本较高，需要大量的计算资源和时间进行训练，这也限制了其广泛应用和普及。

随着技术的不断发展和研究的深入，生成式人工智能的应用前景依然广阔。随着模型和算法的改进，我们可以预见到在各个领域中，生成式人工智能将会有更加广泛和深远的应用，为人类带来更多的创新和惊喜。

You
可以将以上的内容进行扩充吗？另外，形成三级结构，并且以markdown的格式输出。

ChatGPT
当准备扩充关于生成式人工智能的简报时，以下是更详细的三级结构，并以Markdown格式呈现：

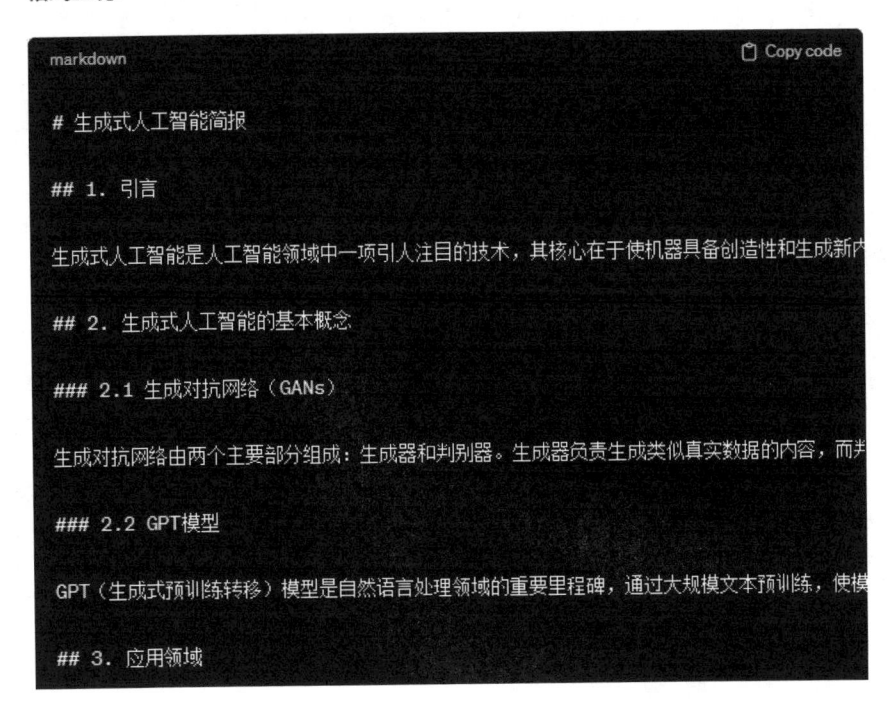

```markdown
# 生成式人工智能简报

## 1. 引言

生成式人工智能是人工智能领域中一项引人注目的技术，其核心在于使机器具备创造性和生成新内

## 2. 生成式人工智能的基本概念

### 2.1 生成对抗网络（GANs）

生成对抗网络由两个主要部分组成：生成器和判别器。生成器负责生成类似真实数据的内容，而判

### 2.2 GPT模型

GPT（生成式预训练转移）模型是自然语言处理领域的重要里程碑，通过大规模文本预训练，使模

## 3. 应用领域
```

3.1 文本生成

生成式模型在文本生成方面有着广泛的应用，如GPT系列模型能够生成连贯、富有逻辑性的文本内

3.2 图像生成

生成式模型在图像生成和增强方面也展现出巨大潜力。通过训练，这些模型能够生成逼真的图像，

3.3 音乐和艺术创作

音乐和艺术领域也受益于生成式人工智能。音乐生成模型能够创作出美妙旋律，而艺术生成模型贝

4. 生成式人工智能的优势和挑战

4.1 优势

- 创造性：机器具备创造性生成内容的能力。
- 适用性：在多个领域有广泛的应用潜力。
- 潜力：为创新和发展提供了新的可能性。

4.2 挑战

- 质量和真实性：生成内容的质量和真实性仍是挑战。
- 资源需求：高昂的计算资源和时间成本限制了其广泛应用。

5. 未来展望

生成式人工智能领域仍在不断发展和演进：

- 技术发展趋势：模型改进、生成能力提升等。
- 预期影响：对创意产业和创新领域的深远影响。

6. 结论

生成式人工智能代表了人工智能领域中的创新和前景。尽管面临挑战，但其潜力和应用前景令人期

这种三级结构的扩展将帮助听众更好地理解生成式人工智能的核心概念、应用领域、优势挑战以及未来发展趋势。

将上面的文本导入 mindshow 网站生成演示文稿。这是一个快速生成 PPT 文件的网站。下面的截图是自动生成的 PPT。

提到自动化生成演示文稿，就一定要说到一个网站，它就是 gamma。只要输入一个题目就可以自动生成 PPT，是非常好用的产品。现在 gamma 推出了一个新功能，在好用的基础上变得更实用了，用户直接提供文字大纲它就能自动做出 PPT 来。为什么说这个功能更实用呢？因为如果只是出一个题目给 AI，则做出的 PPT 离我们的实际情况差距会很大。用户需要把控 PPT 的文字架构，让 AI 解决形式上的问题，这样做出的 PPT 才不会空洞。用户可以把自己写好的文字直接交给他。配合 ChatGPT 就更方便了，比如让 ChatGPT 写个 PPT 大纲，生成的内容可以直接复制，不用像其他产品那样使用 Markdown 代码。下面看一个例子，如下所示。

You
请撰写爬行动物进化史题要，采用三级结构。

ChatGPT
标题：爬行动物进化史

I. 引言

爬行动物是地球上生物多样性的重要组成部分，其进化历程经历了漫长的时间和不断的变迁。本文将探讨爬行动物的进化历史，从早期的起源谈起，经过各个时代的演变，到如今多样化的形态与生态习性。

II. 早期爬行动物的起源与演化

1. **早期爬行动物的起源**：介绍爬行动物的起源，可能是从类似于两栖动物的祖先中分化而来，其适应陆地生活的过程。
2. **古代爬行动物时代**：探讨古代的爬行动物，如史前爬行动物类群，比如古蜥类、剑龙类等，它们的生态环境和特征。

III. 爬行动物的多样性与现代进化

1. **中生代的巨型爬行动物**：介绍恐龙及其他巨型爬行动物在中生代盛行的时期，它们的多样性与灭绝原因。
2. **爬行动物的现代进化**：讨论爬行动物在地球的不同区域演化出的多样性与特征，如蛇类、蜥蜴类、鳄鱼类等，它们的生态适应与进化趋势。

IV. 结论

爬行动物经历了漫长的进化历程，在地球生物演化过程中扮演了重要角色。它们的多样性和适应能力为生态系统的平衡和生物多样性的维持作出了重要贡献。然而，现代环境变化对爬行动物的生存与进化也提出了新的挑战，对于其未来的生存状况和进化趋势需要我们的持续关注和研究。

把以上文字复制粘贴到 gamma 网站，如下所示。

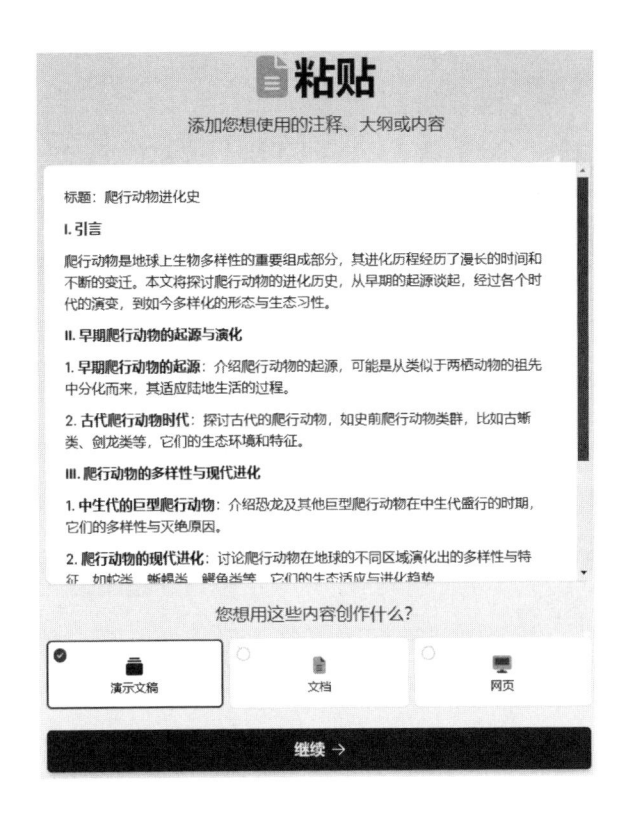

点击"继续",进入下图所示界面。

可以根据需要选择各个选项,例如把输出语言选为简体中文,然后点击"继续"。当都选择好之后就点击"生成"按钮。它开始处理,这要稍微花费一点时间,最后生成如下所示的演示文稿。

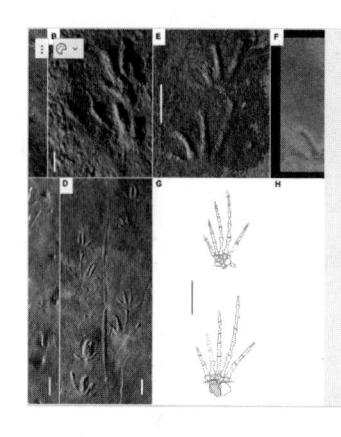

爬行动物进化史

爬行动物是地球上生物多样性的重要组成部分,经历了漫长的进化历程。本文将探讨爬行动物的进化历史,从早期的起源谈起,经过各个时代的演变,到如今多样化的形态与生态习性。

作者:
上次编辑于 6 分钟前

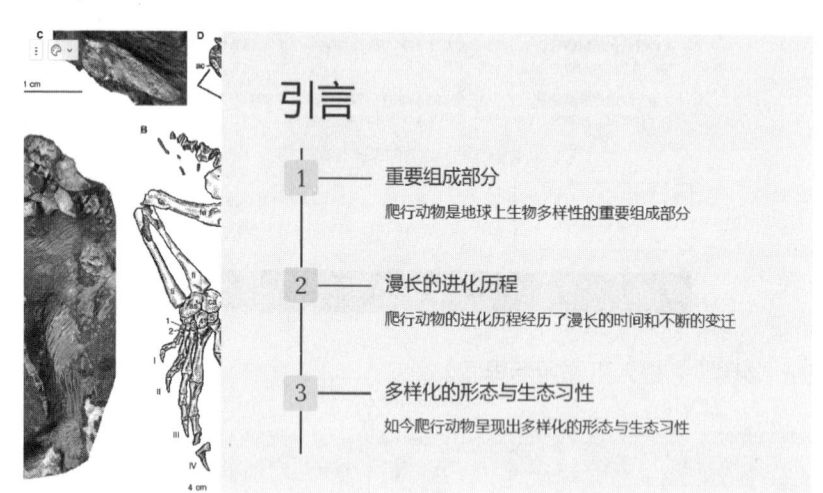

引言

1 — **重要组成部分**
爬行动物是地球上生物多样性的重要组成部分

2 — **漫长的进化历程**
爬行动物的进化历程经历了漫长的时间和不断的变迁

3 — **多样化的形态与生态习性**
如今爬行动物呈现出多样化的形态与生态习性

早期爬行动物的起源与演化

早期爬行动物的起源
爬行动物的起源可追溯到类似于两栖动物的祖先中分化而来,适应陆地生活的过程。

古代爬行动物时代
古代的爬行动物如史前爬行物类群,如古蜥类、剑龙类等,它们的生态环境和特征

14.8 结语

科研活动是个复杂的过程，包括规划实验、收集数据、清理数据、分析数据、撰写论文和展示成果等环节，本章探讨在这些活动中如何借助 ChatGPT 提高我们的科研效率和效果。

在本章中我们还特别提到一个科研工作 AI 平台 SciSpace，它是若干科研辅助平台中的佼佼者，功能全面完整，可以完成文献检索、论文解读、论文写作、参考书目生成和格式化等功能。

在本章的最后一部分介绍了如何快速生成演示文稿，方法是使用 ChatGPT 生成演示文稿大纲，然后把大纲交给演示文稿生成网站自动完成演示文稿。

第15章
人工智能与伦理

Command Prompt :

Chat AI

　　人工智能技术的快速发展和广泛应用，推动了经济社会向智能化的加速跃升，为人类生产生活带来了诸多便利。然而，在人工智能应用广度和深度不断拓展的过程中，也不断暴露出一些风险隐患（如隐私泄露、偏见歧视、算法滥用、安全问题等等），这引发了社会各界广泛关注。面对人工智能发展应用中的伦理风险，全球各国纷纷展开伦理探讨，寻求应对 AI 伦理风险的路径和规范，以保证人工智能的良性发展。

　　伦理学，也称为道德哲学，是哲学的一个分支，主要探讨道德价值。在这里，"道德"被定义为一群人或一种文化所认可的所有行为准则。伦理学试图从理论层面建构一种指导行为的法则体系，并对其进行严格的评判。伦理学涉及捍卫并鼓励对的行为，并劝阻错的行为。伦理学旨在定义诸如善与恶、对与错、美德与恶习、正义与犯罪等概念来解决道德问题。

伦理学的研究领域大致分为四种：

①元伦理学：研究伦理概念的理论意义与本质。

②规范伦理学：评判各种不同的道德观，并且对于正确或错误行为给出道德准则建议。

③描述伦理学：研讨社会族群所持有的伦理观，这包括风气、习俗、礼仪、法规、对于善与恶的见解、对于各种实际行为的响应等等。

④应用伦理学：将伦理理论应用于特定案例，当遇到道德问题时，人们应该如何处理这些问题。

人工智能伦理基本属于应用伦理学的范畴。

15.1 什么是人工智能伦理学

人工智能伦理或者机器伦理是一个新兴且跨学科的研究领域，主要关注人工智能的伦理问题，研究跟人工智能相关的伦理理论、准则、政策、原则、规则和法规，以及符合伦理规范行为的 AI。

人工智能涉及的核心伦理学问题涵盖了许多方面，这些问题在社会、法律、道德和技术领域都具有重要影响。以下是人工智能领域的一些核心伦理学问题。

（1）隐私和数据安全

数据收集和使用：AI 系统通常需要大量数据进行训练和学习，但是，如何收集、使用和存储这些数据涉及隐私和安全的问题。

个人隐私：AI 技术可能会通过分析个人数据来作出决策，这引发了有关个人隐私的担忧。

（2）公平性和歧视

算法公平性：AI 系统的决策是否对所有群体都公平，而不引入不公正或歧视性的因素是一个关键问题。

数据偏见：如果训练数据本身存在偏见，AI 系统可能会反映和放大这些偏见。

（3）透明度和可解释性

黑盒算法：一些 AI 模型的工作原理非常复杂，使人们很难理解其决策过程，这导致了关于算法透明度和可解释性的担忧，特别是在需要解释决策的关键领域，如医疗和司法。

（4）责任和法律问题

法律责任：当 AI 系统出现错误或造成损害时，责任归属是一个复杂的问题，是开发者、使用者，还是算法本身？

法规和监管：如何制定合适的法规和监管来确保 AI 的安全、公平和道德使用是一个亟待解决的问题。

（5）就业和社会影响

工作岗位：自动化和 AI 可能导致一些工作的消失，这引发了有关未来就业前景和社会影响的担忧。

社会不平等：AI 技术可能加剧社会不平等，使得那些无法获得或使用新技术的群体受到排斥。

（6）决策权和权力

自主系统：当 AI 系统具有自主决策能力时，问题就变得更加复杂。如何确保这些系统不滥用权力，以及如何在需要时对其进行控制是一个重要问题。

以上这些问题的解决需要综合技术、法律、伦理和社会的努力。

15.2 涉及人工智能伦理的法案与规范

各国和国际组织已经发布了一些人工智能伦理准则和原则，以指导人工智能的发展和应用。例如，我国科技部发布了《新一代人工智能伦理规范》，提出了增进人类福祉、促进公平公正、保护隐私安全、确保可控可信、强化责任担当、提升伦理素养等六项基本伦理要求，以及针对人工智能管理、研发、供应、使用等特定活动的 18 项具体伦理要求。

在 2019 年 11 月召开的联合国教科文组织大会第 40 届会议作出决定后，教科文组织历经两年的工作，以建议书的形式拟定了第一份关于人工智能伦理的全球准则性文书。2021 年 11 月 24 日，教科文组织大会第 41 届会议通过《人工智能伦理问题建议书》。

2023 年 12 月，欧盟理事会与欧洲议会成功就《人工智能法案》达成了协议。最终协议文本将由欧盟理事会与欧洲议会（作为欧盟的联合立法者）共同发布。该《人工智能法案》将于 2026 年生效。

15.3 数据偏见

对于前面列出的伦理学 6 个核心要点我们不作逐一说明，这里举例说明一下"数据偏见"问题，先说一个第二次世界大战时期的例子。

幸存者偏差或幸存者偏误（survivorship bias），也称为生存者偏差，是一种逻辑谬误，属于选择偏差的一种。当过度关注"幸存"的事物，从而造成忽略那些没有幸存的（也可能因为无法观察到），便会得出错误的结论。这种偏差实质上就是数据偏差的情况。

第二次世界大战期间，美军的轰炸机受损后返回基地，人们发现很多飞机受损的部分如下图所示（图片为假定的数据），于是有人建议飞机制造厂加固飞机上这些部位的强度。

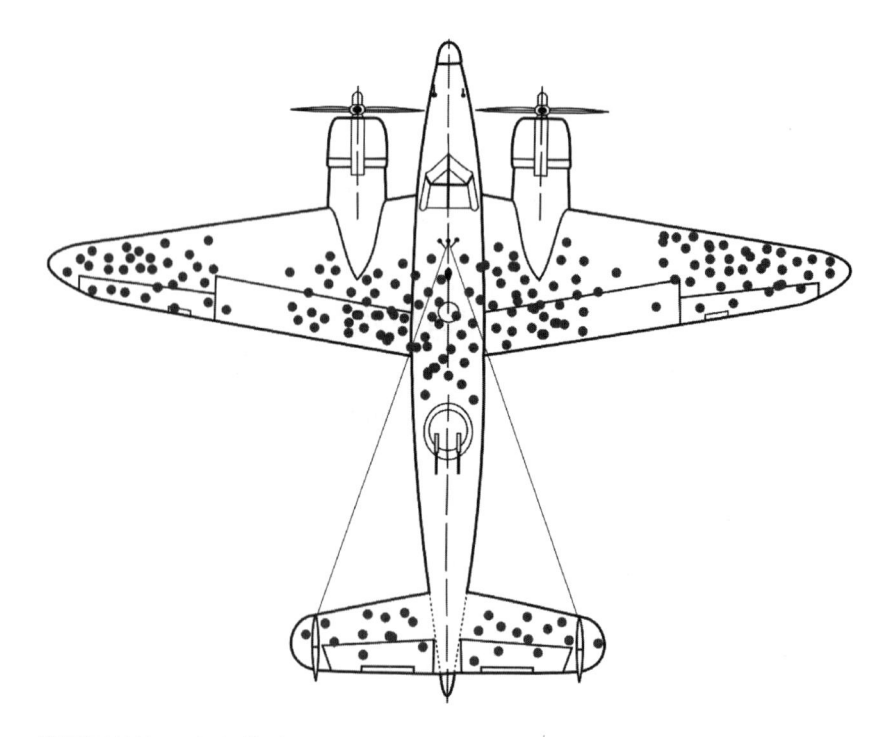

美国哥伦比亚大学统计学的亚伯拉罕·沃德教授在计算如何减少轰炸机因敌方炮火而遭受的损失时，将"幸存者偏差"纳入到计算中。其研究小组检查了执行任

务返回的飞机所受到的损坏。与没有将本概念纳入计算不同的是，他建议在损坏最少的区域增加装甲，而并非在弹孔最多的地方增加装甲。因为返回飞机上的弹孔代表了轰炸机可能受到损伤但仍足够安全地返回基地的区域，而那些完全没有弹孔的地方，一旦中弹就很可能没有返回的机会，因而不会出现在研究的样本中。所以沃德教授建议美国海军在返航飞机上未受伤的区域增加防护，并推断这些地方被击中最可能导致飞机损失。

还有另一个类似于数据偏差的概念——伯克森悖论（Berkson's paradox），也称为"伯克森偏见"（Berkson's bias）。伯克森悖论是美国医生和统计学家约瑟夫·伯克森在1946年提出的一个问题，他研究了一个医院中患有糖尿病的病人和患有胆囊炎的病人，结果发现患有糖尿病的人群中，同时患胆囊炎人数较少，而没有糖尿病的人群中，患胆囊炎的人数比例较高。这似乎说明患有糖尿病可以保护病人不受到胆囊炎的折磨，但是从医学上讲，无法证明糖尿病能对胆囊炎起到任何保护作用。他将这个研究写成了论文《用四格表分析医院数据的局限性》，并发表在杂志《生物学公报》上，这个问题就称为伯克森悖论。伯克森悖论产生的最主要原因是：文章中统计的患者都是医院的病人，从而忽略了那些没有住院的人。

当用于训练大语言模型的数据出现数据偏见，则会影响人工智能模型的性能或质量。数据中的偏见来源可能包括以下几个因素：

① 数据收集中的偏见：如果收集到的数据不代表整个人口，这可能在数据集中引入偏见。

② 数据标注中的偏见：标注可能受到标注者的观点和偏见的影响，这可能影响数据的质量并引入偏见。

③ 文化和性别偏见：文化和性别偏见可能在数据中显现，因为产生数据的人可能具有潜在的刻板印象或偏见。

④ 预训练模型中的偏见：预训练模型也可能存在偏见，因为它们通常是在具有偏见或不完整数据集上训练的。

⑤ 数据使用中的偏见：使用有偏见或不完整的数据也可能在语言模型中引入偏见，因为它们受到所学数据的影响。

为了减轻数据中的偏见风险，实施公平和代表用户多样性的数据收集和处理策略至关重要，以下是一些建议以限制偏见风险：

① 多样化数据来源：从各种来源收集数据很重要，以确保不会因为单一来源引入偏见。

②避免嘈杂数据：嘈杂数据，即包含不相关或无用内容的数据。

③检查数据质量：确保收集到的数据有足够质量，这可能包括检查数据的可靠性和准确性，以及删除缺失或错误的数据。

④在平衡数据集上训练模型：平衡的数据集包含数据中不同类别的均等分布，确保模型在平衡的数据集上训练，以避免分类偏见。

⑤定期评估模型性能：定期评估模型，以检测任何潜在的偏见或歧视。这可能包括分析模型在不同数据组上的性能，以验证其是否对特定群体进行歧视。

⑥促进协作：在机器学习模型的开发和评估中，让具有不同观点和背景的多元团队参与其中，这有助于发现和减轻可能被忽视的偏见。

15.4 生成式人工智能的伦理问题

生成式人工智能是人工智能的一个分支，它所涉及的伦理问题既有人工智能伦理问题的共性，也有自身的特点，我们来讨论一下使用生成式人工智能涉及的一些关键道德问题。

①有害内容的传播。

②版权和法律风险。

③数据隐私违规。

④敏感信息披露。

⑤已有偏见的放大。

⑥失业问题。

⑦数据来源。

⑧透明度缺乏。

⑨可解释性缺乏。

下面分别阐释以上要点。

（1）有害内容的传播

生成式人工智能可能导致生成有害或攻击性内容，最令人担忧的危害来自深度伪造等工具，它们可以创建虚假图像、视频、文本或言论。一名诈骗者复制了一名小女孩的声音，通过假装绑架向其母亲索要赎金。这些工具已经变得如此复杂，以至于区分假声音和真实声音变得非常困难。

（2）版权和法律风险

生成式人工智能模型是根据大量数据进行训练的。就其性质而言，它可能侵犯其他公司的版权和知识产权。它可能会给使用预先训练模型的公司带来法律、声誉和财务风险，并对创作者和版权所有者产生负面影响。

（3）数据隐私违规

底层训练数据可能包含敏感信息，包括个人身份信息 (PII)。美国劳工部将 PII 定义为"直接识别个人身份的数据，例如姓名、地址、社会安全号码或其他识别号码或代码、电话号码和电子邮件地址"。侵犯用户隐私可能导致身份盗窃，并且被盗窃的身份可能被滥用于歧视或操纵。因此，预训练模型的开发人员和针对特定任务微调这些模型的公司都必须遵守数据隐私准则，并确保从模型训练中删除 PII 数据。

（4）敏感信息披露

生成式人工智能放大了使用用户数据带来的影响，要认真考虑敏感信息无意泄露所产生的风险，对生成式人工智能的好奇心和这种工具的便利性有时会使用户忽视数据安全。如果员工上传法律合同、软件产品的源代码或私密信息，则风险会显著增加。其负面影响可能是严重的，对组织造成财务上、声誉上或法律上的损害，因此显而易见，需要一项明确清晰的数据安全政策。

（5）已有偏见的放大

人工智能模型的好坏与用于训练它们的数据有关，如果训练数据代表了社会中普遍存在的偏见，那么模型的行为也会如此。

（6）失业问题

一方面，生成式人工智能被视为释放生产力的下一波浪潮，而另一方面则意味着失业，人工智能可以完成知识工作者所做的更多日常任务，包括写作、编码、内容创建、总结和分析等。因此，应对之策就是尽早学会人工智能工具的使用。有人曾说，以后有两种人，一种是会使用人工智能工具的人，一种是不会使用人工智能工具的人。

（7）数据来源

生成式人工智能系统需要维护数据的准确性和完整性，以避免使用有偏见的数据或来源可疑的数据，生成式人工智能系统消耗大量数据，这些数据可能管理不善、来源可疑、未经同意使用或包含偏见，人工智能系统可能会放大这种不准确性。

（8）透明度缺乏

生成式人工智能的透明度问题主要涉及人们难以理解或解释这些系统内部运作的复杂性。由于生成式 AI 通常是基于深度学习等复杂模型构建的，这些模型往往是黑盒模型，难以直观地解释其决策和生成过程。

为解决生成式 AI 的透明度问题，研究者和开发者正努力开发可解释性的 AI 模型、解释工具和标准。此外，法规和行业标准也可能在未来推动生成式 AI 透明度的提高。

（9）可解释性缺乏

生成式人工智能的可解释性是指人们能够理解和解释该系统内部决策和生成过程的能力。在许多实际应用中，特别是涉及关键决策的场景，可解释性是至关重要的，如医疗、法律和金融，对于 AI 决策的解释性要求更为严格。生成式 AI 在这些领域的应用可能需要更强的可解释性，以便用户和利益相关者能够理解和信任系统的决策。

虽然在提高生成式 AI 可解释性方面取得了一些进展，但这仍然是一个具有挑战性的领域。在实际应用中，需要综合考虑模型性能、可解释性和其他因素，以找到最合适的平衡点。

15.5 人工智能系统的法律和伦理责任

对于 AI 系统的法律和伦理责任有几个考虑因素。

① 开发者的责任：生成式 AI 的开发者有责任确保他们的模型以负责任和道德的方式使用。他们必须建立控制机制，以避免偏见和歧视，同时保护用户的个人数据。

② 用户的责任：生成式 AI 的用户也有责任以负责任和道德的方式使用这个工具。他们必须避免使用模型传播虚假信息，或者骚扰或歧视其他人。

③ 监管机构的责任：监管机构有责任制定法规，确保生成式 AI 以负责任和道德的方式使用。这可能包括为训练模型使用的数据建立质量标准，以及保护用户隐私的规定。

④ 公司的责任：使用生成式 AI 的公司有责任确保这个工具以负责任和道德的方式使用。这可能包括制定内部政策，以避免偏见和歧视，同时保护用户的隐私。

由于 AI 系统的错综复杂性，确定这些参与方之间的责任程度是复杂的。监管框架和法律体系仍在不断发展，以应对这些挑战。人们正在努力制定政策和标准，以明确在 AI 背景下的责任。应对黑匣子问题并增强责任可追溯性的一种方法是促进 AI 系统的可解释性。研究人员正在努力开发技术，提供对 AI 模型决策过程的洞察，使人们更好地理解输出是如何生成的。这种透明性有助于识别潜在的偏见、错误或局限性，从而为实现更有效的问责机制提供支持。

15.6 深度伪造技术

深度伪造技术典型地涉及人工智能伦理问题，我们单独说一下这项技术。

深度伪造技术（deepfake technology）是一种利用深度学习和人工智能技术来创建虚假、欺骗性的媒体内容的方法。这种技术最初是通过深度学习的生成对抗网络（GANs）来实现的，其目的是通过替换、合成或生成现有的图像、视频或音频内容，使其看起来好像是真实的。以下是深度伪造技术的主要特征和应用。

（1）生成对抗网络（GANs）

深度伪造技术的核心是生成对抗网络，它由一个生成器和一个判别器组成。生成器试图生成看起来真实的媒体内容，而判别器则试图区分真实内容和生成的伪造内容。这种竞争使得生成器逐渐变得越来越擅长欺骗判别器，最终产生逼真的虚假内容。

（2）面部交换和人脸合成

深度伪造技术广泛用于人脸合成，其中一种常见的应用是面部交换。通过训练模型学习不同人脸的特征，并将这些特征应用于其他人的图像，可以实现逼真的人脸替换效果。这种技术可以用于制作虚假的视频，让人物说或做一些实际上并未发生的事情。

（3）语音合成和文本生成

深度伪造技术还涉及语音合成和文本生成。通过训练模型学习某人的语音和语言风格，可以生成听起来很像这个人的虚假音频或文字。这可能用于制作虚假的录音或虚假的文本内容。

（4）娱乐和创意

深度伪造技术最初在娱乐和创意领域中受到关注。通过将名人的面孔嵌入到电影场景中，或者让历史人物重返现代，可以创造出有趣和引人入胜的虚构场景。

（5）伦理和社会问题

尽管深度伪造技术有一些有趣的应用，但它也引发了许多伦理和社会问题。这包括虚假信息的传播、人物声誉的损害、政治和社会不稳定等方面的问题。虚假的深度伪造内容可能被滥用，用于欺骗和误导。

（6）法规和应对措施

鉴于深度伪造技术的潜在滥用，一些国家已经开始制定法规和采取措施来限制或防范其应用。这可能包括法律责任、技术防御手段的开发以及教育公众如何辨别虚假内容。

深度伪造技术的发展需要平衡其创造性和潜在的危险性，社会对于这一技术的发展应该以透明、负责任的方式进行监管和使用。这项技术既可能用于负面的欺骗活动，也可能用于娱乐业。

15.7 结语

伦理学的问题是固有的，但是在某些行业，一些伦理学问题凸显出来了，这就是人工智能伦理学问题的缘由。近年来人工智能技术有了跃升式发展，与之相应，其应用逐步深入和广泛，随之而来的伦理学方面的担忧和思考显得迫切和必要，政府和行业组织制定了法律和规范。对于人工智能的从业者和使用者，需要自觉担当道德责任。本章在这些方面给予了简要阐述，最后介绍了一项涉及人工智能伦理的技术——深度伪造技术，这项技术用于娱乐行业则福泽民众，用于欺骗活动则违反了道德，甚至是犯罪。